高等学校土木工程本科指导性专业规范配套系列教材

总主编 何若全

岩土工程测试技术

YANTU GONGCHENG
CESHI JISHU

主　编　刘尧军
副主编　叶朝良
主　审　张明聚

U0240360

重庆大学出版社

内 容 提 要

本书是《高等学校土木工程本科指导性专业规范配套系列教材》之一。本书较系统地介绍了岩土工程测试的目的和意义,分析了岩土工程测试技术的发展现状,给出了岩土工程测试技术中常用的传感器的原理和使用方法;重点介绍岩土工程现场监测和检测技术,涵盖岩土原位测试、基桩检测、边坡工程施工监测、基坑工程施工监测、地下洞室围岩和支护系统施工监测、地质雷达技术及其在隧道工程中的应用、隧道地质超前预报等内容。本书在介绍相关测试理论和测试方法后,均给出了工程实例,实用性较强。

本书可作为土木工程专业相关方向岩土工程测试技术课程的本科教材,也可作为市政工程、地质工程、采矿工程、工程力学等专业本科、研究生相关课程的参考教材;还可作为从事土木工程、市政工程、地质工程、采矿工程等专业领域相关科技人员的技术参考书。

图书在版编目(CIP)数据

岩土工程测试技术/刘尧军主编.—重庆:重庆
大学出版社,2013.5(2021.2重印)
高等学校土木工程本科指导性专业规范配套系列教材
ISBN 978-7-5624-7171-4

Ⅰ.①岩… Ⅱ.①刘… Ⅲ.①岩土工程—测试技术—
高等学校—教材 Ⅳ.①TU4

中国版本图书馆 CIP 数据核字(2013)第 000354 号

高等学校土木工程本科指导性专业规范配套系列教材
岩土工程测试技术

主 编 刘尧军
副主编 叶朝良
主 审 张明聚

责任编辑:张 婷   版式设计:张 婷
责任校对:陈 力   责任印制:赵 晟

*

重庆大学出版社出版发行
出版人:饶帮华
社址:重庆市沙坪坝区大学城西路 21 号
邮编:401331
电话:(023)88617190 88617185(中小学)
传真:(023)88617186 88617166
网址:http://www.cqup.com.cn
邮箱:fxk@cqup.com.cn(营销中心)
全国新华书店经销
POD:重庆新生代彩印技术有限公司

*

开本:787mm×1092mm 1/16 印张:14.25 字数:356 千
2013 年 5 月第 1 版   2021 年 2 月第 2 次印刷
ISBN 978-7-5624-7171-4 定价:39.00 元

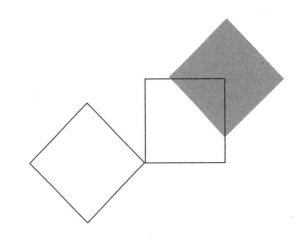

编委会名单

总　序

　　进入 21 世纪的第二个十年，土木工程专业教育的背景发生了很大的变化。"国家中长期教育改革和发展规划纲要"正式启动，中国工程院和国家教育部倡导的"卓越工程师教育培养计划"开始实施，这些都为高等工程教育的改革指明了方向。截至 2010 年底，我国已有 300 多所大学开设土木工程专业，在校生达 30 多万人，这无疑是世界上该专业在校大学生最多的国家。如何培养面向产业、面向世界、面向未来的合格工程师，是土木工程界一直在思考的问题。

　　由住房和城乡建设部土建学科教学指导委员会下达的重点课题"高等学校土木工程本科指导性专业规范"的研制，是落实国家工程教育改革战略的一次尝试。"专业规范"为土木工程本科教育提供了一个重要的指导性文件。

　　由"高等学校土木工程本科指导性专业规范"研制项目负责人何若全教授担任总主编，重庆大学出版社出版的《高等学校土木工程本科指导性专业规范配套系列教材》力求体现"专业规范"的原则和主要精神，按照土木工程专业本科期间有关知识、能力、素质的要求设计了各教材的内容，同时对大学生增强工程意识、提高实践能力和培养创新精神做了许多有意义的尝试。这套教材的主要特色体现在以下方面：

　　(1)系列教材的内容覆盖了"专业规范"要求的所有核心知识点，并且教材之间尽量避免了知识的重复；

　　(2)系列教材更加贴近工程实际，满足培养应用型人才对知识和动手能力的要求，符合工程教育改革的方向；

　　(3)教材主编们大多具有较为丰富的工程实践能力，他们力图通过教材这个重要手段实现"基于问题、基于项目、基于案例"的研究型学习方式。

　　据悉，本系列教材编委会的部分成员参加了"专业规范"的研究工作，而大部分成员曾为"专业规范"的研制提供了丰富的背景资料。我相信，这套教材的出版将为"专业规范"的推广实施，为土木工程教育事业的健康发展起到积极的作用！

中国工程院院士　哈尔滨工业大学教授

沈世钊

前　言

　　随着我国城市建设和交通事业的迅速发展,地铁工程、深基坑工程、公路和铁路隧道工程日益增多,岩土工程测试技术也得到了快速发展,它不仅在岩土工程建设实践中十分重要,而且在岩土工程理论的形成和发展过程中也起着决定性的作用。岩土工程测试作为一门工程实践性很强的学科,测试的方法和监测的要求必须和实践相结合,不断融入最新科研成果和经验,为岩土工程的设计和施工服务。岩土工程的测试、检测与监测是从事岩土工程勘察、设计、施工和监理的工作者所必需的基本知识,同时也是从事岩土工程理论研究所必须具备的基本手段。因此,对土木工程专业学生而言,岩土工程检测和测试技术是一门必须掌握的专业基础课程。

　　本书是《高等学校土木工程本科指导性专业规范配套系列教材》之一,强调理论与实践相结合,目的就是使地下工程专业方向的学生在熟悉和掌握岩土工程测试基本原理的基础上提高测试技能,具备制订试验监测方案、选择预测方法、分析测试结果和编写报告的能力。在本书编写过程中,编者特别注重从实用方面出发,将相关理论与现代新技术、新方法相结合,并尽可能地吸收国内外在该领域的最新成果,引导学生掌握理论知识,着重培养其解决实际工程技术问题的能力。

　　本书主要根据岩土工程施工所涉及的内容编写而成,系统地介绍了岩土工程测试的基础知识、岩土原位测试、基桩检测、边坡工程施工监测、基坑工程施工监测、地下洞室围岩和支护系统施工监测、地质雷达技术及在隧道工程中的应用、隧道地质超前预报等内容。

　　本书的编写人员都具有丰富的现场工作经验和教学经验,具体参加编写的有石家庄铁道大学刘尧军(第1、7章),石家庄铁道大学于跃勋(第2章),石家庄铁道大学叶朝良(第3、4章),石家庄铁道大学高新强(第5、6章)、石家庄铁道大学刘秀峰(第8章)。本书由刘尧军教授任主编,叶朝良任副主编,北京工业大学张明聚教授任主审,刘尧军负责统稿和审定。在编写过程中,编者参考和引用了大量文献和有关资料,在此对其原作者深表谢意。

　　由于水平有限,本书难免有错误和不足之处,恳请专家和读者批评指正。

编　者

2012 年 8 月

目　录

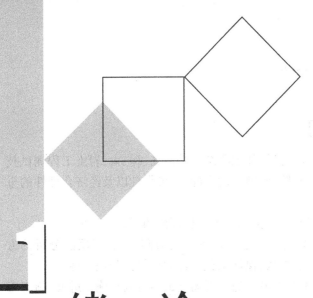

1 绪 论

本章导读：
概述岩土工程测试技术的内容及其在岩土工程中的重要作用，简述岩土工程测试技术的发展现状，并提出有待进一步研究的几方面内容。

- **基本要求** 了解岩土工程测试的作用、内容和发展现状。
- **重点** 岩土工程测试的作用和内容。
- **难点** 岩土工程测试需要进一步研究内容。

1.1 概 述

岩土工程是土木工程的分支，是运用工程地质学、土力学、岩石力学解决各类工程中关于岩石、土的工程技术问题的科学。其内容包括：岩土工程勘察、岩土工程设计、岩土工程治理、岩土工程监测、岩土工程检测等。

岩土工程测试就是对岩土体的工程性质进行观测和度量，得到岩土体的各种物理力学指标的试验工作，理论分析、室内外测试和工程实践是岩土工程分析三个重要方面。它不仅在岩土工程建设实践中十分重要，而且在岩土工程理论的形成和发展过程中也起着决定性的作用。岩土工程中的许多理论是建立在试验基础上的，如 Terzaghi 的有效应力原理是建立在压缩试验中孔隙水压力的测试基础上的，Darcy 定律是建立在渗透试验基础上的，剑桥模型是建立在正常固结粘土和微超固结粘土压缩试验和等向三轴压缩试验基础上的。此外，测试技术也是保证岩土工程设计的合理性和保证施工质量的重要手段。

岩土工程测试技术包括室内试验技术、原位测试试验技术和现场监测技术 3 个方面。室内试验的土工试验和原位试验技术在本系列教材中的《土力学与基础工程》中讲述，岩石的室内试验和原位试验技术在本系列教材中的《岩石力学》中讲述，本教材主要讲述岩土工程的现场测试技术。

1.2　岩土工程测试的作用

随着生产的发展,岩土工程的发展也日新月异,如工程结构趋向高、深、大,岩土工程测试技术是从根本上保证岩土工程勘察、设计、治理、监理、施工的准确性、可靠性以及经济合理性的重要手段,其作用主要体现在以下几个方面:

①岩土工程测试是岩土工程理论分析的基础,推动岩土工程理论的形成和发展。

②岩土工程测试保证岩土工程设计合理可行。通过现场监测与测试,利用反演分析的方法,求出能使理论分析与实测基本一致的工程参数,保证工程设计的可靠性和经济性。

③岩土工程测试是岩土工程信息化施工的保障。通过现场测试随时调整施工进度、施工工序与设计参数等,保障岩土工程施工安全。

④岩土工程测试是保证大型岩土工程长期安全运行的重要手段。通过对岩土工程在运营期间结构变形、应力、温度、沉降等方面的长期监测,评价结构的稳定性,保证运营安全。

1.3　岩土工程测试的内容

岩土工程测试技术包括室内试验技术、原位测试技术和现场监测技术三个方面,在整个岩土工程中占有特殊而重要的地位。

1.3.1　室内试验

目前,室内试验主要包括土的物理力学指标室内试验、岩石物理力学指标室内试验、模型试验和数值仿真试验。其相关内容将由专门的课程进行讲授,本节只作简单介绍。

(1)室内土工试验

室内土工试验大致可分为观察判别试验、物理性质试验、化学性质试验和力学性质试验等。

(2)室内岩石试验

室内岩石试验包括岩石物理指标测试、岩石常规力学指标测试、岩石变形与破坏机理等方面的分析研究。

(3)模型试验

模型试验采用相似理论,用与岩土工程原型力学性质相似的材料按照相似原理制作室内模型,利用室内模型模拟现场实际工况,研究岩土工程的变形和破坏等方面的机理。这方面的理论和试验一般在研究生课程《相似材料与模型试验》中讲解。

(4)数值仿真试验

数值仿真试验利用计算机进行岩土工程问题的研究,可模拟大型岩土工程、模拟复杂边界条件,具有成本低、精度高等特点。岩土工程数值仿真试验常用的数值方法有:有限元法、离散元法、有限差分法、不连续变形法、颗粒流法、流形单元法、无单元法等,其计算模拟一般采用大型商用软件,这方面的知识一般在研究生课程中讲解。

1.3.2　岩土的原位测试技术

原位测试是在岩土工程施工现场,在基本保持被测试岩土体的结构、含水量以及应力状态不变的条件下测定其基本物理力学性能。原位测试结果可以直接反映岩体的物理力学状态,更接近工程实践的实际情况。岩土原位测试又可以分为两种:一种是为获取设计参数的原位测试试验;另一种是为施工控制和反演分析提供参数的原位检测。原位测试技术,主要包括标准贯入试验、静力触探试验、静载荷试验、轻便触探试验、十字板剪切试验、现场直剪试验、地基土动力特性原位测试试验、场地土波速测试、基桩高应变测试、基桩低应变测试、变形观测、水土压力测试等内容。在上述内容中,地基中的位移场、应力场测试,地下结构表面的土压力测试,地基土的强度特性及变形特性测试等方面将会成为研究的重点。

土体原位测试试验主要在本系列教材的《土力学与基础工程》中讲解,岩体原位测试试验主要在本系列教材的《岩石力学》中讲解。

1.3.3　现场监测技术

现场监测技术是以实际工程作为对象,在施工期间及工后对整个岩土体和结构以及周围环境,按其设计的测点和测试频率进行应力、变形等内容的现场监测。现场监测技术涉及众多领域,主要有铁路、公路、水电、矿山、港口、地下空间开发与利用等。现场监测按监测时间可分为施工期监测和运营期(工后)监测;按监测的建筑物类型可分为大坝监测、地下洞室监测、基坑监测、边坡监测。本教材将介绍地下洞室监测、基坑监测和边坡监测。

1.4　岩土工程测试技术发展现状

1.4.1　发展现状

近年来,随着科技的发展以及设计、施工、监理等各部门对现场测试的重视,岩土工程测试技术得到了快速的发展,主要表现在以下几个方面:

(1)新仪器新方法的开发

岩土工程测试技术与现代科技结合,一些传统测试方法得以更新。如近年来高精度的全站仪和隧道断面仪广泛应用于隧道围岩收敛量测,相对于收敛计量测提高了监测效率并可进行三维位移监测;光纤光栅传感器应用于岩土工程的应力、应变和变形测试,提高了测试精度等。

(2)自动监测系统

实时自动监测、远程数据传输、可视化技术、地理信息系统(GIS)等目前已经在大型边坡安全监测、基坑施工、隧道施工、沉降监测等方面得到成功应用,推动了岩土测试技术的发展。

(3)工程地球物理探测

利用各种物探原理(弹性波、声波、电磁波、应力波等)开发的一系列性能很强的专用仪器,如波速仪、探地雷达、TSP 地质预报系统、红外探水仪、管线探测仪、瞬变电磁仪等,这些专用仪器探测精度高、抗干扰能力强,将是岩土工程测试发展的一个重要方向。

(4)数据处理与反馈技术

数据处理中多种数据处理技术(人工神经网络技术、时间序列分析、灰色系统理论、因素分析法、支持向量机方法等)的应用以及岩土工程领域相应大型商用计算软件的开发,为岩土工程信息化施工和反分析研究提供了保障,推动了岩土工程施工监测信息管理、预测预报系统的发展。

(5)第三方监测和检测的推广和认可

目前许多岩土工程施工普遍引入具有资质的第三方监测和检测机构,其测试结果具有公证效力,有效地避免了施工过程中可能发生的事故。同时,测试结果和监测资料有助于确定引发工程事故的原因和责任。

1.4.2 需要进一步研究的内容

①在原位测试方面,地基中的位移场、应力场测试,地下结构表面的土压力测试,地基土的强度特性及变形特性测试等方面将会成为研究的重点。随着总体测试技术的进步,这些传统的难点将会取得突破性进展。

②虚拟测试技术将会在岩土工程测试技术中得到广泛的应用。如电子计算机技术,电子测量技术,光学测试技术,航测技术,电、磁场测试技术,声波测试技术,遥感测试技术等方面的新的进展都将推动岩土工程领域的测试技术发展,令测试结果的可靠性、可重复性得到很大的提高。

③监测仪器和精密传感器国产化。目前国产的岩土工程现场监测仪器和传感器的信息化程度较低、稳定性与国外同类产品尚有一定的差距,急需对先进的国外监测仪器制造技术进行分析研究,提高国产化率,降低监测仪器的成本。

④岩土工程施工自动监测、预测预报系统的开发应用,其目的是提高监测的实时性和可靠性,同时降低系统成本,便于推广应用。

⑤加强第三方监测的规范管理,制定相应的法律法规,从而全面提高岩土工程监测和检测水平。

1.5 本课程学习的目的

岩土工程测试是从事岩土工程工作人员必须掌握的基本知识,同时也是从事岩土工程理论研究所必须掌握的基本手段。岩土工程测试的内容较多,其中一些知识已在一些课程中进行了介绍,本书仅介绍现场监测和检测方面的内容。通过课程学习,熟悉掌握岩土工程测试原理和技术,提高测试技能和试验研究能力,增强试验设计和监测方案制订的实际动手能力,达到培养实用型人才的目的。

本章小结

本章介绍了岩土工程和岩土工程测试技术的内容,对岩土工程测试的作用、岩土工程测试技术发展现状和需要进一步研究的内容进行了总结。通过本章学习,学生可以了解本课程的教学内容和学习目的。

思考题

1.1 简述岩土工程测试的作用。

1.2 岩土工程测试的主要内容有哪些?

1.3 查阅相关资料,简述岩土工程测试未来的重点发展方向。

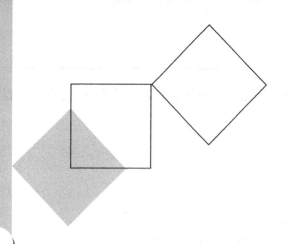

2 测试技术的基础知识

本章导读：

简要介绍了测试系统的组成及其静态传递特性、计算机辅助测试系统的基本原理、测量误差及试验数据处理方法等内容,在此基础上,重点介绍了常用传感器的原理、测试系统的选择原则和标定方法。

- **基本要求** 掌握测试系统的组成和静态传递特性;掌握常用传感器工作原理;掌握测试系统选择原则和传感器的标定方法;了解计算机辅助测试系统的基本原理;掌握测量数据处理方法。

- **重点** 测试系统的静态传递特性;常用传感器工作原理;测试系统及传感器的选择原则;试验数据处理方法。

- **难点** 传感器的选择和标定。

2.1 概 述

测试技术是测量技术和试验技术的总称。

测试技术的发展与生产和科学技术的发展是紧密相关的,它们互相依赖、相互促进。现代科技的发展不断地向测试技术提出新的要求,推动了测试技术的研发,测试技术迅速汲取各个科技领域(如材料科学、微电子学、计算机科学等)的新成果,开发出新的测试方法和先进的测试仪器,同时又给科学研究提供了更先进的手段。

在大型岩土工程建设中,由于工程的复杂性,许多问题往往难以通过完善的理论分析和计算分析的方法来检验,而需要通过试验研究来解决。且随着人们安全意识和环保意识不断增强,在工程投标和施工中,工程施工监测已成为一项必不可少的内容。

现代测试技术的发展方向主要有以下4个方面：

①量程范围更加宽广；

②传感器向新型、微型、智能型发展；

③测量仪器向高精度和多功能方向发展；

④参数测量与数据处理向自动化发展。

只有对测试系统有完整的了解，才能按照实际需要设计或配置出有效的测试系统，以达到实际测试目的。按照信号传递方式来分，常用的测试系统可分为模拟式测试系统和数字式测试系统。

2.2 测试系统的组成和特性

2.2.1 测试系统的组成

随着现代科学技术的迅速发展，非电物理量的测试与控制技术，已广泛地应用于岩土与岩土工程试验中。非电量的电测系统是最常用的测试系统。对于一个实际的测试系统，它可能由一个或若干个功能单元组成。一个完善的测试系统由试验装置、测量装置、数据处理装置、显示记录装置四大部分组成，图2.1即为典型的测试系统。但因测试目的、要求的不同，测试系统的实际组成差别很大，并非必须包含以上4个部分，可繁可简。

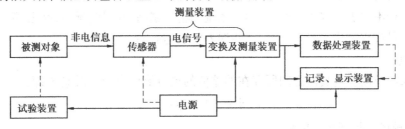

图2.1 测试系统的组成

1)试验装置

试验装置是使被测对象处于预定状态下，并将其有关方面的内在联系充分显露出来，以便进行有效测量的一种专门装置。例如，测定岩石及结构面力学性质的直剪试验系统装置，由直剪试验架、液压控制系统组成，液压泵提供施加到试件上的荷载，液压控制系统则使荷载按一定速率平稳地施加，并在需要时保持其恒定，从而使试件处于一定法向应力水平下进行剪切试验。

2)测量装置

测量装置由传感器和测量电路组成，它可把被测量(如力、位移)通过传感器变成电信号，经过后接仪器的变换、放大、运算，变成易于处理和记录的信号。传感器是整个测试系统中采集信息的关键环节，它的作用是将被测非电量转换成便于放大、记录的电量，所以，有时称传感器为测试系统的一次仪表，其余部分为二次仪表或三次仪表。测量装置就是根据不同的被测参量，选用不同的传感器和后接仪器组成的测量环节。不同的传感器要求与其相匹配的后接仪器也不同。

3)信号处理装置

信号处理系统是将测量系统输出的信号进一步进行处理以排除干扰,并清楚地估计测量数据的可靠程度,提高所获得信号(或数据)的置信度。计算机中需设计智能滤波等软件,以排除测量系统中的噪声干扰和偶然波动,以提高所获得信号的置信度。对模拟电路则要用专门的仪器或电路,如滤波器等。亦可通过信号处理系统来输出不同的物理量,如对位移量的一次微分得到速度,二次微分得到加速度。

4)显示和记录装置

显示和记录装置是测试系统的输出环节,它是将所测得的有用信号及其变化过程显示或记录(或存储)下来。数据显示可以用各种表盘、电子示波器和显示屏来实现,而数据记录则可采用计算机、函数记录仪、光线示波器、磁盘等设备来实现。

2.2.2 测试系统的主要性能指标

测试系统的主要性能指标有精确度、稳定性、测量范围(量程)、分辨力阈值和传递特性等。测试系统的主要性能指标是经济合理选择测试系统时必须参考的指标。

1)测试系统的精度和误差

测试系统的精度是指测试系统给出的指示值和被测量的真值的接近程度。精度与误差是同一概念的两种不同表示方法。通常,测试系统的精度越高,其误差越小;反之,精度越低,则误差越大。在测量过程中均有误差存在,这些误差的表达有如下几种形式:

(1)绝对误差

测量结果与被测参量真值之间所存在的差值的绝对值称为绝对误差 δ,即:

$$\delta = |X - Q| \tag{2.1}$$

式中　X——被测参量的测量值;

　　　Q——被测参量的真值。

测量的绝对误差,反映了测量的精度,绝对误差越大,测量精度越低。绝对误差只能评估同一被测值的测量精度,对于不同量值的测量,它就难以判断其精度了。

(2)相对误差

测量的绝对误差与被测量真值的比值称为相对误差 ε,通常以百分数表示,即:

$$\varepsilon = \frac{\delta}{Q} \times 100\% \tag{2.2}$$

相对误差可用来评价同一仪器不同被测值的精度,例如测量 100 mm 与测量 10 mm 的尺寸,如果其绝对误差都是 0.01 mm,则测量 100 mm 的精度比测量 10 mm 的精度高得多。

但是,相对误差不能用来比较不同仪表的精度,或不能用来衡量同一仪表在不同量程时的精度。因为同一仪表在整个量程内,其相对误差是一个变值,随着被测量量程的减少,相对误差增大,而精度随之降低。当被测值接近量程起始零点时,相对误差趋于无限大。

(3)引用误差

测量的绝对误差与仪表的满量程之比称为引用误差 γ_m,它常以百分数表示,即:

$$\gamma_m = \frac{\delta}{y_{FS}} \times 100\% \qquad (2.3)$$

这一指标通常用来表征仪器自身的精度,而不是测量的精度,所以式中的 δ 采用的是最大允许误差。实际中,常以引用误差来划分仪表的精度等级,可以较全面地衡量测量精度。

2)稳定性

稳定性又称长期稳定性,即测试系统在相当长的时间内保持其原性能的能力。衡量仪器示值的稳定性有两种指标:一是时间上的稳定性,以稳定度表示;二是仪器外部环境和工作条件变化所引起的示值不稳定性,以各种影响系数表示。

(1)稳定度

由于仪器中随机性变动、周期性变动、漂移等会引起稳定度的示值变化。稳定度一般用精密度的数值和时间长短同时表示。例如,每 8 h 内引起电压的波动为 1.3 mV,则写成稳定度为 $\delta_s = 1.3$ mV/8 h。

(2)环境影响

仪器工作场所的环境条件,诸如室温、大气压、振动等外部状态以及电源电压、频率和腐蚀气体等因素对仪器精度的影响,统称环境影响,用影响系数表示。例如,周围介质温度变化所引起的示值变化,可以用温度系数 β_r(示值变化/温度变化)来表示;电源电压变化所引起的示值变化,可以用电源电压系数 β_u(示值变化/电压变化率)来表示。如 $\beta_u = 0.02$ mA/10%,表示电压每变化 10% 引起示值变化 0.02 mA。

3)测量范围(量程)

系统所能测量的最大被测量(即输入量)的数值称为测量上限,所能测量的最小的被测量则称为测量下限;而用测量下限和测量上限表示的测量区间,则称为测量范围。在动态测量时,还需同时考虑仪器的工作频率范围。

测量范围有单向(只有正向或负向)、双向对称、双向不对称和无零值的几种。测量上限和测量下限的代数差值为量程。

4)分辨力与阈值

分辨力是指系统在规定测量范围内所能够检测到的被测输入量的最小变化值。有时对该值用相对满量程输入值的百分数表示,则称为分辨率。

阈值是能使测试系统的输出端产生可测变化量的最小被测输入量值,即零点附近的分辨能力。有的测试系统在零点附近有严重的非线性情况,形成所谓"死区",则将死区大小作为阈值;更多情况下阈值主要取决于测试系统中传感器噪声的大小。

若某一位移测试系统的分辨率是 0.5 μm,则当被测的位移小于 0.5 μm 时,该位移测试系统将没有反应。通常要求测定仪器在零点和 90% 满量程点的分辨率,且分辨率的数值越小越好。

5)传递特性

传递特性是表示测量系统输入与输出对应关系的性能。了解测量系统的传递特性对于提高测量的精确性和正确选用系统或校准系统特性是十分重要的。

对不随时间变化(或变化很慢而可以忽略)的量的测量叫做静态测量;对随时间而变化的

量的测量叫做动态测量。与此相应,测试系统的传递特性分为静态传递特性和动态传递特性。描述测试系统静态测量时输入-输出函数关系的方程、图形、参数称为测试系统的静态传递特性;描述测试系统动态测量时的输入-输出函数关系的方程、图形、参数称为测试系统的动态传递特性。作为静态测量的系统,可以不考虑动态传递特性;而作为动态测量的系统,则既要考虑动态传递特性,又要考虑静态传递特性,因为测试系统的精度很大程度上与其静态传递特性有关。

2.2.3 线性系统

为达到不同测试目的可建立各种不同功能的测试系统,这些系统所具有的主要功能是保证系统的输出能精确地反映输入。对于一个理想的测试系统应该具有确定的输入-输出关系,其中以输出与输入成线性关系时为最佳,即理想的测试系统应当是一个时不变线性系统。

若系统的输入 $x(t)$ 和输出 $y(t)$ 之间的关系可以用常系数线性微分方程式来表示,则称该系统为线性时不变系统,简称线性系统。这种线性系统的方程通式为:

$$a_n y^n(t) + a_{n-1} y^{n-1}(t) + \cdots + a_1 y^1(t) + a_0 y(t) = b_m x^m(t) + b_{m-1} x^{m-1}(t) + \cdots + b_1 x^1(t) + b_0 x(t)$$

$$(2.4)$$

式中 $y^n(t), y^{n-1}(t), \cdots, y^1(t)$——分别是输出 $y(t)$ 的各阶导数;

         $x^n(t), x^{n-1}(t), \cdots, x^1(t)$——分别是输入 $x(t)$ 的各阶导数;

         $a_n, a_{n-1}, \cdots, a_0$ 和 $b_m, b_{m-1}, \cdots, b_0$——常数,与测量系统特性、输入状况和测试点分布等因素有关。

从式(2.4)可以看出,线性方程中的每一项都不包含输入 $x(t)$、输出 $y(t)$ 以及它们的各阶导数的高次幂和它们的乘积,此外其内部参数也不随时间的变化而变化,信号的输出与输入和信号加入的时间无关。

在研究线性测试系统时,对系统中的任一环节(如传感器、运算电路等)都可化为一个方框图,并用 $x(t)$ 表示输入量,$y(t)$ 表示输出量,$h(t)$ 表示系统的传递关系,三者之间的关系可用图2.2表示。$x(t)$、$y(t)$ 和 $h(t)$ 是三个具有确定关系的量,当已知其中任何两个量,即可求第三个量,这是工程测试中常常需要处理的实际问题。

图2.2   系统、输入量与输出量的关系

2.3 测试系统的静态传递特性

2.3.1 静态方程和标定曲线

当测试系统处于静态测量时,输入量 x 和输出量 y 不随时间而变化,因而输入和输出的各阶导数等于零,式(2.4)可变成代数方程,称为系统的静态传递特性方程(简称静态方程):

$$y = \frac{a_0}{b_0} x = Sx \tag{2.5}$$

式中　S——(斜率(也称标定因子),是常数。

　　表示静态(或动态)方程的图形称为测试系统的标定曲线(又称特性曲线、率定曲线、定度曲线)。在直角坐标系中,习惯上,标定曲线的横坐标为输入量 x(自变量),纵坐标为输出量 y(因变量)。图 2.3 是标定曲线实例及其相应的曲线方程:图(a)中输出与输入成线性关系,是理想状态;而图(b)、(c)、(d)三条曲线则可看成是在线性关系上叠加了非线性的高次分量,其中图(c)是只包含 x 的奇次幂的标定曲线,是较为合适的,因为它在零点附近有一段对称的而且很近似于直线的线段,(b)、(d)两图的曲线则是不合适的。

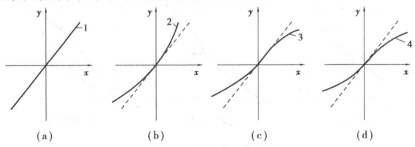

图 2.3　标定曲线的种类

a—曲线方程 $y = a_0 x$;b—曲线方程 $y = a_0 x + a_1 x^2 + a_3 x^4$

c—曲线方程 $y = a_0 x + a_2 x^3 + a_4 x^5$;$d$—曲线方程 $y = a_0 x + a_1 x^2 + a_2 x^3 + a_3 x^4$

　　标定曲线是反映测试系统输入 x 和输出 y 之间关系的曲线。一般情况下,实际的输入-输出关系曲线并不完全符合理论所要求的理想线性关系,所以,定期标定测试系统的标定曲线是保证测试结果精确可靠的必要措施。对于重要的测试,在进行测试前、后都需对测试系统进行标定,当测试前、后的标定结果的误差在容许的范围内时,才能确定测试结果有效。

　　求取静态标定曲线,通常以标准量作为输入信号并测出对应的输出,将输入与输出数据绘制成散点图,再用统计法求出一条输入-输出曲线。标准量的精度应较被标定的系统的精度高一个数量级。

2.3.2　测试系统的主要静态特性参数

　　根据标定曲线便可以分析测试系统的静态特性。衡量测试系统静态特性的主要技术指标有系统灵敏度、线性度(直线度)、测量范围和量程、回程误差(迟滞性)、重复性。

1)灵敏度

　　测试系统输出的变化量 Δy 与引起此变化量的输入变化量 Δx 之比,即为测试系统的灵敏度,如图 2.4(a)所示,其表达式为:

$$S = \frac{\Delta y}{\Delta x} \tag{2.6}$$

　　对于线性系统,由式(2.6)可知 $S = a_0 / b_0 = \text{Const}$,即线性系统的测量灵敏度为常数。无论是线性系统还是非线性系统,灵敏度 S 都是系统特性曲线的斜率。若测试系统的输出和输入的量纲相同,则常用"放大倍数"代替"灵敏度",此时,灵敏度 S 无量纲。但输出与输入是可以具有不同量纲的,例如,某位移传感器的位移变化为 1 mm 时,输出电压的变化有 300 mV,则其灵敏度 $S = 300$ mV/mm。

2）线性度（直线度）

标定曲线与理想直线的接近程度称为测试系统的线性度，如图 2.4（b）。它是一种量度，用于描述系统的输出与输入之间是否保持理想系统那样的线性关系。由于系统的理想直线无法获得，在实际中，通常用一条反映标定数据的一般趋势且误差绝对值为最小的直线作为参考理想直线作为替代。

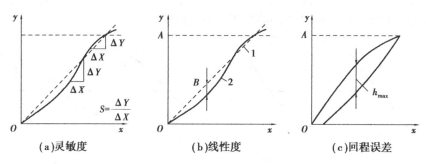

图 2.4　测试系统的主要静态特性参数图析

(a)灵敏度　　　(b)线性度　　　(c)回程误差

若在系统的标称输出范围（全量程）A 内，标定曲线与参考理想直线的最大偏差为 B，则线性度 δ_i 可用下式表示：

$$\delta_i = \frac{B}{A} \times 100\% \tag{2.7}$$

参考理想直线的确定方法目前尚无统一的标准，通常的做法是：取过原点，与标定曲线间的偏差的均方值为最小的直线，即以图 2.4 最小二乘拟合直线为参考理想直线，以该直线的斜率的因数作为名义标定因子。

3）回程误差

回程误差也称为迟滞或滞后，它是描述测试系统的输出和输入变化方向有关的特性。在相同的测试条件下，当输入量由小到大（正行程）或由大到小（反行程）时，对于同一输入量所得到的两个输出量往往存在差值，在全部测量范围内，这个差值的最大值 $h_{\max}$ 与标称满量程输出 A 的比值的百分率称为回程误差，如图 2.4（c），用误差形式表示为：

$$\delta_h = \frac{|h_{\max}|}{A} \times 100\% \tag{2.8}$$

产生回程误差的原因主要有两个：一是测试系统中有吸收能量的元件，如磁性元件（磁滞）和弹性元件（弹性滞后）；二是在机械结构中存在摩擦和间隙等缺陷。

4）重复性

重复性是指系统的输入按同一方向作全量程连续变化时所得的特性曲线不一致的程度。如图 2.5 所示，多次重复测试的曲线越重合，说明重复性越好，误差也小。重复特性的好坏是与许多随机因素有关的，与产生迟滞现象具有相同的原因。

为了衡量测试系统的重复特性，一般采用输出最大重复性偏差 $\Delta'_{\max}$ 与满量程 A 的百分比来表示：

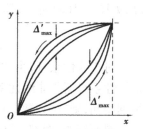

图 2.5　重复特性

$$\delta_R = \frac{\Delta'_{max}}{A} \times 100\% \tag{2.9}$$

重复性误差只能用实验方法确定。用实验方法分别测出正反行程时诸测试点在本行程内同一输入量时的输出量偏差,取其最大值作为重复性偏差,然后取其与满量程 A 的比值即可。比值越大,则重复性越差。

重复性误差也常用绝对误差表示。检测时也可选取几个测试点,对应每一点多次从同一方向趋近,获得输出系列值,算出最大值与最小值之差作为重复性偏差,然后在几个重复性偏差中取出最大值作为重复性误差。

2.4　传感器原理

在岩土工程中,所需测量的物理量大多数为非电量,如位移、压力、应力、应变等。为使非电量能用电测方法来测定和记录,必须设法将它们转换为电量,而这种将被测物理量直接转换为相应的容易检测、传输或处理的电信号的元件称为传感器,也称换能器、变换器或探头。

根据《传感器的命名法及代号》(GB/T 7666—2005)的规定,传感器的命名应由主题词加四级修饰语构成:主题词为传感器;1—4 级修饰语依次为被测量、变换原理、特征描述(指必须强调的传感器结构、性能、材料特征、敏感元件以及其他必要的性能特征)、主要技术指标(量程、测量范围、精度等)在有关传感器的统计表格、图书索引、检索等特殊场合,采用上述规定的顺序,例如"传感器,位移,应变式,弹簧悬臂梁组合结构型,100 mm";在技术文件、产品样本、学术论文、教材及书刊的陈述句子中,作为产品名称应采用与修饰语级别相反的顺序,例如"100 mm弹簧悬臂梁组合结构型应变式位移传感器"。但在实际应用中可采用简称,命名时除第一级修饰语外,其他各级可视产品的具体情况任选或省略。例如,简称可以是电阻应变式位移传感器、荷重传感器等。

传感器一般可按被测量的物理量、变换原理和能量转换方式分类。按被测量的物理量分类,如位移传感器、压力传感器、速度传感器等。按变换原理分类,如电阻式、电容式、差动变压器式、光电式等。这种分类易于从原理上识别传感器的变换特性,每一类传感器应配用的测量电路也基本相同。

2.4.1　电阻式传感器

电阻式传感器是把被测量如位移、力等参数转换为电阻变化的一种传感器,按其工作原理可分为电阻应变式、电位计式、热电阻式和半导体热能电阻式等,以电阻应变式传感器使用最为广泛。

电阻应变式传感器是根据电阻应变效应先将被测量转换成应变,再将应变量转换成电阻,其结构通常由应变片、弹性元件和其他附件组成。在被测拉、压力的作用下,弹性元件产生变形,贴在弹性元件上的应变片产生一定的应变,由应变仪读出读数,其根据事先标定的应变—力对应关系,即可得到被测力的数值。

弹性元件是电阻应变式传感器必不可少的组成环节,其性能好坏是保证传感器质量的关键。弹性元件有梁式、弓式和弹簧组合式等,其结构形式是根据所测物理量的类型、大小、性质和安放传感器的空间等因素来确定的。

2.4.2 电感式传感器

电感式传感器是根据电磁感应原理制成的,它是将被测量的变化转换成电感中的自感系数 L 或互感系数 M 的变化,引起后续电桥桥路的桥臂中阻抗 Z 的变化,当电桥失去平衡时,输出与被测的位移量成比例的电压 U_0。电感式传感器常分成自感式(单磁路电感式)和互感式(差动变压器式)两类。

2.4.3 钢弦式传感器

钢弦式传感器是岩土工程现场监测使用最多的传感器。

1)钢弦式传感器的工作原理

钢弦式传感器的工作原理是由钢弦内应力的变化转变为钢弦振动频率的变化。根据《数学物理方程》中有关弦的振动的微分方程可推导出钢弦应力与钢弦振动频率的关系:

$$f = \frac{1}{2L}\sqrt{\frac{\sigma}{\rho}} \tag{2.10}$$

式中 f——钢弦的振动频率,Hz;

　　　L——钢弦长度,cm;

　　　ρ——钢弦的质量密度,为材料重度 $\gamma = 78$ kN/m^3 与重力加速度 $g = 9.8$ m/s^2 之比,即为 8 kN $\cdot$ s^2/m^4;

　　　σ——钢弦所受的张拉应力,其最佳工作应力为 150 ~ 500 MPa。

2)钢弦式压力盒

压力盒是常见的测定土、岩石压力的传感器,钢弦式压力盒加工完成后,L、ρ 已为定值,由式(2.10)可得出,钢弦的振动频率只取决于钢弦上的张拉应力,而钢弦上的张拉应力又取决于外来压力 P,钢弦频率与薄膜所受压力 P 满足关系

$$f^2 - f_0^2 = KP \tag{2.11}$$

式中 f——压力盒受压后钢弦的频率,Hz;

　　　f_0——压力盒未受压时钢弦的频率,Hz;

　　　P——压力盒底部薄膜所受的压力,MPa;

　　　K——标定系数,与压力和构造等有关,各压力盒各不相同。

钢弦式传感器的钢弦振动频率由频率接收仪测定,频率接收仪配接分线盒后可一次采集多个传感器的振动频率,根据钢弦式传感器在岩土工程中使用后测定的频率就可以得到压力、应变等物理量。

钢弦式传感器主要有钢弦式土压力盒、钢筋计、表面应变计、埋入式应变计、位移计、荷载传感器、孔隙水压力计等。其主要优点是构造简单,测试结果比较稳定,受温度影响小,测试方便,易于防潮,可做长期观测,在岩土工程现场测试和地下工程监测中得到广泛的应用;其缺点是灵

敏度受传感器尺寸的限制,并且不能用于动态测试。图2.6、图2.7为典型钢弦式传感器的结构构造图。

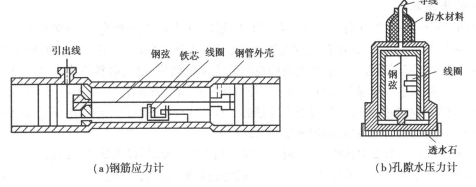

（a)钢筋应力计　　　　　　　　　（b)孔隙水压力计

图2.6　钢弦式钢筋应力计和孔隙水压力计构造图

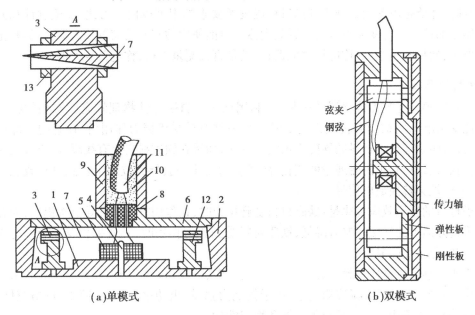

（a)单模式　　　　　　　　　　（b)双模式

图2.7　钢弦式压力盒的构造图

1—承压板;2—底座;3—钢弦夹;4—铁芯;5—电磁线圈;6—封盖;7—钢弦;8—塞;
9—引线管;10—防水涂料;11—电路;12—钢弦架;13—拉紧固定螺栓

2.4.4　电容式、压电式和压磁式传感器

1)电容式传感器

电容式传感器是以各种类型的电容器作为传感元件,将被测量转换为电容量的变化,最常用的是平行板型电容器或圆筒型电容器。

电容式传感器的输出是电容量,尚需有后续测量电路进一步转换为电压、电流或频率信号。利用电容的变化来取得测试电路的电流或电压变化的主要方法有:调频电路(振荡回路频率的变化或振荡信号的相值变化)、电桥型电路和运算放大器电路,其中以调频电路用得较多,其优点是抗干扰能力强、灵敏度高,但电缆的分布电容对输出影响较大,使用中调整比较麻烦。

2) 压电式传感器

有些电介质晶体材料在沿一定方向受到压力或拉力作用时发生极化,并导致介质两端表面出现符号相反的束缚电荷,其电荷密度与外力成比例,当外力取消时,它们又会回到不带电状态,这种由外力作用而激起晶体表面电荷的现象称为压电效应,这类材料称为压电材料。压电式传感器就是根据这一原理制成的。当有一外力作用在压电材料上时,传感器就有电荷输出,因此,从可测的基本参数来讲它是属于力传感器,但是,这种传感器也可测量能通过敏感元件或其他方法变换为力的其他参数,如加速度、位移等。

压电材料只有在交变力作用下,电荷才可能得到不断补充,用以供给测量回路一定的电流,故只适用于动态测量。压电晶体片受力后产生的电荷量极其微弱,不能用一般的低输入阻抗仪表来进行测量,否则压电片上的电荷就会很快地通过测量电路泄漏掉,只有当测量电路的输入阻抗很高时,才能把电荷泄漏减少到测量精度所要求的限度以内。为此,加速度计和测量放大器之间需加接一个可变换阻抗的前置放大器。目前使用的有两类前置放大器:一类是把电荷转变为电压,然后测量电压,称电压放大器;一类是直接测量电荷,称电荷放大器。

3) 压磁式传感器

压磁式传感器是测力传感器的一种,它利用铁磁材料磁弹性物理效应(即材料受力后,其导磁性能受影响),将被测力转换为电信号。当铁磁材料受机械力作用后,在它的内部产生机械效应力,从而引起铁磁材料的导磁系数发生变化,如果在铁磁材料上有线圈,由于导磁系数的变化,将引起铁磁材料中的磁通量的变化,磁通量的变化则会导致线圈上自感电势或感应电势的变化,从而把力转换成电信号。

铁磁材料的压磁效应规律是:铁磁材料受到拉力时,在作用方向上的导磁率提高,而在与作用力相垂直方向上的导磁率略有降低,铁磁材料受到压力作用时,其效果相反。当外力作用力消失后,它的导磁性能复原。

压磁式传感器可整体密封,因此具有良好的防潮、防油和防尘等性能,适合于在恶劣环境条件下工作。此外,它还具有温度影响小、抗干扰能力强、输出功率大、结构简单、价格较低、维护方便、过载能力强等优点。其缺点是线性和稳定性较差。

2.4.5 光纤光栅传感器

1) 光纤光栅的形成及分类

1978 年加拿大渥太华通信研究中心的 K. O. Hill 等人首次在掺锗石英光纤中发现光纤的光敏效应,并采用驻波写入法制成世界上第一只光纤光栅,1989 年美国联合技术研究中心的 G. Meltz 等人实现了布拉格光栅(Fiber Bragg Grating,FBG)的紫外(UV)激光侧面写入技术,使光纤光栅的制作技术实现了突破性进展。同年,Morey 等人第一次将光纤光栅做传感器使用,开辟了光纤光栅传感技术的新方向。随着光纤光栅制造技术的不断完善,应用成果的日益增多,使得光纤光栅成为目前最有发展前途、最具代表性的光纤无源器件之一。

光纤光栅是利用光纤材料的光敏性,在纤芯内形成空间相位光栅,其作用实质上是在纤芯内形成一个窄带的(透射或反射)滤波器或反射镜,使得光在其中的传播行为得以改变和控制。利用光纤光栅的这一特性可制造出许多性能独特的光纤器件,再加之光纤本身具有低耗传输、抗电磁干扰、轻质、径细、柔韧、化学稳定及电绝缘等优点,使得光纤光栅在光纤传感领域应用前景非常广阔。

光纤光栅的种类很多,主要分两大类:一是布拉格光栅(也称反射或短周期光栅);二是透射光栅(也称长周期光栅,LPG)。光纤光栅从结构上可分为周期性结构和非周期性结构,从功能上还可分为滤波型光栅和色散补偿型光栅,色散补偿型光栅是非周期光栅,又称为啁啾光栅(Chirp 光栅)。目前光纤光栅的应用主要集中在光纤通信领域和光纤传感器领域。

2)光纤布拉格光栅传感器的工作原理

以光纤光栅为传感元件,经过特殊的封装之后,加上光源、解调装置和相应的光学配件就构成了光纤光栅传感器。

光纤光栅就是一段光纤,其纤芯中具有折射率周期性变化的结构,如图2.8所示。在光纤纤芯中传播的光在每个光栅面处发生散射,满足布拉格反射条件的光在每个光栅平面反射回来逐步累加,最后反向形成一个反射峰。如果不满足布拉格条件,依次排列的光栅平面反射的光相位将会逐渐变得不同,直到最后相互抵消。另外,由于系数不匹配,与布拉格谐振波长不相符的光在每个光栅平面的反射很微弱。

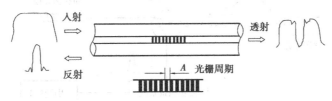

图2.8 光纤布拉格光栅的结构

根据模耦合理论,反射光的峰值波长满足

$$\lambda_B = 2n\Lambda \tag{2.12}$$

式中　λ_B——光纤光栅的中心波长;

　　　Λ——光栅周期;

　　　n——纤芯的有效折射率。

可见反射的中心波长 λ_B,跟光栅周期 Λ、纤芯的有效折射率 n 有关。当外界的被测量引起光纤光栅温度、应力以及磁场改变时,会引起光纤光栅有效折射率、光栅周期变化,反射光中心波长就会偏移,由此可实现温度、应力等参量的测量。

在只考虑光纤受到轴向应力的情况下应力对光纤光栅的影响主要体现在两方面:弹光效应使折射率改变,应变效应使光栅周期改变;温度变化对光纤光栅的影响也主要体现在两方面:热光效应使折射率改变,热膨胀效应使光栅周期改变。当同时考虑应变与温度时,弹光效应与热光效应共同引起折射率的改变,应变和热膨胀共同引起光栅周期的改变。假设应变和温度分别引起布拉格中心波长的变化是相互独立的,则两者同时变化时,布拉格中心波长的变化可以表示为

$$\frac{\Delta\lambda_B}{\lambda_B} = (1 - P)\Delta\varepsilon + (\alpha + \zeta)\Delta T \tag{2.13}$$

式中　P——光纤材料弹光系数，$P = -\dfrac{1}{n} \cdot \dfrac{\mathrm{d}n}{\mathrm{d}\varepsilon}$；

　　　α——光纤的热胀系数，$\alpha = \dfrac{1}{\Lambda} \cdot \dfrac{\mathrm{d}\Lambda}{\mathrm{d}T}$；

　　　ζ——光纤材料的热光系数，$\zeta = \dfrac{1}{n} \cdot \dfrac{\mathrm{d}n}{\mathrm{d}T}$；

　　　$\Delta\varepsilon$——应变变化量：

　　　ΔT——温度变化量。

理论上只要测到两组波长变化量就可同时计算出应变和温度的变化量。对于其他的一些物理量如加速度、振动、浓度、液位、电流、电压等，都可以设法转换成温度或应力的变化，从而实现测量。

光纤布拉格光栅传感器工作原理如图2.9所示。宽谱光源（如 SLED 或 ASE）将有一定带宽的光通过环行器入射到光纤光栅中，由于光纤光栅的波长选择性作用，符合条件的光被反射回来，再通过环行器送入解调装置测出光纤光栅的反射波长变化。当光纤布拉格光栅用作探头测量外界的温度、压力或应力时，光栅自身的栅距发生变化，从而引起反射波长的变化，解调装置即通过检测波长的变化推导出外界被测温度、压力或应力。

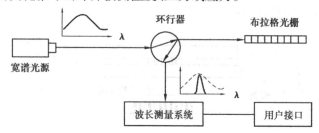

图2.9　光纤布拉格光栅（FBG）传感器原理示意

3）光纤光栅传感器系统的构成

光纤光栅传感系统主要由宽带光源、光纤光栅传感器、信号解调等组成。宽带光源为系统提供光能量，光纤光栅传感器利用光源的光波感应外界被测量的信息，外界被测量的信息通过信号解调系统实时地反映出来。

（1）光源

光源性能的好坏决定着整个系统所传送光信号的好坏。在光纤光栅传感中，由于传感量是对波长编码，光源必须有较宽的带宽和较强的输出功率与稳定性，以满足分布式传感系统中多点多参量测量的需要。光纤光栅传感系统常用的光源有 LED、LD 和掺杂不同浓度、不同种类的稀土离子的光源。其中掺铒光源是研究和应用的重点。

（2）光纤光栅传感器

光纤光栅传感器可以实现对温度、应变等物理量的直接测量。由于光纤光栅波长对温度与应变同时敏感，使得通过测量光纤光栅耦合波长偏移量时无法对温度与应变加以区分。因此解决交叉敏感问题，实现温度和应力的区分测量是传感器实用化的前提。通过一定的技术来测定应力和温度变化来实现对温度和应力区分测量。这些技术的基本原理都是利用两根或者两段具有不同温度和应变响应灵敏度的光纤光栅构成双光栅温度与应变传感器，通过确定两个光纤光栅的温度与应变响应灵敏度系数，利用两个二元一次方程解出温度与应变。

（3）信号解调

在光纤光栅传感系统中,信号解调中一部分为光信号处理,完成光信号波长信息到电参量的转换;另一部分为电信号处理,完成对电参量的运算处理,提取外界信息,并以人们熟悉的方式显示出来。其中光信号处理,即传感器的中心反射波长的跟踪分析是解调的关键。

4）光纤光栅传感器应用

由于光纤光栅传感器具有抗电磁干扰、尺寸小(标准裸光纤为 125 μm)、质量轻、耐温性好(工作温度上限可达 400~600 ℃)、复用能力强、传感距离远(传感器到解调端可达几公里)、耐腐蚀、高灵敏度、属无源器件、易形变等优点,因此在很多领域都有广泛的应用,如利用光纤光栅传感器自身的特性对大型滑坡体范围内多个监测对象实现准分布式实时测量。

在光纤光栅传感器应用中,由于裸光纤光栅特别纤细,其抗剪能力很差,为适应岩土工程粗放式施工及恶劣服役环境的要求,以下几点问题需要引起注意。

（1）光纤光栅传感器的封装与保护

对于不同的工程应用,传感器要安装在结构表面或埋入结构内部。由于光纤光栅传感器比较脆弱,在施工和后期监测过程中容易受到破坏,尤其是埋入式光纤光栅传感器,一旦发生破坏,对传感器进行修复十分困难。因此,需要根据不同的工程应用,制定相应的传感器封装技术和保护措施,使传感器在在各种恶劣环境中能够正常地工作。

（2）传感器的标定

实际监测应用中需要对光纤光栅传感器进行封装保护,封装材料会吸收一部分结构应变,从而会改变传感器的应变传递性能。因此,需要通过理论模型分析和标定实验来校正误差,对光纤光栅传感器的应变传递系数进行标定,使监测数据和工程结构实际变形更加吻合。

（3）温度与应变的交叉敏感问题

应变和温度变化都会引起 FBG 中心波长的漂移,使 FBG 传感器对应变和温度具有交叉敏感作用,实际应用中需要采取一些措施实现应变与温度的分离测量。常用的方法有参考光纤光栅法、双波长叠栅法、光纤布拉格光栅与长周期光栅相结合的方法。

随着光纤光栅制造技术的进步和性能的改善以及应用开发研究成果的不断涌现,光纤光栅传感器在传感器领域中会处于越来越重要的地位。

5）常用光纤光栅传感器

目前,国内外已研制出了各种光纤传感器(如光纤光栅表面应变计、埋入式应变计、埋入式测缝计、位移计、渗压计、温度传感器、压力传感器、液位计、土压力计、锚索计、沉降变形传感器等)和相应的测试仪器,并在桥梁、大坝、高层建筑、基坑与边坡、隧道等安全监测中获得成功应用。图 2.10—图 2.15 为几种典型的光纤光栅传感器,图 2.16、图 2.17 为光纤光栅传感器测试工具和光信号解调设备。

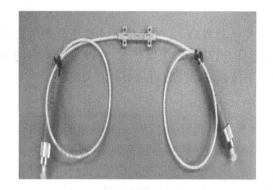

图 2.10　光纤光栅应变计

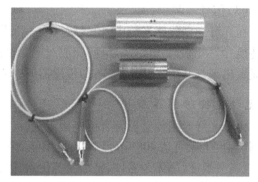

图 2.11　光纤光栅渗压计

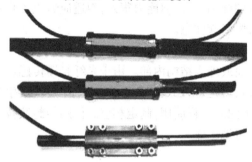

图 2.12　光纤光栅钢筋计

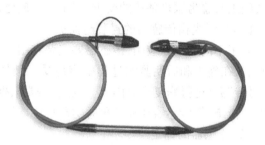

图 2.13　光纤光栅温度传感器

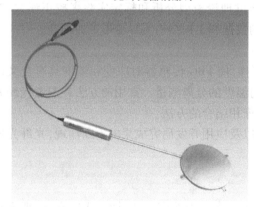

图 2.14　光纤光栅土压力计

图 2.15　光纤光栅加速度计

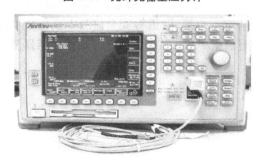

图 2.16　光谱分析仪

图 2.17　光纤光栅传感解调仪

2.5 测试系统选择的原则与标定

2.5.1 测试系统选择的原则

选择测试系统的根本出发点是测试的目的和要求。但是,若要做到技术上合理和经济上节约,则必须考虑一系列因素的影响。下面针对系统的各个特性参数,就如何正确选用测试系统作简要介绍。

1)灵敏度

测试系统的灵敏度高意味着它能检测到被测物理量极微小的变化,即被测量稍有变化,测量系统就有较大的输出,并能显示出来。但灵敏度越高,往往测量范围越窄,稳定性也越差,对噪声也越敏感。在岩土工程监测中,被测物理量往往变换范围比较大,要求相对精度达到一定的允许值,而对其绝对精度的要求不是很高。因此,在选择仪器时,最好选择灵敏度有若干挡可调的仪器,以满足在不同的测试阶段对仪器不同灵敏度的测试要求。

2)准确度

准确度表示测试系统所获得的测量结果与真值的一致程度,并反映了测量中各类误差的综合情况。准确度越高,则测量结果中所包含的系统误差和随机误差就越小。测试仪器的准确度越高,价格就越昂贵。因此,应从被测对象的实际情况和测试要求出发,选用准确度合适的仪器,以获得最佳的技术经济效益。

在岩土工程监测中,监测仪器的综合误差为全量程的 1.0% ~2.5% 时,准确度基本能满足施工监测的要求。误差理论分析表明,由若干台不同准确度组成的测试系统,其测试结果的最终准确度取决于准确度最低的那一台仪器。所以,从经济性来看,应当选择同等准确度的仪器来组成所需的测量系统。如果条件有限,不可能做到等准确度,则前面环节的准确度应高于后面环节,而不应做与此相反的配置。

3)线性范围

任何测试系统都有一定的线性范围。在线性范围内,输出与输入成比例关系,线性范围越宽,表明测试系统的有效量程越大。测试系统在线性范围内工作是保证测量准确度的基本条件。然而,测试系统是不容易保证处于绝对线性条件的,在有些情况下,只要能满足测量的准确度,也可以在近似线性的区间内工作,必要时可以进行非线性补偿或修正。线性度是测试系统综合误差的重要组成部分,因此,非线性度总是要求比综合误差小。

4)稳定性

稳定性表示在规定条件下测试系统的输出特性随时间的推移而保持不变的能力。影响稳定性的因素是时间、环境和测试仪器的器件状况。在输入量不变的情况下,测试系统在一段时间以后,其输出量发生变化,这种现象称为漂移。当输入量为零时,测试系统也会有一定的输出,这种现象称为零漂。漂移和零漂多半是由于系统本身对温度变化产生了敏感反映或者是由于元件不稳定(时变)等因素所引起,它对测试系统的准确度将产生影响。

　　岩土工程监测的对象是在野外露天和地下环境中的岩土介质和结构,其温度、湿度变化大,持续时间长,对仪器和元件稳定性的要求比较高。所以,应充分考虑到在监测的整个期间,被测物理量的漂移以及随温度、湿度等引起的变化与综合误差相比在同一数量级。

5)各特性参数之间的配合

　　由若干环节组成的一个测试系统中,应注意各特性参数之间的恰当配合,使测试系统处于良好的工作状态。如一个多环节组成的系统,其灵敏度与量程范围是密切相关的,总灵敏度取决于各环节的灵敏度以及各环节之间的连接形式(串联、并联),当总灵敏度确定之后,过大或过小的量程范围都会给正常的测试工作带来影响。对于连续刻度的显示仪表,通常要求输出量落在接近满量程的1/3区间内,否则,即使仪器本身非常精确,测量结果的相对误差也会增大,从而影响测试的准确度。若量程小于输出量,很可能使仪器损坏。又如当放大器的输出用来推动负载时,它应该以尽可能大的功率传给负载,只有当负载的阻抗和放大器的输出阻抗互为共轭复数时,负载才能获得最大的功率,这就是通常所说的阻抗匹配。由此看来,在组成测试系统时,要注意总灵敏度与量程范围应匹配。

　　总之,在组成测试系统时,应充分考虑各特性参数之间的关系。除上述必须考虑的因素外,还应尽量兼顾体积小、质量轻、结构简单、易于维修、价格便宜、便于携带、通用化和标准化等一系列因素。

2.5.2　传感器选择的原则

　　选择传感器首先是确定传感器的量程(通常应为被测物理量预计最大值的3倍),为此要了解被测物理量在监测期间的最大值和变化范围,这项工作可以通过三条途径来实现:第一是查阅工程设计图纸、设计计算书和有关说明,第二是根据已有的理论估算,第三是由相似工程类比。然后需要了解和掌握测试过程中对传感器的性能要求,通常包括:

　　①输出与输入之间成比例关系,直线性好,灵敏度高;

　　②滞后、漂移误差小;

　　③不因其接入而使测试对象受到影响;

　　④抗干扰能力强,即受被测量之外的量的影响小;

　　⑤重复性好,有互换性;

　　⑥抗腐蚀性好,能长期使用;

　　⑦容易维修和校准。

　　在选择传感器时,使其各项指标都达到最佳是最理想的,但往往不经济。且实际中也不可能满足上述全部性能要求。

　　在固体介质(如岩体)中测量时,由于传感器与介质的变形特性不同,且介质变形特性往往呈非线性,因此,不可避免地破坏了介质的原始应力场,引起应力的重新分布。这样,作用在传感器上的应力与未放入传感器时该点的应力是不相同的,这种情况称为不匹配,由此引起的测量误差叫做匹配误差。故在选择和使用固体介质中的传感器时,其关键问题就是要使其与介质相匹配。

　　为寻求传感器合理的设计方法和埋设方法,以减小匹配误差和埋设条件的影响,需解决以下问题:

①传感器应满足什么条件才能与介质完全匹配。

②在传感器与介质不匹配的情况下,传感器上受到的应力与原应力场中该点的实际应力关系如何。在不匹配的情况下,传感器需满足什么条件才适合测量岩土中的力学参数,使测量误差为最小。

由弹性力学可知,均匀弹性体变形时,其应力状态可由弹性力学基本方程和边界条件决定。将传感器放入线性的均匀弹性岩土体中,并且假定其边界条件与岩体结合得很好,只有当弹性力学基本方程组有相同的解时,传感器放入前后的应力场才完全相同。当边界条件相同时,对于各向同性弹性材料,决定弹性力学基本方程组的解的因素只有弹性常数。因此,静力完全匹配的条件是传感器与介质的弹性模量 E、相泊松比 μ 均相等,如静力问题要考虑体积力时,则还须密度 ρ 相等。而动力完全匹配的条件是传感器与介质的弹性模量 E、泊松比 μ 和密度 ρ 均相等。这也满足在波动力学中,只有当传感器的动力刚度 $\rho_g c_g$ 与介质的动力刚度 $\rho_s c_s$ 相等时(c 为波速,对于各向同性的均匀的弹性材料,只与 E、μ 有关;ρ 为密度),才不会产生波的反射,也就是达到动力匹配。

要实现完全匹配是很困难的,因此,选择传感器时,只能是在不完全匹配的条件下,使传感器的测量特性按一定规律变化——由此产生的误差是已知的,从而可做必要的修正。

压力盒是最典型的埋入式传感器,根据国内外的研究,对压力盒的各结构参数选择有以下建议:

①压力盒的外形尺寸,应满足厚度与直径之比 $H/D \leqslant 0.1 \sim 0.2$。压力盒直径 D 要大于土体最大颗粒直径 50 倍,还应考虑压力盒直径 D 与结构特性尺寸的关系和介质中应力变化梯度的关系。

②传感器与介质变形特性间的关系,即刚度匹配问题:传感器的等效变形模量 E_g 与介质的变形模量 E_s 之比应满足 $E_g/E_s \geqslant 5 \sim 10$。压力盒与被测岩体泊松比之间的不匹配引起的测量误差较小,可忽略不计。

③带油腔的压力盒,传感器的感受面积 A_g 与全面积 A_0 之比 A_g/A_0 应小于 $0.64 \sim 1$,当传感器直径小于 10 cm 时,应使 A_g/A_0 小于 $0.25 \sim 0.45$ 为佳。当传感器的变形模量 E_g 远大于介质变形模量 E_s 时,d/D 不会对误差产生多大影响,故在这种情况下,关于 A_g/A_0 的条件在选择土压力传感器时并非主要控制因素。

④动匹配问题:动力完全匹配要求传感器与介质的弹性模量 E、泊松比 μ 和密度 ρ 均相等,此条件很难完全满足。故在实际选择时,一般使传感器在介质中的最低自振频率为被测应力波最高谐波频率的 $3 \sim 5$ 倍,并且必须使传感器的直径远远小于应力波的波长。同时,应使传感器的质量与它所取代的介质的质量相等以达到质量匹配。

在埋设测斜管、分层沉降管、多点位移计锚固头、土压力盒和孔隙水压力计时,充填材料和充填要求也应遵循静力匹配原则,即充填材料的弹性模量、密度等都要与原来的介质基本一致。所以同样是埋设测斜管,在砂土中可以用四周填砂的方法;在软黏土中,最好分层将土取出,测斜管就位后,分层将土回填到原来的土层中;而在岩体中埋设测斜管,则要采取注浆的方法,注浆体的弹性模量与密度要与岩体的相匹配。埋设其他元件时,充填的要求与此类似。

2.5.3 仪器和传感器的标定

传感器的标定(又称率定),就是通过试验建立传感器输入量与输出量之间的关系,即求取传感器的输出特性曲线(又称标定曲线)。由于传感器在制造上存在误差,即使仪器相同,其标定曲线也不尽相同。因此,传感器在出厂前都作了标定,在购买传感器提货时,必须检验各传感器的编号及与其对应的标定资料。传感器在运输、使用等过程中,内部元件和结构因外部环境影响和内部因素的变化,其输入输出特性也会有所变化,因此,必须在使用前或定期进行标定。

标定的基本方法是:利用标准设备产生已知的标准值(如已知的标准力、压力、位移等)作为输入量,输入到待标定的传感器中,得到传感器的输出量,然后将传感器的输出量与输入的标准量作比较,从而得到标定曲线。另外,也可以用一个标准测试系统,去测未知的被测物理量,再用待标定的传感器测量同一个被测物理量,然后把两个结果作比较,得出传感器的标定曲线。

标定造成的误差是一种固定的系统误差,对测试结果影响大,故标定时应尽量设法降低标定结果的系统误差和减小偶然误差,提高标定精度。应采取以下措施:

①传感器的标定应该在与其使用条件相似的状态下进行。

②为了减小标定中的偶然误差,应增加重复标定的次数和提高测试精度。对于自制或不经常使用的传感器,建议在使用前后均作标定,两者的误差在允许的范围内才确认为有效,以避免传感器在使用过程中的损坏引起的误差。

按传感器的种类和使用情况不同,其标定方法也不同:对于荷重、应力、应变传感器和压力传感器等的静标定方法是利用压力试验机进行标定;更精确的标定则是在压力试验机上用专门的荷载标定器标定;位移传感器的标定则是采用标准量块或位移标定器。

2.6 计算机辅助测试系统基本原理及其特点

2.6.1 基本原理

计算机辅助测试(简称CAT)系统是工程测试技术与计算机技术相结合的产物,它涉及测试技术、计算机技术、数字信号处理、可靠性及现代控制理论等多门知识。它由计算机和若干台测量仪器(装置)组成自动测试系统,可对生产(试验)过程中的参数进行在线(实时)自动测量。它集数据采集、数据处理和测试控制于一体,可充分发挥计算机和各种设备在独立使用中不可能发挥的潜力,有自动、快速、高效、方便、灵活、测试精度高、测试费用少等优点。

1)计算机辅助测试系统组成

典型的计算机辅助测试系统包括4个子系统,图2.18是系统的典型框图。

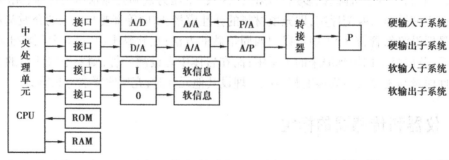

图 2.18　计算机辅助测试系统典型框图

（1）硬输入子系统

硬输入子系统任务是将被测对象的参数输入到中央处理器（CPU）。一般被测参数是非电模拟量，而 CPU 只能接受数字量，因此需要对被测量进行变换。图 2.18 中 P/A 为传感器，将非电模拟量 P 转换为电模拟量 A；A/A 是电模拟变换装置，包括采样、保持、放大、解调、滤波等，其输出仍为电模拟量；A/D 是模/数转换装置，将电模拟量转换为电数字量；由于速度、相位、电平等差别，电数字信号需经接口电路输入 CPU，转接器用以连接通用的计算机辅助测试系统和各种特殊的检测对象。硬输入子系统除了输入被测参数外，还输入各种监视、报警信号。

（2）硬输出子系统

硬输出子系统任务是由 CPU 向各个被测对象和装置发出各种控制信号、激励信号、应急处理命令等。CPU 输出的信号经过 D/A（数/模）转换器成为模拟量，再经过 A/A 信号调节装置的放大、调制等，使信号符合执行机构的输入要求，最后送入电磁离合器、伺服电机、电磁阀等执行机构。

（3）软输入子系统

通过键盘、磁盘驱动器等计算机输入设备向 CPU 输入程序、原始数据、操作员命令等。

（4）软输出子系统

CPU 通过接口电路向 CRT、打印机、绘图仪等输出设备输出各种软信息，如测试结果、图形、报警信息等。

2）计算机辅助测试系统体系结构

计算机辅助测试系统体系结构决定 CAT 系统技术的总体构造，包括组件关系、功能分配、信息通过方式、输入输出方式等。CAT 体系结构主要向分布式、内含式和小型化等方向发展。

（1）分布式体系结构

分布式体系结构有多个接口，可同时对几个被测对象进行检测，系统共用所有的激励单元和响应单元，调度由计算机系统统一完成。该结构可充分利用计算机，一般用在多个被测对象相同，且检测程序也相同的情况。

（2）内含式 CAT 体系结构

内含式 CAT 体系结构是将 CAT 的部分组件包含在被测组件内部，主要用于一些结构复杂的被测组件。

（3）小型化体系结构

小型化体系结构现阶段的水平是手提式 CAT 系统，主要措施是广泛应用 CMOS 电路，减小电源质量和体积。进一步微型化的目标是插头式 CAT 系统，将 CAT 系统全部装入相当于一个插头的壳体中，插入被测组件的插座上，即可进行检测。

2.6.2 计算机辅助测试系统特点

计算机辅助测试系统有如下一般系统所不具备的特点：

①随着应用软件的开发，功能可以不断扩展，形成水平更高的计算机辅助测试系统；

②便于测试后记录数据与图形的多重反复处理；

③同时或依次对多个信号进行在线实时高速动态测试；

④实时进行各种数据处理、信号交换与复杂过程控制；

⑤能够对被测对象进行故障的检测测试或诊断测试。

2.7 误差与数据处理

2.7.1 测量误差

误差是反映测得值与客观真值之间的差异。测量误差在测量过程中是不可能完全消除的,但是可以通过分析误差的来源、研究误差的规律来减小误差提高精度,并用科学的方法处理试验数据,以达到更接近于真值的最佳效果。

1)误差的分类

为了便于误差的分析和处理,可以按误差的规律性将其分为三类,即系统误差,随机误差和粗大误差。

(1)系统误差

在相同的条件下,对同一物理量进行多次测量,如果误差按照一定规律出现,则把这种误差称为系统误差。系统误差可分为定值系统误差和变值系统误差。数值和符号都保持不变的系统误差称为定值系统误差。数值和符号均按照一定规律性变化的系统误差称为变值系统误差。

(2)随机误差

当对某一物理量进行多次重复测量时,若误差出现的大小和符号均以不可预知的方式变化,则该误差为随机误差。随机误差的变化通常难以预测,多次测量时其服从某种统计规律,具有下列特性:

①对称性:绝对值相等、符号相反的误差在多次重复测量中出现的可能性相等。

②有界性:在一定测量条件下,随机误差的绝对值不会超出某一限度。

③单峰性:绝对值小的随机误差比绝对值大的随机误差在多次重复测量中出现的机会多。

④抵偿性:随机误差的算术平均值随测量次数的增加而趋于零。

(3)粗大误差

明显超出规定条件下的预期值的误差称为粗大误差。含有粗大误差的测量值称为坏值或异常值,所有的坏值在数据处理时应剔除掉。

2)测量误差的来源

(1)方法误差

方法误差是指由于测量方法不合理所引起的误差。如用电压表测量电压时,没有正确的估计电压表的内阻对测量结果的影响而造成的误差。在选择测量方法时,应考虑现有的测量设备及测量的精度要求,并根据被测量本身的特性来确定采用何种测量方法和选择哪些测量设备。正确的测量方法,可以得到精确的测量结果,否则还可能损坏仪器、设备、元器件等。

(2)理论误差

理论误差是由于测量理论本身不够完善而采用近似公式或近似值计算测量结果时所引起的误差。如传感器输入输出特性为非线性但简化为线性特性,传感器内阻大而转换电路输入阻抗不够高,或是处理时采用略去高次项的近似经验公式,以及简化的电路模型等都会产生理论误差。

（3）测量装置误差

测量装置误差是指测量仪表本身以及仪表组成元件不完善（如仪表刻度不准确或非线性，测量仪表中所用的标准量具的误差，测量装置本身电气或机械性能不完善，仪器、仪表的零位偏移等）所引入的误差。为了减小测量装置误差应该不断地提高仪表及组成元件本身的质量。

（4）环境误差

环境误差是测量仪表的工作环境与要求条件不一致（如温度、湿度，大气压力，振动，电磁场干扰，气流扰动等）所造成的误差。

（5）人身误差

人身误差是由于测量者本人不良习惯、操作不熟练或疏忽大意（如读错数值、读刻度示值时总是偏大或偏小等）所引起的误差。

在测量工作中，对于误差的来源必须认真分析，采取相应措施，以减小误差对测量结果的影响。

2.7.2　测量数据处理

测量数据处理是对测量所获得的数据进行深入的分析，找出变量之间相互制约、相互联系的依存关系，有时还需要用数学解析的方法，推导出各变量之间的函数关系。只有经过科学的处理，才能去粗取精、去伪存真，从而获得反映被测对象的物理状态和特性的有用信息，这就是测量数据处理的最终目的。

1）测量数据的统计参数

测量数据总是存在误差的，而误差又包含着各种因素产生的分量，如系统误差、随机误差、粗大误差等。通过一次测量是无法判别误差的统计特性，只有经过足够多次的重复测量才能由测量数据的统计分析获得误差的统计特性。

而实际的测量是有限次的，因而测量数据只能用样本的统计量作为测量数据总体特征量的估计值。测量数据处理的任务就是求得测量数据的样本统计量，以得到一个既接近真值又可信的估计值以及它偏离真值程度的估计。

误差分析的理论大多基于测量数据的正态分布，而实际测量由于受各种因素的影响，使得测量数据的分布情况复杂。因此，测量数据必须经过消除系统误差、正态性检验和剔除粗大误差后，才能做进一步处理，以得到可信的结果。

2）随机误差及其处理

随机误差与系统误差的来源和性质不同，所以处理的方法也不同。在测量系统中，只有当系统误差已经减小到可以忽略的程度后才可以对随机误差进行统计处理。

（1）随机误差的正态分布规律

实践和理论证明，大量的随机误差服从正态分布规律。设在一定条件下对某一物理量 x 进行多次重复测量，得到一列测量值 $x_1, x_2, \cdots, x_i, \cdots, x_n$，则被测量列中的随机误差 δ_i 为

$$\delta_i = x_i - \bar{x} \quad (i = 1, 2, \cdots, n) \tag{2.14}$$

各次测量随机误差的概率密度分布可用下列正态分布来表达：

$$P(\delta) = \frac{1}{\sigma\sqrt{2\pi}}\exp\left[\frac{-\delta^2}{2\sigma^2}\right] \qquad (2.15)$$

式中　σ——标准偏差。

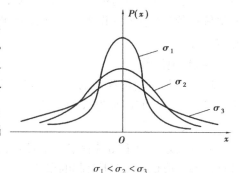

标准偏差 σ 值的大小表征着测量值的离散程度。σ 值越小,则随机误差的概率分布曲线越尖,意味着小误差出现的概率越大,而大误差出现的概率越小,各测量值中有更多的值接近于真值。因此可以用参数 σ 来表征测量的精密度,σ 越小,表明测量的精度越高;反之 σ 越大,测量精度越低。图 2.19 为不同标准偏差 σ 的概率分布曲线。

$$\sigma_1 < \sigma_2 < \sigma_3$$

图 2.19　不同 σ 的概率分布曲线

(2)随机误差的估算

对已消除系统误差的一组测量数据,由于测量真值往往无法获得,而测量次数也只能是有限的。因此可用各次测量值与算术平均值之差,即偏差,代替误差来估算有限次测量中的标准误差,即标准偏差。标准偏差可用式(2.16)(又称贝塞尔公式)来计算:

$$\hat{\sigma} = \sqrt{\frac{1}{n-1}\sum_{i=1}^{n}(x_i - \overline{x})^2} \qquad (2.16)$$

标准偏差与各测量值的误差有着完全不同的含义。Δx 是实在的误差值,而并不是一个具体的测量误差值,它反映在相同条件下进行一组测量后,随机误差出现的概率分布情况,只具有统计意义,是一个统计特征量。

3)系统误差存在与否的检验

由于系统误差对测量精度的影响较大,必须消除系统误差的影响才能有效地提高测量精度,下面介绍几种发现系统误差的方法。

(1)定值系统误差的发现

对于定值系统误差不能用在同一条件下的多次测量来发现,可采用实验对比、改变外界测量条件及理论计算和分析的方法来检验。

①实验对比法。对于定值系统误差,通常采用实验对比法发现和确定。实验对比法又可分为标准器件法和标准仪器法两种。标准器件法就是用测量仪表对高精度的标准器件(如标准砝码)进行多次重复测量。如果定值系统误差存在则测量值与标准器件的差值为固定值。该差值的相反数即可作为仪表的修正值。标准仪器法是用精度等级高于被标定仪器(即需要检验是否具有系统误差的仪表)的标准仪器和被标定仪器同时测量被测量。将标准仪器的测量值作为相对真值。若两测量仪表的测量值存在固定差值则可判断有定值系差,并将差值的相反数作为修正值。无法通过标准器件或标准仪器来发现并消除定值系统误差时,还可以通过多台同类或相近的仪器进行相互对比,观察测量结果的差异,以便提供一致性的参考数据。

②改变外界测量条件。有些检测系统,一旦测量环境或被测参数值发生变化,其系统误差往往也从一个固定值变化到另一个固定值。利用这一特性,可以有意识地改变测量条件(如更换测量人员或改变测量方法等),来发现和确定仪器在不同条件下的系统误差。分别测出两组或两组以上数据,然后比较其差异,便可判断是否含有定值系差,同时还可设法消除系统误差。注意,在改变测量条件进行测量时,应该判断在条件改变后是否引入新的系统误差。

③理论计算及分析。因测量原理或检测方法等方面存在不足而引入的定值系差,可通过原理分析与理论计算来加以修正。对此需要有针对性地仔细研究和计算、评估实际值与理论值之间的差异,然后设法补偿和消除系统误差。

(2)变值系统误差的发现

①残差观察法。当系统误差与随机误差相比较大时,通过观察测量数据的各个剩余误差大小和符号的变化规律来判断有无变值系统误差。若剩余误差数值有规律的递增或递减,且剩余误差序列减去其中值后的新数列在以中值为原点的数轴上呈正负对称分布,则说明测量存在累进性的线性系统误差。如果发现剩余误差序列有规律交替重复变化,则说明测量存在周期性系统误差。当系统误差比随机误差小或相当时,则不能通过观察来发现系统误差,必须通过专门的判断准则才能较好地发现和确定。这些判断准则实质上是检验误差的分布是否偏离正态分布,常用的有马利科夫准则和阿贝-赫梅特准则等。

②马利科夫准则。马利科夫准则适用于判断、发现和确定线性系统误差。设对某一被测量进行 n 次等精度测量,按测量先后顺序得到 $x_1, x_2, \cdots, x_i, \cdots, x_n$ 等数值。则这些数值的算术平均值为 $\bar{x} = \dfrac{\sum\limits_{i=1}^{n} x_i}{n}$,相应的剩余误差为:

$$v_i = x_i - \bar{x} \quad (i = 1, 2, \cdots, n) \tag{2.17}$$

将前面一半以及后面一半数据的剩余误差分别求和,然后取其差值 M,有

$$M = \sum_{i=1}^{k} v_i - \sum_{i=k+1}^{n} v_i \tag{2.18}$$

式中　n 为偶数时,取 $k = \dfrac{n}{2}$;

　　　n 为奇数时,取 $k = \dfrac{n+1}{2}$。

若 M 显著不为零,则说明测量列中存在线性系统误差;若 M 近似为零,则说明上述测量列中不含线性系统误差;M 等于零时无法判断是否存在系统误差。

③阿贝-赫梅特准则。阿贝-赫梅特准则适用于发现周期性系统误差。此准则的实际操作方法也是将在等精度重复测量下得到的一组测量值 $x_1, x_2, \cdots, x_i, \cdots, x_n$ 按顺序排列,并求出相应的剩余误差 v_i,然后计算

$$A = \left| \sum_{i=1}^{n-1} v_i v_{i+1} \right| \tag{2.19}$$

当 $A > \sqrt{n-1 \cdot \overset{\wedge}{\sigma}^2}$ 时,则认为测量列中含有周期性系统误差。

4)减小系统误差的方法

在测量过程中,发现有系统误差存在,必须进一步分析比较,找出可能产生系统误差的因素以及减小系统误差的方法,但是这些方法和具体的测量对象、测量方法、测量人员的经验有关,因此要找出普遍有效的方法比较困难。下面介绍其中最基本的方法以及适应各种系统误差的特殊方法。

(1)从产生误差根源上减小系统误差

从产生误差的根源上采取措施是最基本的方法,它要求测量人员对测量过程可能产生系统

误差的环节做仔细分析,并在测量前采取相应措施,例如,选择准确度等级高的仪器设备以减小仪器的基本误差,使仪器设备工作在其规定的工作条件下,使用前正确调零、预热以减小仪器设备的附加误差;选择合理的测量方法,设计正确的测量步骤以减小方法误差和理论误差;提高测量人员的测量素质,改善测量条件(选用智能化、数字化仪器仪表等),以减小人员误差。

(2)利用修正方法减小系统误差

利用修正的方法是减小系统误差的常用方法,这种方法是预先通过检定、校准或计算得出测量器具的系统误差的估计值,作出误差表或误差曲线,然后取与误差数值大小相同而符号相反的值作为修正值,将实际测量结果加上相应的修正值,即可得到已修正的测量结果。用修正值减小系统误差的方法,不可能将全部系统误差都修正掉,总要残留少量系统误差,对这种残留的系统误差则应按随机误差进行处理。

(3)减小不变系统误差的方法

①替代法:这种方法是在测量装置上对被测量测量后,不改变测量条件,立即用一个标准量代替被测量,放到测量装置上再次测量,从而求出被测量与标准量的差值,即:

$$被测量 = 标准量 + 差值$$

②抵偿法:这种方法要求对被测量进行两次适当的测量,使两次测量结果所产生的系统误差大小相等、方向相反,取两次测量结果的平均值作为最终测量结果。

③交换法:根据误差产生的原因,将某些条件交换,使能引起恒定系统误差的因素以相反的效果影响测量结果,从而减小系统误差。如在等臂天平上称重,先将被测量放在左边,标准砝码放在右边,调平衡后,将两者交换位置,再调平衡,然后通过计算即可减小由于天平两臂不等而带来的系统误差。

(4)对称法减小线性系统误差

对称测量法是减小线性系统误差的一种有效的方法。被测量随时间变化线性增加,若选定整个测量时间范围内的某时刻为中点,则对称于此点的各对系统误差算术平均值都相等。利用这一特点可将测量在时间上对称安排,取各对称点两次读数的算术平均值作为测量值,即可减小线性系统误差。

(5)半周期法减小周期性系统误差

对于周期性系统误差,可以相隔半个周期进行一次测量,取两次读数的平均值即可有效地消除周期性系统误差。由于两次误差大小相等、符号相反,所以这种方法在理论上能消除周期性误差。

5)粗大误差的鉴别及剔除

测量数据包含随机误差和系统误差是正常的,只要误差在允许的范围内;但粗大误差的数值较大,它会对测量结果产生明显的歪曲。当在数据列中发现某个数据可能是异常数据时,不要轻易地决定取舍,最好在分析出物理上或工程上的明确原因后作决定。当无法进行这种分析时,则应按数理统计中异常数据判断准则来决定取舍。

根据正态分布规律,某一测量值的误差值越大,则出现的概率越小,数据的分布也在一定的范围内。因此,可根据这一规律选择一个代表正常数据分布范围的数值,称为鉴别值。用被怀疑的数据 x_i 与它比较,如果 $|x_i - \bar{x}|$ 大于鉴别值,则认为 x_i 为异常值,应予以舍弃。

目前,用于确定鉴别值的准则很多,下面介绍常用的两种。

（1）3σ 准则（莱以特准则）

对于服从正态分布的等精度测量,其某次测量误差$|x_i - \bar{x}|$大于3σ的概率仅为0.27%。因此,把测量误差大于标准误差σ(或其估计值$\hat{\sigma}$)的3倍的测量值作为测量坏值予以舍弃。由于等精度测量次数不可能无限多,因此,工程上实际应用的莱以特准则表达式为:

$$| x_i - \bar{x} | > 3\hat{\sigma} = K_L \tag{2.20}$$

式中　x_i——被疑为坏值的异常测量值;

　　　$\bar{x}$——包括异常测量值在内的所有测量值的算术平均值;

　　　$\hat{\sigma}$——包括异常测量值在内的所有测量值的标准误差估计值;

　　　K_L——莱以特准则的鉴别值。

使用莱以特准则剔除坏值时,一次只允许剔除一个,剔除该坏值后,剩余测量数据还应继续计算$3\hat{\sigma}$和$\bar{x}$,并按式(2.20)继续计算、判断和剔除其他坏值,直至不再有符合式(2.20)的坏值为止。

莱以特准则是以测量误差符合正态分布为依据的,值得注意的是,一般实际工程等精度测量次数大都较少(如$n \leqslant 20$),测量误差分布往往和标准正态分布相差较大;此时仍然采用基于正态分布的莱以特准则,其可靠性将变差,且容易造成$3\hat{\sigma}$鉴别值界限太宽而无法发现测量数据中应剔除的坏值。因此,莱以特准则只适用于测量次数较多(如$n > 25$),测量误差分布接近正态分布的情况。

（2）格罗布斯准则

格罗布斯准则是以小样本测量数据,以t分布为基础用数理统计方法推导得出的。理论上比较严谨,具有明确的概率意义,通常被认为实际工程应用中判断粗大误差比较好的准则。

当测量数据中某个测量数据x_i满足

$$| x_i - \bar{x} | > g_0(\alpha, n)\hat{\sigma} = K_G \tag{2.21}$$

式中　x_i——被疑为坏值的异常测量值;

　　　$\bar{x}$——包括异常测量值在内的所有测量值的算术平均值;

　　　$\hat{\sigma}$——包括异常测量值在内的所有测量值的标准误差估计值;

　　　$g_0(\alpha, n)$——格罗布斯准则鉴别系数(见表2.1);

　　　n——测量次数;

　　　α——危险概率,又称超差概率;它与置信概率P的关系为$\alpha = 1 - P$。

　　　K_G——莱以特准则的鉴别值。

应注意的是,若按式(2.21)和表2.1查出多个可疑测量数据时,不能将它们都作为坏值一并剔除,每次只能舍弃误差最大的那个可疑测量数据,如误差超过鉴别值最大的两个可疑测量数据数值相等,也只能先剔除一个,然后按剔除后的测量数据序列重新计算,并查表获得新的鉴别值,重复进行以上判别,反复检验直到粗大误差全部剔除为止。

格罗布斯准则是建立在统计理论基础上,能够较为科学、合理的判断$n < 30$的小样本测量粗大误差的方法。因此,目前国内外普遍推荐使用此法处理小样本测量数据中的粗大误差。

如果发现在某个测量数据序列中,先后查出的坏值比例太大,则说明这批测量数据极不正常,应查找和消除故障后重新进行测量和处理。

表 2.1 格罗布斯准则的 $g_0(\alpha, n)$ 数值表

n \ α	0.01	0.05	n \ α	0.01	0.05
3	1.15	1.15	17	2.78	2.48
4	1.49	1.46	18	2.82	2.50
5	1.75	1.67	19	2.85	2.53
6	1.94	1.82	20	2.88	2.56
7	2.10	1.94	21	2.91	2.58
8	2.22	2.03	22	2.94	2.60
9	2.23	2.11	23	2.96	2.62
10	2.41	2.18	24	2.99	2.64
11	2.48	2.23	25	3.01	2.66
12	2.55	2.28	30	3.10	2.74
13	2.61	2.33	35	3.18	2.81
14	2.66	2.37	40	3.24	2.87
15	2.70	2.41	50	3.34	2.96
16	2.75	2.44	100	3.59	3.17

6)量测结果的数据处理

试验获得的数据,经数据处理得到最终的结果。在数据处理过程中,必须注意有效数字的运算,它应以不影响测量结果的最后一位有效数字为原则,计算中对单一运算、复合运算以及有效位数的增计都有相应的运算规则。

(1)有效数字

在表示测定值的数值中,有意义的数字称为有效数字。在记录测量结果或者进行数据运算时取多少位有效数字,应该以测量能达到的准确度为依据。即有效数字位数应与测量准确度等级是同一量级的。因此,测量结果保留位数的原则是保留到最末一位数字是不准确的,并作为参考数值,而倒数第二位数字应是准确的。

(2)计算规则及数据修约

在数据处理过程中,常常需要运算一些精确度不相等的数值。为了节省时间及避免因计算过繁引起错误,常用下列计算法则:

①记录测量数字时,只保留一位可疑数字。除非另有规定外,可疑数字表示末位上有 ±1 个单位,或下一位有 ±5 个单位的误差。

②当有效数字的位数确定后,其余数字应一律弃去。舍弃办法:凡是末位有效数字后边的第一位数大于 5,则在其前一位上增加 1;小于 5 则弃去不计;等于 5 其后有非 0 数字时,则在其前一位上增加 1;等于 5 且其后无数字或皆为 0 时,如前一位为奇数,则增加 1,如前一位为偶数则弃去不计。

③计算有效数字位数时,若第一位有效数字等于 8 或大于 8,则有效数字位数可多计一位,如 9.15 虽然只有 3 位但可作 4 位有效数字看待。

④在加减计算中,各数所保留小数点后的位数,应与所给各数中小数点后位数最少的相同。

⑤在乘除计算中,各因子保留的位数,以百分误差最大或有效数字位数最少的为标准。所得的积或商的精确度,不应大于精确度最小的那个因子。

⑥在对数计算中,所取对数应与真数有效数字位数相等。

⑦计算平均值时,若为 4 个数或超过 4 个数相平均,则平均值的有效数字位数可增加一位。

⑧在所有计算式中,对于非测量所得的数字,如倍数、分数、π、e 等,他们没有不确定性,其有效数字位数可以认为是无限制的,为了减小计算误差,计算中其有效数字位数一般取比参与运算的各数中有效数字位数最少的多一位。

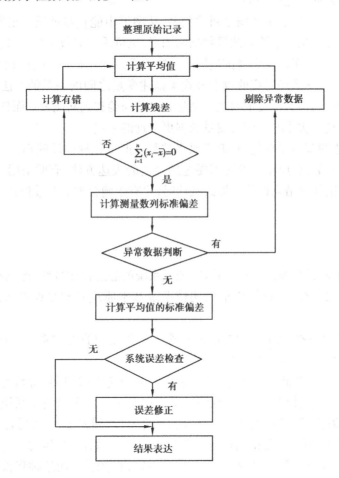

图 2.20　试验数据处理一般步骤流程图

⑨表示精确度时,在大多数情况下,只取一位有效数字,最多取两位有效数字。

应该注意,上述计算规则只是一般原则,为了得到较好的计算结果,在计算过程中,对方程组的系数、常数项与中间结果,常适当地多取几位数。在多个近似值求平均值时,由于正负误差的抵消,平均值往往可比近似值多取一些位数。

（3）量测结果的数据处理步骤

任何测试都要受到仪器设备、测试方法、测试环境和人员的影响,因此具有局限性,反映在测试数据上就必定存在误差。所以,我们将试验数据处理后,得到物理量特征参数和物理量之间的经验公式的同时,应该注明它的误差范围或精确程度。图 2.20 为量测结果进行数据处理的一般步骤流程图。

（4）测量数据的表述方法

大量的测量数据最终必然要以人们易于接受的方式表述出来，常用的测量数据的表述方法有表格法、图示法和经验公式法。

表格法是根据测试的目的和要求，将测量数据制成表格，然后再进行其他的处理的方法。表格法显示了各变量间的对应关系，反映出变量之间的变化规律，是进一步处理数据的基础。表格法具有简单、方便，易于参考比较和发现问题等优点。但要进行深入的分析时，由于表格法不太直观，不易看出数据变化的趋势。

图示法是用曲线或图形表示数据之间的关系，从图形中能直观地反映出数据变化的趋势。工程测试中，多采用直角坐标系绘制测量数据的图形，也可采用对数坐标系、极坐标系等坐标系来描述。为了使曲线能真实反映出测试数据的函数关系，在绘图时要注意图形比例尺的选取。

经验公式法是用与图形相对应的数学公式来描述变量之间的关系的方法。所建立的公式能否正确表达测量数据，很大程度上取决于测量人员的经验和判断能力。而且建立公式的过程比较繁琐，有时要反复多次才能得到与测量数据更接近的公式。

对这些表述方法的基本要求是：a. 确切地将被测量的变化规律反映出来；b. 便于分析和应用，如对于同一组实验数据，应根据处理需要选用合适的表达方法，有时采用一种方法，有时要多种方法并用；c. 数据处理结果以数字形式表达时，要有正确合理的有效位数。

本章小结

本章主要介绍了测试系统的组成和特性、测试系统的静态传递特性、传感器的原理、测试系统的选择原则及传感器标定、计算机辅助测试系统基本原理及测量误差与测量数据处理等内容。

（1）测试技术是测量技术和试验技术的总称。一个完善的测试系统由试验装置、测量装置、数据处理装置、显示记录装置四大部分组成。

（2）测试系统的主要性能指标有精确度、稳定性、测量范围（量程）、分辨力阈值和传递特性等。一个理想的测试系统其输出与输入成线性关系时为最佳。衡量测试系统静态特性的主要技术指标有系统灵敏度、线性度（直线度）、测量范围和量程、回程误差（迟滞性）、重复性。

（3）在岩土工程中，所需测量的物理量大多数为非电量，如位移、压力、应力、应变等。为使非电量能用电测方法来测定和记录，必须设法将它们转换为电量，而这种将被测物理量直接转换为相应的容易检测、传输或处理的信号的元件称为传感器。传感器的命名应由主题词加四级修饰语构成，主题词为传感器，1—4级修饰语依次为被测量、变换原理、特征描述、主要技术指标。传感器一般可按被测量的物理量、变换原理和能量转换方式分类。岩土工程中常用的传感器有电阻式传感器、电感式传感器、钢弦式传感器、电容式传感、压电式传感、压磁式传感器及光纤光栅传感器。

（4）在组成测试系统时，为做到技术上合理和经济上节约，应充分考虑灵敏度、准确度、线性范围和稳定性的要求，并使这些特性参数之间能恰当的配合，使测试系统处于良好的工作状态。同时还应尽量兼顾体积小、质量轻、结构简单、易于维修、价格便宜、便于携带、通用化和标准化等一系列因素。

（5）传感器选择时应首先确定传感器的量程，了解和掌握测试过程中对传感器的性能要求，使传感器与介质相匹配。

（6）计算机辅助测试（简称 CAT）系统是工程测试技术与计算机技术相结合的产物，有自动、快速、高效、方便、灵活、测试精度高、测试费用少等优点。

（7）在岩土工程测试中，由于使用的仪器设备、测量方法、周围环境、人的因素等各种因素的影响，都会有误差。按误差的规律性将其分为三类，即系统误差，随机误差和粗大误差。

（8）测量数据处理是对测量所获得的数据进行深入的分析，找出变量之间相互制约、相互联系的依存关系，常用的测量数据的表述方法有表格法、图示法和经验公式法。

思考题

2.1　一个测试系统由哪些部分组成？

2.2　测试系统的静态传递特性包括哪些内容？

2.3　按照传感器变换原理来分，常见的传感器有哪几类？

2.4　钢弦式传感器的基本原理是什么？

2.5　光纤光栅传感器的优点有哪些？

2.6　测试系统选择的原则有哪些？

2.7　何谓传感器的标定？

2.8　计算机辅助测试系统的特点是什么？

2.9　测量误差的来源有哪些？

2.10　如何发现并消除测量中系统误差？

2.11　实测一批共 10 块岩样单轴抗压强度的数据（单位 MPa）：45.2，44.6，46.1，45.4，45.5，44.9，46.8，44.6，45.0，48.3，问：测试数据中是否包含粗大误差？

2.12　简述试验数据处理的一般步骤。

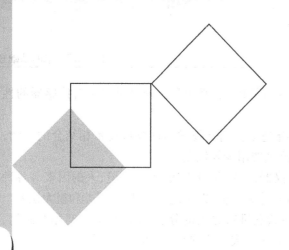

3

土体原位测试

本章导读：

本章内容以载荷试验、静力触探、动力触探、标准贯入试验等常用的原位测试技术为主，同时纳入了一些应用于桩基工程中的动测技术。通过讲解和课后习题训练旨在让学生基本掌握岩土工程中各种常用原位测试技术的基本操作方法，了解其在工程中的作用和应用，并能运用于工程实践。

- **基本要求** 了解土体原位测试技术的基本原理、操作方法及其数据的整理。
- **重点** 载荷试验、静力触探、动力触探、标准贯入试验等常见土体原位试验方法及适用范围，试验要点及资料的整理及成果的应用。
- **难点** 载荷试验、静力触探试验以及桩基动测法的基本原理的理解。

3.1 概 述

3.1.1 原位测试的目的与特点

岩土工程测试通常包含了室内试验和原位测试两大部分。室内试验包含了常规的土工试验和模型试验，其主要优点是可以控制试验条件，而其根本性的缺陷则在于试验对象难以反映其天然条件下的性状和工作环境，抽样的数量也相对有限，可能导致所测结果严重失真。岩土工程的原位测试是在工程现场，在不扰动或基本不扰动土层的情况下，通过特定的测试仪器对测试对象进行试验，并运用岩土力学的基本原理对测试数据进行归纳、分析、抽象和推理以判断其状态或得出其性状参数的综合性试验技术。它是一项自成体系的试验科学，在岩土工程勘察中占有重要位置。

原位测试亦称现场试验、就地试验或野外试验。原位测试技术与钻探、取样、室内试验的传统方法比较起来,具有下列明显优点:不用取样;样本数量大;快速、经济。

3.1.2 原位测试方法的分类及应用

岩土工程检测和监测中的常用的原位测试技术包括:①载荷试验(平板、螺旋板);②静力触探试验;③圆锥动力触探试验;④标准贯入试验;⑤十字板剪切试验;⑥旁压试验;⑦现场剪切试验;⑧波速试验;⑨基桩的静力测试和动力测试;⑩锚杆抗拔试验等。

以上试验技术主要用于以下几个方面:①岩土工程勘察;②地基基础的质量检测;③基坑开挖的检测与监测;④岩体原位应力测试;⑤公路、隧道、大坝、边坡等大型工程的监测和检测。除上列种类外,近年来还发展起来一些新的原位测试技术。本章主要介绍载荷试验、静力触探、标准贯入以及桩基动、静力测试等基本检测技术。

岩土工程原位测试技术是岩土工程的重要组成部分。无数实践和理论研究表明,岩土的工程性质测试成果会因其种类、状态、试验方法和技巧的不同而导致一定的差异,甚至相去甚远。沈珠江院士认为,可靠的土质参数只能通过原位测试取得。在岩土工程中,选用正确的参数远比选用计算方法重要,因而岩土工程的原位测试在岩土工程中占据了重要的地位。

3.2 静载荷试验

地基静载荷试验包括平板载荷试验和螺旋板载荷试验,目的是确定地基承载力及其变性特征,螺旋板载荷试验尚可估算地基土的固结系数。载荷试验相当于在工程原位进行的缩尺原型试验,该法具有直观和可靠性高的特点,在原位测试中占有重要地位,往往成为其他方法的检验标准。本文仅介绍平板载荷试验。

3.2.1 基本原理

平板载荷试验(Plate Loading Test,简称PLT)是一种最传统的、并被广泛应用的土工原位测试方法。平板载荷试验是指在板底平整的刚性承压板上加荷,荷载通过承压板传递给地基,以测定天然埋藏条件下地基土的变形特性,评定地基土的承载力、计算地基土的变形模量并预估实体基础的沉降量。平板载荷试验的理论依据,一般是假定地基为弹性半无限体(具有变形模量 E_0 和泊松比 v),按弹性力学的方法导出表面局部荷载作用下地基土的沉降量 s 计算公式。

3.2.2 试验设备与方法

1)试验设备

平板载荷试验因试验土层软硬程度、压板大小和试验面深度等不同,采用的测试设备也很多。除早期常用的压重加荷台试验装置外,目前国内采用的试验装置,大体可归纳为由承压板、加荷系统、反力系统、观测系统四部分组成。加荷系统控制并稳定加荷的大小,通过反力系统反作用于承压板,承压板将荷载均匀传递给地基土,地基土的变形由观测系统测定。

（1）承压板

承压板材质要求：压板应具有足够的刚度，不易破损、不易挠曲，压板底部光滑平整，尺寸和传力重心准确，搬运和安置方便。承压板可用混凝土、钢筋混凝土、钢板、铸铁板等制成，多以肋板加固的钢板为主。

承压板形状一般为正方形、矩形或圆形，其中圆形压板受力条件较好，最为常用。

承压板面积一般宜采用 $0.25 \sim 0.50$ m^2，对均质密实的土，可采用 0.1 m^2，对软土和人工填土，不应小于 0.5 m^2。但各国和国内各部门采用的承压板面积规定不一，如日本常用方形 900 cm^2，俄罗斯常用 0.5 m^2，我国铁道部第一设计院则根据自己的经验，按如下原则选取：

①碎石类土：压板直径宜大于碎石、卵石最大粒径的 10 倍；

②岩石地基：压板面积 1 000 cm^2；

③细颗粒土：压板面积 1 000 $\sim$ 5 000 cm^2；

④视试验的均质土层厚度和加荷系统的能力、反力系统的抗力等确定之，以确保载荷试验能得出极限荷载。

（2）加荷系统

根据试验要求，采用不同规格的手动或电动控制液压千斤顶加荷，并配备不同量程的压力表或测力计控制加荷值。

（3）反力系统

加荷系统是指通过承压板对地基施加荷载的装置，一般有地锚反力装置、压重平台反力装置、锚桩横梁反力装置、锚桩横梁联合堆载反力装置四种类型。

①地锚反力装置。地锚反力装置一般由千斤顶、地锚、桁架、立柱、分立柱和拉杆六部分组成，如图 3.1 所示。当加荷较小时，一般在 500 $\sim$ 1 000 kN，地锚的数量及入土深度都不大。该装置小巧轻便、安装简单、成本较低，但存在荷载不易对中，油压会产生过冲的问题，且在试验过程中一旦拔出地锚，试验将无法继续下去。如果加荷过大，地锚数量增多且入土深度增大，结构变得较复杂（图 3.2），安装过程长，现场采用较少。

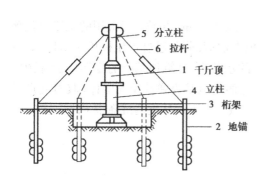

图 3.1　平板载荷试验装置（地锚）示意图

- 5 分立柱
- 6 拉杆
- 1 千斤顶
- 4 立柱
- 3 桁架
- 2 地锚

图 3.2　南水北调 21 000 kN 基桩静载检测

②压重加荷装置。堆载反力装置使用比较广泛，尤其是复合地基承载力检测应用较多。其承重平台搭建简单，适合于不同荷载量试验，可对天然地基、复合地基和工程桩进行随机抽样检测，如图 3.3、图 3.4 所示。在千斤顶配合下，该装置可以将力合理的施加到承压板上，荷载量的大小比较容易控制，但也存在荷载不易对中现象。

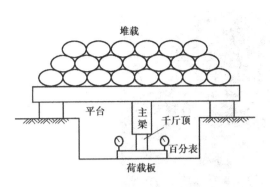

图 3.3　平板载荷试验装置(堆载)示意图　　　图 3.4　平板载荷试验装置现场堆载

许多检测单位使用混凝土预制块堆重,大大减少了安装时间,但需运输车辆及吊车配合,试验成本较高;使用水箱配重,试验结束后,由于要放水,试验后的排水工作比较难以处理。

③锚桩横梁反力装置。锚桩反力装置是将被测桩周围对称的几根锚桩用锚筋与反力架连接起来,依靠桩顶的千斤顶将反力架顶起,由被连接的锚桩提供反力,提供反力的大小由锚桩数量,反力架强度和被连接锚桩的抗拔力决定。其反力系统通常由主梁、平台、堆载体(锚桩)等构成,如图 3.5、图 3.6 所示。锚桩反力装置一般不会受现场条件和加载吨位数的限制,当条件允许,采用工程桩作锚桩是最经济的,但在试验过程中需要观测锚桩的上拔量,以免拔断,造成工程损失。

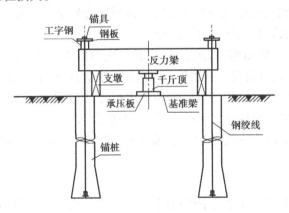

图 3.5　平板载荷试验装置(锚桩)示意图　　　图 3.6　平板载荷现场试验(锚桩)

④锚桩横梁联合堆载反力装置。锚桩横梁联合堆载反力装置是在试桩最大加载量超过锚桩的抗拔能力时,在横梁上放置或悬挂一定重物,由锚桩和重物共同承受千斤顶加载反力的一种方式,如图 3.7 所示。其反力系统通常由主梁、次梁、锚桩、平台、堆载体等构成。对于大吨位载荷试验,采用该法较多。

(4)量测系统

量测系统包括基准梁、位移计、磁性表座、油压表(测力环),必要时需用精密水准仪配合量测。

机械类位移计可采用百分表,其最小刻度 0.01 mm,量程一般为 5 ~ 30 mm;电子类位移计一般具有量程大、无人为读数误差等特点,可以实现自动记录和绘图;油压表多为机械式,人工测读。

图 3.7　长峰虹口商城锚桩堆载联合法 2400T 静载试验

测试用的仪表均需定期标定,一般一年标定一次或维修后标定,标定工作原则上由具有相应资质的计量局或专业厂进行,并出具检定证书。

2)测试方法及要求

(1)基本要求

①载荷试验一般在方形试坑中进行,试坑底的宽度应不小于承压板宽度(或直径)的 3 倍,以消除侧向土自重引起的超载影响,使其达到或接近地基的半空间平面问题边界条件的要求。试坑应布置在有代表性地点,承压板底面应放置在基础底面标高处。

②为了保持测试时地基土的天然湿度与原状结构,测试之前,应在坑底预留 20 ~ 30 cm 厚的原土层,待测试将开始时再挖去,并立即放入载荷板。对软黏土或饱和的松散砂,在承压板周围应预留 20 ~ 30 cm 厚的原土作为保护层;在试坑底板标高低于地下水位时,应先将水位降至坑底标高以下,并在坑底铺设 2 cm 厚的砂垫层,再放下承压板等,待水位恢复后进行试验。

③加载要求不少于 8 级,最大加荷不小于设计荷载的 2 倍(试验桩)。第一级荷载可加等级荷载的 2 倍。

(2)设备安装次序与要求

①安装承压板前应整平试坑底面,铺设 1 ~ 2 cm 厚的中砂垫层,并用水平尺找平,以保证承压板与试验面平整均匀接触。

②安装千斤顶、载荷台架或反力构架。其中心应与承压板中心一致。

③安装沉降观测装置。其支架固定点应设在不受土体变形影响的位置上,沉降观测点应对称放置。

(3)试验方法

安装完毕,即可分级加荷。试验的加载方式可采用分级维持荷载沉降相对稳定法(慢速法)、沉降非稳定法(快速法)和等沉降速率法,以慢速法为主。快速法一般 2 h 加一级荷载,共加 8 ~ 10 级;稳定法是沉降速率 <0.1 mm/h 后开始加下级荷载。

①测试的第一级荷载,应将设备的自重计入,且宜接近所卸除土的自重(相应的沉降量不计)。以后每级荷载增量,一般取预估测试土层极限压力的 1/8 ~ 1/10。当不宜预估其极限压力时,对较松软的土,每级荷载增量可采用 10 ~ 25 kPa;对较坚硬的土,采用 50 kPa;对硬土及软

质岩石,采用 100 kPa。

②观测每级荷载下的沉降。慢速法要求是:a. 沉降观测时间间隔:加荷开始后,第一个 30 min内,每 10 min 观测沉降一次;第二个 30 min 内,每 15 min 观测一次;以后每 3 min 进行一次。b. 沉降相对稳定标准:连续四次观测的沉降量,每小时累计不大于 0.1 mm 时,方可施加下一级荷载。

(4)相对稳定标准和终止加载的条件

尽可能使最终荷载达到地基土的极限承载力,如达不到极限荷载,则最大压力应达到预期设计压力的两倍或超过第一拐点至少三级荷载,以评价承载力的安全度,但试验终止是根据相对稳定标准或终止加载条件来控制,各规范稍有差异。

①地基土(根据《建筑地基基础设计规范》)。相对稳定标准是连续两小时内,每小时的沉降量小于 0.1 mm。当出现下列情况之一时,即可终止加载:a. 承压板周围的土明显侧向挤出;b. 沉降急剧增大,P-S 曲线出现陡降段;c. 24 h 内,沉降随时间近等速或加速发展;d. s/b(或 s/d)≥ 0.06(b、d 为承压板的边长或直径,s 为最终沉降值)。

②复合地基(根据《建筑地基处理技术规范》)。相对稳定标准是在 1 小时内的沉降量小于 0.1 mm。当出现下列情况之一时,即可终止加载:a. 沉降急剧增大,土被挤出或压板周围出现明显的隆起;b. 累计沉降量大于 b(或 d)的 6%;c. 当达不到极限荷载时,总加载量已为设计要求的 2 倍以上。

③基桩(根据《建筑桩基技术规范》)。相对稳定标准是在 1 小时内的沉降量小于 0.1 mm。当出现下列情况之一时,即可终止加载:a. 某级荷载作用下,其沉降为上级的 5 倍;b. 某级荷载作用下,其沉降为上级的 2 倍,且经 24 h 尚未达到稳定;c. 已达到锚桩的最大抗拔力或压重平台的最大重量时。

注意:当需要卸荷观测回弹时,每级卸荷量可为加荷量的 2 倍,历时 1 h,每隔 15 min 观测一次。荷载完全卸除后,继续观测 3 h。

3.2.3　数据整理及成果应用

大量实测结果表明,当地基土的均匀性尚可且测试过程正常时,测试得出的主要曲线(p-s 曲线)是比较光滑的。在资料分析阶段发现个别点数据异常时,只要不对结果的判释有太大的影响,可以将其舍去。若测试中的异常点过多,则该次试验为不合格,应重新进行试验。

对位于承压板上百分表的现场记录读数,求取其平均值,计算出各级荷载下各观测时间的累计沉降量,对于监测地面位移的百分表,分别计算出各地面百分表的累计升降量。经确认无误后,可以绘制所需要的各种实测曲线,供进一步分析之用。

1)数据整理

地基静载试验主要应绘制 P-S 曲线,但根据需要,还可绘制各级荷载作用下的沉降和时间之间的关系曲线以及地面变形曲线。确定单桩竖向抗压承载力时,应绘制竖向荷载—沉降(Q-S)、沉降—时间对数(S-lg t)曲线,需要时也可绘制其他辅助分析所需曲线。

各类曲线如图 3.8、图 3.9 和图 3.10 所示。

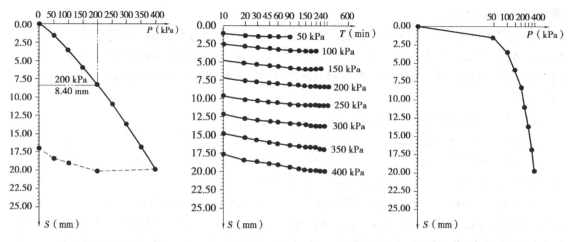

图 3.8　静载试验 P-S 曲线　　　图 3.9　静载试验 S-lgt 曲线　　　图 3.10　静载试验 S-lgP 曲线

当进行桩身应力、应变和桩底反力测定时,应整理出有关数据的记录表,并按规范绘制桩身轴力分布图、计算不同土层的分层侧摩阻力和端阻力值。

2)试验成果的应用

静载试验一般用于确定地基承载力、地基变形模量和基床系数。以下介绍这些参数的计算取值方法。

(1)确定地基土承载力特征值 f_{ak}

确定地基的承载力时既要控制强度,又要能确保建筑物不致产生过大沉降。安全系数取值不小于2,但具体到各类工程时侧重点有所不同,这与工程的使用要求和使用环境有关。铁路建筑物一般以强度控制为主、变形控制为辅;工业与民用建筑则一般以变形控制为主、强度控制为辅。

《地基规范》附录 C 对于确定地基承载力的规定如下:

①当 P-S 曲线上有明确的比例界限时,取该比例界限所对应的荷载值;

②当极限荷载小于对应比例界限的荷载值的 2 倍时,取极限荷载值的一半;

③当不能按上述二款要求确定时,当压板面积为 $0.25 \sim 0.5 \text{ m}^2$,可取 $S/b = 0.01 \sim 0.015$ 所对应的荷载,但其值不应大于最大加载量的一半。

在求得地基承载力实测值后,按下述方法确定地基承载力特征值:同一土层参加统计的试验点不应少于 3 点,当试验实测值的极差不超过其平均值的30%时,取此平均值作为该土层的地基承载力特征值 f_{ak}。

(2)计算地基土变形模量 E_0

根据荷载—沉降曲线,如图 3.11,曲线前部的 OA 段大致成直线,说明地基的压力与变形呈线性关系,地基的变形计算可应用弹性理论公式算出土的变形模量 E_0。

具体做法:在 P-S 曲线的直线段 OA 上可以任选一点 P 和对应的 S,代入公式(3.1)或(3.2),即可算出压板下压缩土层(大致 3B 或 3D 厚)内的平均 E_0 值,并可用于计算地基沉降。

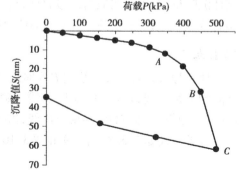

图 3.11　静载试验荷载—沉降曲线

圆形刚性压板(D 为直径)：$\qquad S = \dfrac{\pi}{4}\dfrac{1-\mu^2}{E_0}PD$ （3.1）

方形刚性压板(B 为边长)：$\qquad S = \dfrac{\sqrt{\pi}}{2}\dfrac{1-\mu^2}{E_0}PB$ （3.2）

式中　μ——泊松比,可根据经验或手册的建议值确定(卵石、碎石取 0.27;砂、粉土为 0.3;粉质黏土为 0.35;黏土为 0.42;在不排水条件下的饱和黏性土可取 0.5)；

　　　　E_0——地基土的变形模量;其他符号同前。

(3)确定地基土的基床系数

荷载—沉降曲线前部直线段的坡度,即压力与变形比值 P/S,称为地基基床系数 $k(\mathrm{kN/m^3})$,这是一个反映地基弹性性质的重要指标,在遇到基础的沉降和变形问题,特别是考虑地基与基础的共同作用时,经常需要用到这一参数。地基基床系数 k 可以直接按定义确定。

[例 3.1]　如载荷试验中采用直径 1.128 m 的圆形压板,得出的 P-S 曲线如图 3.11 所示,已知压板下的地基土较为均匀,其横向变形系数 ν 可取为 0.25。试根据该图确定该地基土的极限荷载 P_l、承载力实测值 f_{ak}、基床系数 k 和变形模量 E_0。

解:按图得到 A 点对应的荷载为 350 kPa,相应的压板沉降量为 12.4 mm,C 点对应的荷载为 500 kPa。故得到地基土的比例界限为 350 kPa,极限荷载 P_l 为 500 kPa。按规范的规定,因为比例界限不是很清晰,而极限荷载容易确定且极限荷载小于对应比例界限的 2 倍,故取极限荷载的一半作为该试验点的承载力实测值,即为 250 kPa。

按相应公式算得基床系数:$k = \dfrac{350\ \mathrm{kPa}}{0.012\ 4\ \mathrm{m}} = 28\ 225.8\ \mathrm{kN/m^3} \approx 28.2\ \mathrm{MN/m^3}$

算得变形模量:$E_0 = \dfrac{\sqrt{\pi}}{2}\dfrac{1-\mu^2}{S}PD = \dfrac{\sqrt{\pi}}{2}\dfrac{1-0.25^2}{0.012\ 4}\dfrac{\mathrm{kPa}}{\mathrm{m}} \times 0.35\ \mathrm{kPa} \times 1.1.28\ \mathrm{m} = 26.46\ \mathrm{MPa}$

从上述计算过程可以看出,在数据处理和分析过程中不是太精确,规范的规定对很多情况也不是太明确,一般应借助于经验和理论知识,且应偏于安全。

3.3　静力触探试验

静力触探测试[Static Cone Penetration Test]简称静探(CPT),是把一定规格的圆锥形探头借助机械匀速压入土中,并测定探头阻力等的一种测试方法。由于贯入阻力的大小与土层的性质有关,因此通过贯入阻力的变化情况,可以达到了解土层的工程性质的目的。

目前,在我国使用的静力触探仪以电测式为主。

静力触探试验可根据工程需要采用单桥探头、双桥探头或带孔隙水压力量测的单、双桥探头对地基土进行力学分层并判别土的类型,确定地基土的参数(强度、模量、状态、应力历史)、砂土液化可能性、浅基承载力、单桩竖向承载力等。静力触探试验适用于软土、一般黏性土、粉土、砂土和含少量碎石的土。静力触探的主要缺点是对碎石类土和密实砂土难以贯入,也不能直接观测土层。在地质勘探工作中,静力触探常和钻探取样联合运用。

3.3.1　基本原理

综观国内外的研究,一般都用纯砂作为试验介质。这主要是因为砂只有内摩擦角一个抗剪强度指标,便于解释静力触探机理,但用纯砂不便于研究孔压触探机理,因为纯砂中难以测得触探时产生的超孔隙水压力。为此,中国地质大学进行了以黏土为介质的原型试验,并取得了一定的研究成果。但由于土的不确定性和复杂性,以及触探时产生的土层大变形等,都对机理研究带来很大困难。因此,截至目前,触探机理的理论研究成果仍不尽人意,很多方面的研究还在探索之中。

1)承载力理论

由于 CPT 的贯入类似于桩的贯入过程,故很早就有人将两者进行比较,提出用深基础极限承载力的相关理论来解释静力触探的工作机理,并由静力触探的测试结果推导深基础的极限承载力,如图 3.12 所示。

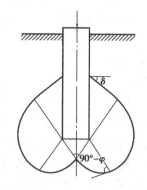

图 3.12 深基础的破坏模式

基本思路是假设地基为刚塑体,在极限荷载的作用下地基中出现滑裂面(不同学者假定了不同的滑裂面),由此导出探头阻力和基础承载力之间的关系式。

然而,由传统极限状态出发的理论不能解释稳定贯入的许多特征,基于对滑移破坏面的不同假设而得出的结果也差异颇大。其根源可能与该法将地基土理想化为刚塑体有关。静力触探的实际贯入过程主要还存在迫使土体产生压缩,这与桩的贯入是有差异的;另外,作用荷载的性质也有差异。但有意思的是,Janbu 等人的理论结果和实测值相当吻合。有人认为,这是理论本身内含的正负影响因素相互抵消而致。

2)孔穴扩张理论

孔穴扩张法(Cavities Expansion Methods,简称 CEM),源于弹性理论无限均质各向同性弹性体中圆柱形或球形孔穴受均布压力作用问题。该理论最初用于金属压力加工分析,随后引入土力学中,用柱状孔穴扩张解释旁压试验机理和沉桩,用球形孔穴扩张来估算深基础承载力和沉桩对周围土体的影响。

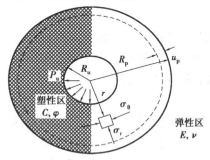

图 3.13 球形孔穴附近的塑性区域

球穴在均布内压 P 作用下的扩张情况如图 3.13 所示。当 P 逐步增加时,孔周区域将由弹性状态进入塑性状态。塑性区随 P 值的增加而不断扩大。设孔穴初始半径为 R_0,扩张后半径为 R_u,塑性区最大半径为 R_p,相应的孔内压力最终值为 P_u,在半径 R_p 以外的土体仍保持弹性状态。圆柱形孔穴在内压力下的扩张情况与上类似,只不过一个属于球对称情况,另一个属于轴对称情况。

用孔穴扩张理论来研究 CPT 的机理有两种实用成果,即估算静力触探的贯入阻力和在饱和黏土中不排水贯入时初始孔隙水压的分布。孔穴扩张理论用于静力触探的机理分析主要有两点不足:一是静力触探时的土体位移实际上并不是球对称或轴对称的;另外是随着探头的贯入,孔穴中心实际上是在不断向下移动的,而并非是固定在一个位置。

除了上述理论外,还有将观察点固定在探头上,将土体视为流体的研究方法,以及有限单元法等,都获得了不少研究成果,但也都有其不足之处。

3.3.2 试验设备与方法

1)试验设备

静力触探设备试验由加压装置、反力装置、探头及量测记录仪器等四部分组成：

（1）加压装置

加压装置的作用是将探头压入土层中，按加压方式可分为下列几种：

①手摇式轻型静力触探：利用摇柄、链条、齿轮等用人力将探头压入土中。用于较大设备难以进入的狭小场地的浅层地基土的现场测试。

②齿轮机械式静力触探：主要组成部件有变速马达(功率2.8~3 kW)、伞形齿轮、丝杆、稻香滑块、支架、底板、导向轮等。其结构简单，加工方便，既可单独落地组装，也可装在汽车上，但贯入力小，贯入深度有限。

③全液压传动静力触探：分单缸和双缸两种。主要组成部件有油缸和固定油缸底座、油泵、分压阀、高压油管、压杆器和导向轮等。目前在国内使用液压静力触探仪比较普遍，一般最大贯入力可达200 kN。

（2）反力装置

静力触探的反力用以下3种形式解决：

①利用地锚作反力：当地表有一层较硬的黏性土覆盖层时，可以是使用2~4个或更多的地锚作反力，视所需反力大小而定。锚的长度一般1.5 m左右，叶片的直径可分成多种，如25 cm、30 cm、35 cm、40 cm，以适应各种情况。

②用重物作反力：如地表土为砂砾、碎石土等，地锚难以下入，此时只有采用压重物来解决反力问题，即在触探架上压以足够的重物，如钢轨、钢锭、生铁块等。软土地基贯入30 m以内的深度，一般需压重物40~50 kN。

③利用车辆自重作反力：将整个触探设备装在载重汽车上，利用载重汽车的自重作反力。贯入设备装在汽车上工作方便，工效比较高，但由于汽车底盘距地面过高，使钻杆施力点距离地面的自由长度过大，当下部遇到硬层而使贯入阻力突然增大时易使钻杆弯曲或折断，应考虑降低施力点距地面的高度。

触探钻杆通常用外径ϕ32~35 mm、壁厚为5 mm以上的高强度无缝钢管制成，也可用ϕ42 mm的无缝钢管。为了使用方便，每根触探杆的长度以1 m为宜，钻杆接头宜采用平接，以减小压入过程中钻杆与土的摩擦力。

（3）探头

①探头的工作原理。将探头压入土中时，由于土层的阻力，使探头受到一定的压力。土层的强度愈高，探头所受到的压力愈大。通过探头内的阻力传感器（以下简称传感器），将土层的阻力转换为电讯号，然后由仪表测量出来。为了实现这个目的，需运用三个方面的原理，即材料弹性变形的虎克定律、电量变化的电阻率定律和电桥原理。

传感器受力后要产生变形。根据弹性力学原理，如应力不超过材料的弹性范围，其应变的大小与土的阻力大小成正比，而与传感器截面积成反比。因此，只要能将传感器的应变大小测量出，即可知土阻力的大小，从而求得土的有关力学指标。

如果在传感器上贴上电阻应变片，当传感器受力变形时，应变片也随之产生相应的应变从而引起应变片的电阻产生变化,根据电阻定律,应变片的阻值变化与电阻丝的长度变化成正比,与电阻丝的截面积变化成反比,这样就能将传感器的变形转化为电阻的变化。但由于传感器在弹性范围内的变形很小,引起电阻的变化也很小,不易测量出来。为此,在传感器上贴一组电阻应变片,组成一个电桥电路,使电阻的变化转化为电压的变化,通过放大,就可以测量出来。因此,静力触探就是通过探头传感器实现一系列量的转换:土的强度—土的阻力—传感器的应变—电阻的变化—电压的输出,最后由电子仪器放大和记录下来,达到测定土强度和其他指标的目的。

②探头的结构。目前国内用的探头有3种:单桥探头、双桥探头、孔压探头(即在单桥或双桥探头的基础上增加了能量侧孔隙水压力的功能)。

a.单桥探头:单桥探头由带外套筒的锥头、弹性元件(传感器)、顶柱和电阻应变片组成(见图3.14),锥底的截面积规格不一,常用的探头型号及规格见表3.1,其中有效侧壁长度为锥底直径的1.6倍。

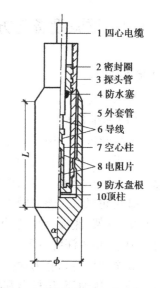

图3.14 单桥探头结构示意图

1—四心电缆；2—密封圈；3—探头管；4—防水塞；5—外套管；6—导线；7—空心柱；8—电阻片；9—防水盘根；10—顶柱

表3.1 单桥探头的规格

型 号	锥底直径 ϕ(mm)	锥底面积 A(cm^2)	有效侧壁长度 L(mm)	锥角 α(°)
I-1	35.7	10	57	60
I-2	43.7	15	70	60
I-3	50.4	20	81	60

b.双桥探头:单桥探头虽带有侧壁摩擦套筒,但不能分别测出锥头阻力和侧壁摩擦阻力。双桥探头除锥头传感器外,还有侧壁摩擦传感器及摩擦套筒。侧壁摩擦套筒的尺寸与锥底面积有关。双桥探头结构见图3.15,其规格见表3.2。

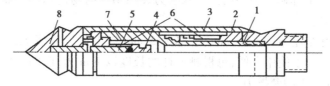

图3.15 双桥探头结构示意图

1—传力杆；2—摩擦传感器；3—摩擦筒；4—锥尖传感器；

5—顶柱；6—电阻应变片；7—钢珠；8—锥尖头

表3.2 双桥探头的规格

型 号	锥底直径 ϕ(mm)	锥底面积 A(cm^2)	有效侧壁长度 L(mm)	锥角 α(°)
II-1	35.7	10	200	60
II-2	43.7	15	300	60
II-3	50.4	20	300	60

③探头的密封及标定。要保证传感器高精度地进行工作,就必须采取密封、防潮措施,否则因传感器受潮而降低其绝缘电阻,使零漂增大,严重时电桥不能平衡,测试工作无法进行。密封方法有包裹法、堵塞法、充填法等。用充填法时应注意利用中性填料,且填料要呈软膏状,以免对应变片产生腐蚀或影响信号的传递。

目前国内较常用的密封防水方法是在探头丝扣接口处涂上一层高分子液态橡胶,然后将丝扣上紧。在电缆引出端,用厚的橡胶垫圈及铜垫圈压紧,使其与电缆紧密接触,起到密封的作用,而摩擦传感器则采用自行车内轮胎的橡胶膜套上,两端用尼龙线扎紧,对于摩擦传感器与上接头连接的伸缩缝,可用弹性和密封性能都好的 704 硅橡胶填充。

密封好的探头要进行标定,找出探头内传感器的应变值与贯入阻力之间的关系后才能使用。标定工作可在特制的磅秤架上进行,也可在材料实验室利用 50 ~ 100 kN 的压力机进行,但最好是使用 30 ~ 50 kN 的标准测力计,这样能在野外工作过程中随时标定,方便且精度较高。

每个传感器需标定 3 ~ 4 次,每次需转换不同方位。标定过程应耐心细致,加荷速度要慢。将标定结果绘在坐标纸上,纵坐标代表压力,横坐标代表输出电压(单位:mV)或微应变(单位: $\mu\varepsilon$)。在正常情况下,各标定的点应在一条通过原点的直线上,如不通过原点,且截距较大时,可能是应变片未贴好,或探头结构上存在问题,应找出原因后采取措施。

(4)量测记录仪器

我国的静力触探几乎全部采用电阻应变式传感器。因此,与其配套的记录仪器主要有以下4 种类型:电阻应变仪,自动记录绘图仪,数字式测力仪,数据采集仪(微机控制)。

①电阻应变仪。从 20 世纪 60 年代起至 70 年代中期,一直是采用电阻应变仪。电阻应变仪具有灵敏度高、测量范围大、精度高和稳定性好等优点。但其操作是靠手动调节平衡,跟踪读数,容易造成误差;因为是人工记录,故不能连续读数,不能得到连续变化的触探曲线。

②自动记录仪。我国现在生产的静力触探自动记录仪都是用电子电位差计改装的。这些电子电位差计都只有一种量程范围。为了在阻力大的地层中能测出探头的额定阻力值,也为了在软层中能保证测量精度,一般都采用改变供桥电压的方法来实现。早期的仪器为可选式固定桥压法,一般分成 3 ~ 5 挡,桥压分别为 2、4、6、8、10 V,可根据地层的软硬程度选择。这种方式的优点是电压稳定,可靠性强;但资料整理工作量大。现在已有可使供桥电压连续可调的自动记录仪。

③数字式测力仪。数字式测力仪是一种精密的测试仪表。这种仪器能显示多位数,具有体积小、质量轻、精度高、稳定可靠、使用方便、能直读贯入总阻力和计算贯入指标简单等优点,是轻便链式十字板和静力触探两用机的配套量测仪表。国内已有多家生产。这种仪器的缺点是间隔读数,手工记录。

④微机在静探中的应用。以上介绍的各种仪器的功能均比较简单,虽然能满足一般生产的需要,但资料整理时工作量大,效率低。用微型计算机采集和处理数据已在静力触探测试中得到了广泛应用。计算机控制的实时操作系统使得触探时可同时绘制锥尖阻力与深度关系曲线,侧壁摩阻力与深度关系曲线,终孔时,可自动绘制摩阻比与深度关系曲线。通过人机对话能进行土的分层,并能自动绘制出分层柱状图,打印出各层层号、层面高程、层厚、标高以及触探参数值。

2）试验方法及注意事项

（1）操作方法

①将触探机就位后，应调平机座，并使用水平尺校准，使贯入压力保持竖直方向，并使机座与反力装置衔接、锁定。当触探机不能按指定孔位安装时，应将移动后的孔位和地面高程记录清楚。

②探头、电缆、记录仪器的接插和调试，必须按有关说明书要求进行。

③触探机的贯入速率，应控制在 1～2 cm/s 内，一般为 2 cm/s；使用手摇式触探机时，手把转速应力求均匀。

④在地下水埋藏较深的地区使用孔压探头触探时，应先使用外径不小于孔压探头的单桥或双桥探头开孔至地下水位以下，而后向孔内注水至与地面平，再换用孔压探头触探。

⑤探头的归零检查应按下列要求进行：a. 使用单桥或双桥探头时，当贯入地面以下 0.5～1.0 m 后，上提 5～10 cm，待读数漂移稳定后，将仪表调零即可正式贯入。在地面以下 1～6 m 内，每贯入 1～2 m 提升探头 5～10 cm，并记录探头不归零读数，随即将仪器调零。孔深超过 6 m 后，可根据不归零读数之大小，放宽归零检查的深度间隔。终孔起拔时和探头拔出地面后，亦应记录不归零读数。b. 使用孔压探头时，在整个贯入过程中不得提升探头。终孔后，待探头刚一提出地面时，应立即卸下滤水器，记录不归零读数。

⑥使用记读式仪器时，每贯入 0.1 m 或 0.2 m 应记录一次读数；使用自动记录仪时，应随时注意桥压、走纸和划线情况，做好深度和归零检查的标注工作。

⑦若计深标尺设置在触探主机上，则贯入深度应以探头、探杆入土的实际长度为准，每贯入 3～4 m 校核一次。当记录深度与实际贯入长度不符时，应在记录本上标注清楚，作为深度修正的依据。

⑧当在预定深度进行孔压消散试验时，应从探头停止贯入之时起，用秒表记时，记录不同时刻的孔压值和锥尖阻力值。其计时间隔应由密至疏，合理控制。在此试验过程中，不得松动、碰撞探杆，也不得施加能使探杆产生上、下位移的力。

⑨对于需要作孔压消散试验的土层，若场区的地下水位未知或不确切，则至少应有一孔孔压消散达到稳定值，以连续 2 h 内孔压值不变为稳定标准。其他各孔、各试验点的孔压消散程度，可视地层情况和设计要求而定，一般当固结度达 60%～70% 时，即可终止消散试验。

⑩遇下列情况之一者，应停止贯入，并应在记录表上注明。a. 触探主机负荷达到其额定荷载的 120% 时；b. 贯入时探杆出现明显弯曲；c. 反力装置失效；d. 探头负荷达到额定荷载时；e. 记录仪器显示异常。

⑪起拔最初几根探杆时，应注意观察、测量探杆表面干、湿分界线距地面的深度，并填入记录表的备注栏内或标注于记录纸上。同时，应于收工前在触探孔内测量地下水位埋藏深度；有条件时，宜于次日核查地下水位。

⑫将探头拔出地面后，应对探头进行检查、清理。当移位于第二个触探孔时，应对孔压探头的应变腔和滤水器重新进行脱气处理。

⑬记录人员必须按记录表要求用铅笔逐项填记清楚，记录表格式，可按以上测试项目制作。

（2）注意事项

①保证行车安全，中速行驶，以免触探车上仪器设备被颠坏。

②触探孔要避开地下设施（管路、地下电缆等），以免发生意外。

③安全用电,严防触(漏)电事故。工作现场应尽量避开高压线、大功率电机及变压器,以保证人身安全和仪表正常工作。

④在贯入过程中,各操作人员要相互配合,尤其是操纵台人员,要严肃认真、全神贯注,以免发生仪器设备事故或人身安全事故。司机要坚守岗位,及时观察车体倾斜、地铺松动等情况,并及时通报车上操作人员。

⑤精心保护好仪器,须采取防雨、防潮、防震措施。

⑥触探车不用时,要及时用支腿架起,以免汽车弹簧钢板过早疲劳。

⑦保护好探头,严禁摔打探头;避免探头暴晒和受冻;不许用电缆线拉探头;装卸探头时,只可转动探杆,不可转动探头;接探杆时,一定要拧紧,以防止孔斜。

⑧当贯入深度较大时,探头可能会偏离铅垂方向,使所测深度不准确。为了减少偏移,要求所用探杆必须是平直的,并要保证在最初贯入时不应有侧向推力。当遇到硬岩土层以及石头、砖瓦等障碍物时,要特别注意探头可能发生偏移的情况。国外一些工程中,已把测斜仪装入探头,以测其偏移量,这对成果分析很重要。

⑨锥尖阻力和侧壁摩阻力虽是同时测出的,但所处的深度是不同的。当对某一深度处的锥头阻力和摩阻力作比较时,例如计算摩阻比时,须考虑探头底面和摩擦筒中点的距离,如贯入第一个 10 cm 时,只记录 q_c;从第二个 10 cm 以后才开始同时记录 q_c 和 f_s。

⑩在钻孔、触探孔、十字板试验孔旁边进行触探时,离原有孔的距离应大于原有孔径的20 ~ 25 倍,以防土层扰动。如要求精度较低时,两孔距离也可适当缩小。

3.3.3 数据整理与成果应用

单孔触探成果应包括以下几项基本内容:a. 各触探参数随深度的分布曲线;b. 土层名称及潮湿程度(或稠度状态);c. 各层土的触探参数值和地基参数值;d. 对于孔压触探,如果进行了孔压消散试验,尚应附上孔压随时间而变化的过程曲线,必要时,可附上锥尖阻力随时间而改变的过程曲线。

1)原始数据的修正

在贯入过程中,探头受摩擦而发热,探杆会倾斜和弯曲,探头入土深度很大时探杆会有一定量的压缩,仪器记录深度的起始面与地面不重合,等等,这些因素会使测试结果产生偏差。因而原始数据一般应进行修正。修正的方法一般按《静力触探技术规程》TBJ 37—93 的规定进行。主要应注意深度修正和零漂处理。

(1)深度修正

当记录深度于实际深度有出入时,应按深度线性修正深度误差。对于因探杆倾斜而产生的深度误差可按下述方法修正:

触探的同时量测触探杆的偏斜角(相对铅垂线),如每贯入 1 m 测了 1 次偏斜角,则该段的贯入修正量为:

$$\Delta h_i = 1 - \cos \frac{\theta_i + \theta_{i-1}}{2}$$

式中 Δh_i——第 i 段贯入深度修正量;

θ_i, θ_{i-1}——第 i 次和第 $i-1$ 次实测的偏斜角。

触探结束时的总修正量为 $\sum \Delta h_i$，实际的贯入深度应为 $h - \sum \Delta h_i$。

实际操作时应尽量避免过大的倾斜、探杆弯曲和机具方面产生的误差。

（2）零漂修正

一般根据归零检查的深度间隔按线性内查法对测试值加以修正。修正时应注意不要形成人为的台阶。

2）触探曲线的绘制

当使用自动化程度高的触探仪器时，需要的曲线均可自动绘制，只有在人工读数记录时才需要根据测得的数据绘制曲线。

需要绘制的触探曲线包括 $p_s\text{-}h$ 或 $q_c\text{-}h$、$f_s\text{-}h$ 和 $R_f\text{-}h$ 曲线。

3）成果应用

静力触探试验成果可用于以下方面：a. 查明地基土在水平方向和垂直方向的变化，划分土层，确定土的类别；b. 确定建筑物地基土的承载力和变形模量以及其他物理力学指标；c. 选择桩基持力层，预估单桩承载力，判别桩基沉入的可能性；d. 检查填土及其他人工加固地基的密实程度和均匀性，判别砂土的密度及其在地震作用下的液化可能性；e. 湿陷性黄土地区用来查找浸水湿陷事故的范围和界线。

（1）按贯入阻力进行土层分类

①分类方法。利用静力触探进行土层分类，由于不同类型的土可能有相同的 p_s、q_c 或 f_s 值，因此单靠某个指标，是无法对土层进行正确分类的。在利用贯入阻力进行分层时，应结合钻孔资料进行判别分类。使用双桥探头时，由于不同土的 q_c 和 f_s 值不可能都相同，因而可以利用 q_c 和 f_s/q_c（摩阻比）两个指标来区分土层类别。对比结果证明，用这种方法划分土层类别效果较好。

②利用 q_c 和 f_s/q_c 分类的一些经验数据（见表 3.3）。

表 3.3　按静力触探指标划分土类

土的名称	单位，国名							
	铁道部		交通部—航局		一机部勘察公司		法国	
	q_c、f_s/q_c 值							
	q_c(MPa)	f_s/q_c(%)	q_c(MPa)	f_s/q_c(%)	q_c(MPa)	f_s/q_c(%)	q_c(MPa)	f_s/q_c(%)
淤泥质土及软黏性土	0.2~1.7	0.5~3.5	<1	10~13	<1	>1	≤6	>6
黏土	1.7~9 2.5~20	0.25~5 0.6~3.5	1~1.7	3.8~5.7	1~7 0.5~3	>3 0.5~3	>30 >30	4~8 2~4
粉质黏土			1.4~3	2.2~4.8				
粉土			3~6	1.1~1.8				
砂类土	2~32	0.3~1.2	>6	0.7~1.1	<1.2	<1.2	>30	0.6~0.2

③铁道部《静力触探技术规则》（1989 年）使用双桥探头资料，可按图 3.16 划分土类。

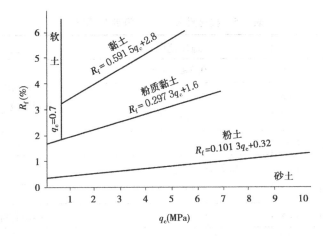

图 3.16　土的分类图(双桥探头法 TBJ 37—93)

(2)确定地基土的承载力

利用静力触探确定地基土的承载力,国内外都是根据对比试验结果提出经验公式。建立经验公式的途径主要是将静力触探试验结果与载荷试验求得的比例界限值进行对比,并通过对比数据的相关分析得到用于特定地区或特定土性的经验公式。对于粉土则采用下式:

$$f_o = 36p_s + 44.6 \tag{3.3}$$

式中　f_o——地基承载力基本值,kPa;

$\quad\quad p_s$——单桥探头的比贯入阻力,单位为 MPa。

(3)确定不排水抗剪强度 C_u 值

用静力触探求饱和软黏土的不排水综合抗剪强度(C_u),目前是用静力触探成果与十字板剪切试验成果对比,建立 p_s 与 C_u 之间的关系,以求得 C_u 值,其相关式见表 3.4。

表 3.4　软土 C_u(kPa)与 p_s、q_c(MPa)相关公式

公　式	适用范围	公式来源
$C_u = 30.8p_s + 4$	$0.1 \leqslant p_s \leqslant 1.5$ 软黏土	交通部一航局
$C_u = 50p_s + 1.6$	$p_s < 0.7$	《铁路触探细则》
$C_u = 71q_c$	软黏土	同济大学
$C_u = (71 \sim 100)q_c$	软黏土	日本

(4)确定土的变形性质指标

①基本公式:Buisman 曾建议砂土的 E_s-q_c 关系式为:

$$E_s = 1.5q_c \tag{3.4}$$

式中　E_s——固结试验求得的压缩模量,MPa。

该公式是由下列假设推出来的:a.触探头类似压进半无限弹性压缩体的圆锥;b.压缩模量是常数,并且等于固结试验的压缩模量 E_s;c.应力分布的 Boussinesq 理论是适用的;d.与土的自重应力 σ_0 相比,应力增量 $\Delta\sigma$ 很小。

②E_0、p_s 和 E_s、p_s 的经验式列于表 3.5。

表 3.5 按比贯入阻力 p_s 确定 E_0 和 E_s

序　号	公　式	适用范围	公式来源
1	$E_s = 3.72p_s + 1.26$	$0.3 \leqslant p_s < 5$	《工业与民用建筑工程地质勘查规范》(TJ 21—77)
2	$E_0 = 9.79p_s - 2.63$ $E_0 = 11.77p_s - 4.69$	$0.3 \leqslant p_s < 3$ $3 \leqslant p_s < 6$	
3	$E_s = 3.63(p_s + 0.33)$	$p_s < 5$	交通部一航局设计院
4	$E_s = 2.17p_s + 1.62$ $E_s = 2.12p_s + 3.85$	$0.7 < p_s < 4$ 北京近代土 $1 < p_s < 9$ 北京老土	北京市勘察院
5	$E_s = 1.9p_s + 3.23$	$0.4 \leqslant p_s \leqslant 3$	四川省综合勘察院
6	$E_s = 2.94p_s + 1.34$	$0.24 < p_s < 3.33$	天津市建筑设计院
7	$E_s = 3.47p_s + 1.01$	无锡地区 $p_s = 0.3 \sim 3.5$	无锡市建筑设计院
8	$E_s = 6.3p_s + 0.85$	贵州地区红粘土	贵州省建筑设计院

(5)估算单桩承载力

静力触探试验可以看作一小直径桩的现场载荷试验。对比结果表明,用静力触探成果估算单桩极限承载力是行之有效的。通常是双桥探头实测曲线进行估算。现将采用双桥探头实测曲线估算单桩承载力的经验式介绍如下。

按双桥探头 $q_c \ f_s$ 估算单桩竖向承载力计算式如下:

$$p_u = aq_cA + U_p \sum \beta_i f_{si} l_i \qquad (3.5)$$

式中　p_u——单桩竖向极限承载力,kN;

　　　a——桩尖阻力修正系数,对黏性土取 2/3,对饱和砂土取 1/2;

　　　q_c——桩端上下探头阻力,取桩尖平面以上 $4d$(d 为桩的直径)范围内按厚度的加权平均值,然后再和桩尖平面以下 $1d$ 范围的 q_c 值平均,kPa;

　　　f_{si}——第 i 层土的探头侧壁摩阻力,kPa;

　　　i——第 i 层土桩身侧摩阻力修正系数,按下式计算:

$$对于黏性土 \quad \beta_i = 10.05f_{si}^{-0.55} \qquad (3.6)$$
$$对于砂土 \quad \beta_i = 5.05f_{si}^{-0.45} \qquad (3.7)$$

式中　U_p——桩身周长,m。

确定桩的承载力时,安全系数取 2~2.5,以端承力为主时取 2,以摩阻力为主时取 2.5。

除了在上述方面有着广泛的应用外,静力触探技术还可用于推求土的物性参数(密度、密实度等)、力学参数(c、φ、E_0、E_s 等),检验地基处理后的效果,测定滑坡的滑动面以及判断地基的液化可能性等。

3.4　圆锥动力触探和标准贯入试验

由于动力触探试验具有简易快速及适应性广等突出优点,应用广泛。对难以取原状土样的无黏性土和用静探难以贯入的卵砾石层,圆锥动力触探是十分有效的勘测和检验手段。

3.4.1　基本原理

　　动力触探是将重锤打击在一根细长杆件(探杆)上,锤击会在探杆和土体中产生应力波,如果略去土体震动的影响,那么动力触探锤击贯入过程可用一维波动方程来描述。

　　动力触探基本原理也可以用能量平衡法来分析,现将分析方法叙述如下。

　　对于一次锤击作用下的功能转换,按能量守恒原理,其关系可写成:

$$E_m = E_k + E_c + E_f + E_p + E_e \qquad (3.8)$$

式中　E_m——穿心锤下落能量;

　　　　E_k——锤与触探器碰撞时损失的能量;

　　　　E_e——触探器弹性变形所消耗的能量;

　　　　E_f——贯入时用于克服杆侧壁摩阻力所耗能量;

　　　　E_p——由于土的塑性变形而消耗的能量;

　　　　E_e——由于土的弹性变形而消耗的能量。

　　各项能量的计算式如下:

　　落锤能量:

$$E_m = Mgh\eta \qquad (3.9)$$

式中　M——重锤质量;

　　　　h——重锤落距;

　　　　g——重力加速度;

　　　　η——落锤效率(考虑受绳索、卷筒等摩擦的影响,当采用自动脱钩装置时 $\eta = 1$)。

　　碰撞时的能耗,根据牛顿碰撞理论得:

$$E_k = \frac{mMgh(1 - k^2)}{M + m} \qquad (3.10)$$

式中　m——触探器质量;

　　　　k——与碰撞体材料性质有关的碰撞作用恢复系数。

　　触探器弹性变形的能耗:

$$E_c = \frac{R^2 l}{2Ea} \qquad (3.11)$$

式中　l——触探器贯入部分长度;

　　　　E——探杆材料弹性模量;

　　　　a——探杆截面积;

　　　　R——土对探头的贯入总阻力,kN。

　　土的塑性变形能:

$$E_P = RS_p \qquad (3.12)$$

式中　S_p——每锤击后土的永久变形量(可按每锤击时实测贯入度 e 计)。

　　土的弹性变形能:

$$E_e = 0.5RS_e \qquad (3.13)$$

式中　S_e——每锤击时土的弹性变形量。

S_e 值在试验时未测出,可利用无限半空间上作用集中荷载时的明德林(Mindlin)解答并通过击数与土的刚度建立的如下关系确定。

$$S_e = \frac{0.66RD}{ANp_0\beta} \tag{3.14}$$

式中　D——探头直径,m;

　　　A——探头截面积,m^2;

　　　N——永久贯入量为 0.1 m 时的击数;

　　　p_0——基准压力,$P_0 = 1$ kPa;

　　　β——土的刚度系数(经验值:黏性土,$\beta = 800$;砂土,$\beta = 4\,000$)。

将式(3.8)—式(3.14)合并整理得:

$$R = \frac{Mgh}{S_P + 0.5S_e} \cdot \frac{M + mk^2}{M + m} - \frac{R^2 l}{2Ea} - f \tag{3.15}$$

式中　f——土对探杆侧壁摩擦力,kN。

如果将探杆假定为刚性体(即杆无变形),不考虑杆侧壁摩擦力影响,则(3.15)式变成海利(Hiley A.)动力公式:

$$R = \frac{Mgh}{S_P + 0.5S_e} \cdot \frac{M + mk^2}{M + m} \tag{3.16}$$

考虑在动力触探测试中,只能量测到土的永久变形,故将和弹性有关的变形略去,因此,土的动贯入阻力 R_d 也可表示为(3.17)式,称荷兰动力公式。

$$R_d = \frac{M^2gh}{e(M + m)A} \quad (kPa) \tag{3.17}$$

式中　e——贯入度,mm,即每击的贯入深度,$e = \Delta S/n$,ΔS 为每一阵击(n 击)的贯入深度,mm;

　　　A——圆锥探头的底面积,m^2。

3.4.2　试验设备与方法

1)试验设备

动力触探使用的设备包括动力设备和贯入系统两大部分。动力设备的作用是提供动力源,为便于野外施工,多采用柴油发动机;对于轻型动力触探也有采用人力提升方式的。贯入部分是动力触探的核心,由穿心锤、探杆和探头组成。

根据所用穿心锤的质量将动力触探试验分为轻型、中型、重型和超重型等种类。动力触探类型及相应的探头和探杆规格见表3.6。

在各种类型的动力触探中,轻型适用于一般粘性土及素填土,特别适用于软土,重型适用于砂土及砾砂土,超重型适用于卵石、砾石类土。重型锤动能大,可击穿硬土;轻型锤动能小,可击穿软土,又能得到一定锤击数,使测试精度提高。现场测试时应根据地基土的性质选择适宜的动探类型。

虽然各种动力触探试验设备的质量相差悬殊,但其仪器设备的形式却大致相同,如图3.17所示。目前常用的机械式动力触探中的轻型动力触探仪的贯入系统包括了穿心锤、导向杆、锤垫、探杆和探头五个部分。其他类型的贯入系统在结构上与此类似,差别主要体现在细部规格上。轻型动力触探使用的落锤质量小,可以使用人力提升的方式,故锤体结构相对简单;重型和超重型动力触探的落锤质量大,使用时需借助机械脱钩装置,故锤体结构要复杂得多。常用的机械脱钩装置(提引器)的结构各异,但基本上可分为两种形式。

表 3.6　常用动力触探类型及规格

类型	锤质量 (kg)	落距 (cm)	探头规格		探杆外径 (mm)	触探指标 (贯入一定深度的锤击数)	备　注
			锥角 (°)	底面积 (cm²)			
轻型	10	50	60	12.6	25	贯入 30 cm 锤击数 N_{10}	工民建勘察规范等推荐
	10	30	45	4.9	12	贯入 10 cm 锤击数 N_{10}	英国 BS 规程
中型	28	80	60	30	33.5	贯入 10 cm 锤击数 N_{28}	工民建勘察规范推荐
重型	63.5	76	60	43	42	贯入 10 cm 锤击数 $N_{63.5}$	岩土工程勘察规范推荐
超重型	120	100	60	43	60	贯入 10 cm 锤击数 N_{120}	水电部土工试验规程推荐

①内挂式(提引器挂住重锤顶帽的内缘而提升):它是利用导杆缩径,使提引器内活动装置(钢球、偏心轮或挂钩等)发生变位,完成挂锤、脱钩及自由下落的往复过程。内挂式脱钩装置如图 3.18 所示。

②外挂式(提引器挂住重锤顶帽的外缘而提升):它是利用上提力完成挂锤,靠导杆顶端所设弹簧锥套或凸块强制挂钩张开,使重锤自由下落。

20 世纪 80 年代前,国内外都用手拉绳(或卷扬机)提锤、放锤,和现在的自动脱钩式不同。国际上使用的探头规格较多,而我国的常用探头直径约 5 种,锥角基本上只有 60°一种。图3.19是重型和超重型探头的结构图。标准贯入使用的仪器除贯入器外与重型动力触探的仪器相同。我国使用的贯入器如图 3.20。

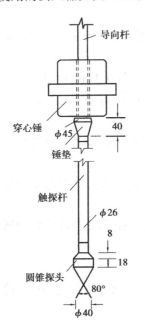

图 3.17　轻型动力触探仪
(单位:mm)

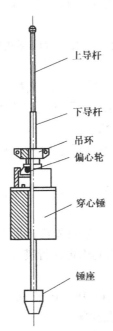

图 3.18　偏心轮缩径式

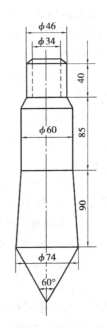

图 3.19　重型和超重型
探头的结构(单位:mm)

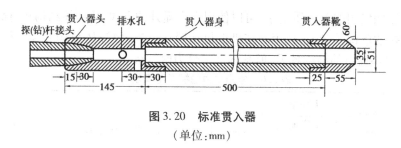

图 3.20　标准贯入器

（单位:mm）

2）试验方法

（1）轻型、重型、超重型动力触探的测试程序和要求

①轻型动力触探:

a. 先用轻便钻具钻至试验土层标高以上 0.3 m 处,然后对所需试验土层连续进行触探。

b. 试验时,穿心锤落距为(0.50 ± 0.02)m,使其自由下落,记录每打入土层中 0.30 m 时所需的锤击数(最初 0.30 m 可以不记)。

c. 若需描述土层情况时,可将触探杆拨出,取下探头,换钻头进行取样。

d. 如遇密实坚硬土层,当贯入 0.30 m 所需锤击数超过 100 击或贯入 0.15 m 超过 50 击时,即可停止试验,如需对下卧土层进行试验时,可用钻具穿透坚实土层后再贯入。

e. 本试验一般用于贯入深度小于 4 m 的土层,必要时,也可在贯入 4 m 后,用钻具将孔掏清,再继续贯入 2 m。

②重型动力触探:

a. 试验前将触探架安装平稳,使触探保持垂直地进行,垂直度的最大偏差不得超过 2%,触探杆应保持平直,连接牢固。

b. 贯入时,应使穿心锤自由落下,落锤高度为(0.76 ±0.02)m,地面上的触探杆的高度不宜过高,以免倾斜与摆动太大。

c. 锤击速率宜为每分钟 15 ~ 30 击,打入过程应尽可能连续,所有超过 5 min 的间断都应在记录中予以注明。

d. 及时记录每贯入 0.10 m 所需的锤击数,其方法可在触探杆上每 0.1 m 画出标记,然后直接(或用仪器)记录锤击数;也可以记录每一阵击的贯入度,然后再换算为每贯入 0.1 m 所需的锤击数。最初贯入的 1 m 内可不记读数。

e. 对于砂、圆砾和卵石,触探深度不宜超过 12 ~ 15 m;超过该深度时,需考虑触探杆的侧壁摩阻影响。

f. 每贯入 0.1 m 所需锤击数连续 3 次超过 50 击时,即停止试验。如需对下部土层继续进行试验时,可改用超重型动力触探。

g. 本试验也可在钻孔中分段进行,一般可先进行贯入,然后进行钻探,直至动力触探所测深度以上 1 m 处,取出钻具将触探器放入孔内再进行贯入。

③超重型动力触探:

a. 贯入时穿心锤自由下落,落距为(1.00 ± 0.02)m。贯入深度一般不宜超过 20 m,超过此深度限值时,需考虑触探杆侧壁摩阻的影响。

b. 其他步骤可参照重型动力触探进行。

（2）标准贯入试验

标准贯入试验的设备和测试方法在世界上已基本统一。按水电部土工试验规程SD 128—86规定,其测试程序和相关要求如下：

①先用钻具钻至试验土层标高以上 0.15 m 处,清除残土。清孔时,应避免试验土层受到扰动。当在地下水位以下的土层中进行试验时,应使孔内水位保持高于地下水位,以免出现涌砂和塌孔;必要时,应下套管或用泥浆护壁。

②贯入前应拧紧钻杆接头,将贯入器放入孔内,避免冲击孔底,注意保持贯入器、钻杆、导向杆连接后的垂直度。孔口宜加导向器,以保证穿心锤中心施力。贯入器放入孔内后,应测定贯入器所在深度,要求残土厚度不大于 0.1 m。

③将贯入器以每分钟击打 15～30 次的频率,先打入土中 0.15 m,不计锤击数,然后开始记录每打入 0.10 m 及累计 0.30 m 的锤击数 N,并记录贯入深度与试验情况。若遇密实土层,锤击数超过 50 击时,不应强行打入,并记录 50 击的贯入深度。

④旋转钻杆,然后提出贯入器,取贯入器中的土样进行鉴别、描述记录,并测量其长度。将需要保存的土样仔细包装、编号,以备试验之用。

⑤重复①～④步骤,进行下一深度的标贯测试,直至所需深度。一般每隔 1 m 进行一次标贯试验。

⑥注意事项：

a. 须保持孔内水位高出地下水位一定高度,以免塌孔,保持孔底土处于平衡状态,不使孔底发生涌砂变松而影响 N 值。

b. 下套管不要超过试验标高。

c. 须缓慢地下放钻具,避免孔底土的扰动。

d. 细心清除孔底浮土,孔底浮土应尽量少,其厚度不得大于 10 cm。

e. 如钻进中需取样,则不应在锤击法取样后立刻做标贯,而应在继续钻进一定深度（可根据土层软硬程度而定）后再做标贯,以免人为增大 N 值。

f. 钻孔直径不宜过大,以免加大锤击时探杆的晃动;钻孔直径过大时,可减少 N 至 50%。建议钻孔直径上限为 100 mm,以免影响 N 值。

标贯和圆锥动力触探测试方法的不同点,主要是不能连续贯入,每贯入 0.45 m 必须提钻一次,然后换上钻头进行回转钻进至下一试验深度,重新开始试验。另外,标贯试验不宜在含有碎石的土层中进行,只宜用于粘性土、粉土和砂土中,以免损坏标贯器的管靴刃口。

3.4.3　资料整理与成果应用

1）资料整理

（1）触探指标

①锤击数 N 值：以贯入一定深度的锤击数 N（如 N_{10}、$N_{63.5}$、N_{120}）作为触探指标,可以通过 N 值与其他室内试验和原位测试指标建立相关关系式,从而获得土的物理力学性质指标。这种方法比较简单、直观,使用也较方便,因此被国内外广泛采用。但它的缺陷是不同触探参数得到的触探击数不便于互相对比,而且它的量纲也无法与其他物理力学性质指标一起计算。近年来,国内外倾向于用动贯入阻力来替代锤击数。

②动贯入阻力 q_d：欧洲触探试验标准规定了贯入 120 cm 的锤击数和动贯入阻力两种触探指标。我国《岩土工程勘察规范》虽然只规定了锤击数，但在条文说明中指出，也可以采用动贯入阻力作为触探指标。

以动贯入阻力作为动力触探指标的意义在于：a. 采用单位面积上的动贯入阻力作为计量指标，有明确的力学量纲，便于与其他物理量进行对比；b. 为逐步走向读数量测自动化（例如应用电测探头）创造相应条件；c. 便于对不同的触探参数（落锤能量、探头尺寸）的成果资料进行对比分析。

荷兰公式是目前国内外应用最广泛的动贯入阻力计算公式，我国《岩土工程勘察规范》和水利电力部《土工试验规程》都推荐该公式。该公式是建立在古典牛顿碰撞理论基础上的，它假定：绝对非弹性碰撞，完全不考虑弹性变形能量的消耗。在应用动贯入阻力计算公式时，应考虑下列条件限制：a. 每击贯入度在 0.2～5.0 cm；b. 触探深度一般不超过 12 cm；c. 触探器质量 M' 与落锤质量 M 之比不大于 2。该公式为

$$q_d = \frac{M}{M + M'} \cdot \frac{MgH}{Ae} \tag{3.18}$$

式中　q_d——动力触探动贯入阻力，MPa；

　　　M——落锤质量，kg；

　　　M'——触探器（包括探头、触探杆、锤座和导向杆）的质量，kg；

　　　g——重力加速度，m/s²；

　　　H——落距，m；

　　　A——圆锥探头截面积，cm²；

　　　e——贯入度，cm，$e = D/N$，D 为规定贯入深度，N 为规定贯入深度的击数。

（2）触探曲线

动力触探试验资料应绘制触探击数（或动贯入阻力）与深度的关系曲线。触探曲线可绘成直方图，见图 3.21。根据触探曲线的形态，结合钻探资料，可进行土的力学分层。但在进行土的分层和确定土的力学性质时应考虑触探的界面效应，即"超前"和"滞后"反应。当触探探头尚未达到下卧土层时，在一定深度以上，下卧土层的影响已经超前反应出来，叫做超前反应；当探头已经穿过上覆土层进入下卧土层中时，在一定深度以内，上覆土层的影响仍会有一定反应，这叫做滞后反应。

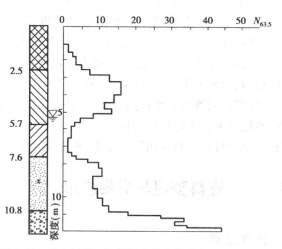

图 3.21　动力触探击数随深度分布的直方图及土层划分

据试验研究，当上覆为硬层下卧为软层时，对触探击数的影响范围大，超前反应量（一般为 0.5～0.7 m）大于滞后反应量（一般为 0.2 m）；上覆为软层下卧为硬层时，影响范围小，超前反应量（一般为 0.1～0.2 m）小于滞后反应量（一般为 0.3～0.5 m）。在划分地层分界线时应根据具体情况做适当调整：触探曲线由软层进入硬层时，分层界线可定在软层最后一个小值点以下 0.1～0.2 m 处；触探曲线由硬层进入软层时，分层界线可定在软层第一个小值点以上 0.1～

0.2 m 处。根据各孔分层的贯入指标平均值,用厚度加权平均法计算场地分层贯入指标平均值和变异系数。

(3)标贯测试成果整理

①求锤击数 N:如土层不太硬,并能较容易地贯穿 0.30 m 的试验段,则取贯入 0.30 m 的锤击数 N。如土层很硬,不宜强行打入时,可用下式换算相应于贯入 0.30 m 的锤击数 N。

$$N = \frac{0.3n}{\Delta S} \tag{3.19}$$

式中　n——所选取的贯入深度的锤击数;

　　　ΔS——对应锤击数 n 的贯入深度,m。

②绘制 N-h 关系曲线。

2)成果应用

(1)划分土层

根据动力触探击数可粗略划分土类(图 3.22)。一般来说,锤击数越少,土的颗粒越细;锤击次数越多,土的颗粒越粗。

该法如与其他测试方法同时应用,则精度会进一步提高。例如在工程中常将动、静力触探结合使用,或辅之以标贯试验,还可同时取土样,直接进行观察和描述,也可进行室内试验检验。根据触探击数和触探曲线的形状,将触探击数相近的一段作为一层,据之可以划分土层剖面,并求出每一层触探击数的平均值,定出土的名称。动力触探曲线和静力触探一样,有超前段、常数段和滞后段。在确定土层分界面时,可参考静力触探的类似方法。

(2)确定地基土的承载力

用动力触探和标准贯入的成果确定地基土的承载力已被多种规范所采纳,如《地基规范》《工业与民用建筑工程地质勘察规范》(TJ 7—74)和《湿陷性黄土地区建筑规范》(TJ 25—78)等,各规范均提出了相应的方法和配套使用的表格。此方面内容请见相应规范或参考书。

中国建筑西南勘察院采用 120 kg 重锤和直径 60 mm 探杆的超重型动探,并与载荷试验的比例界限值 p_l 进行统计,对比资料 52 组,得如下公式:

$$f_K = 80N_{120} \quad (3 \leqslant N_{120} \leqslant 10) \tag{3.20}$$

式中　f_K——地基土承载力标准值,kPa;

　　　N_{120}——校正后的超重型动探击数,击/10 cm。

中国地质大学(武汉)对粘性土也有类似经验公式:

$$f_K = 32.3N_{63.5} + 89 \quad (2 \leqslant N_{63.5} \leqslant 16) \tag{3.21}$$

式中　f_K——地基土承载力标准值;

　　　$N_{63.5}$——重型动探击数,击/10 cm。

上列两公式均为经验公式,带有地区性,使用时应注意其限制和积累经验。

(3)求单桩容许承载力

动力触探试验对桩基的设计和施工也具有指导意义。实践证明,动力触探不易打入时,桩也不易打入。这对确定桩基持力层及沉桩的可行性具有重要意义。用标准贯入击数预估打入桩的极限承载力是比较常用的方法,国内外都在采用。具体方法请见参考书。由于动力触探无法实测地基土的极限侧壁摩阻力,因而用于桩基勘察时,主要是采用以桩端承载力为主的短桩。

（4）按动力触探和标准贯入击数确定粗粒土的密实度

动力触探主要适用于粗粒土，用动力触探和标准贯入测定粗粒土的状态有其独特的优势。标准贯入可适用于砂土，动力触探可适用于砂土和碎石土。

成都地区根据动力触探击数确定碎石土密实度的规定如表3.7所示。

表3.7 成都地区碎石土的密实度划分标准

密实度 触探类型	松 散	稍 密	中 密	密 实
N_{120}	$N_{120} \leqslant 4$	$4 < N_{120} \leqslant 7$	$7 < N_{120} \leqslant 10$	$N_{120} > 10$
$N_{63.5}$	$N_{63.5} \leqslant 7$	$7 < N_{63.5} \leqslant 15$	$15 < N_{63.5} \leqslant 30$	$N_{63.5} > 30$

利用动力触探和标准贯入的测试成果还可以确定黏性土的黏聚力 c 及内摩擦角 φ，确定地基土的变形模量，检验碎石桩的施工质量，标准贯入法还是目前被认可的判断砂土液化可能性的较好方法。

总之，动探和标贯的优点很多，应用广泛，但影响其测试成果精度的因素也很多，所测成果的离散性大，因此是一种较粗糙的原位测试方法。在实际应用时，应与其他测试方法配合，在整理和应用测试资料时，运用数理统计方法有助于取得较好的效果。

3.4.4 实例分析

南方地区花岗岩分布广泛，较大部分直接出露地表，形成山地，其边缘地区以残丘形式出现，覆盖层较厚。场地风化类剖面岩土分层也较简单，一般分为残积层、全风化岩、强风化岩、中风化岩、微风化岩和新鲜岩等。

甘肃省水利水电勘测设计研究院郑宝平根据粤北京珠高速公路、韶关电厂、广州南岗及深圳部分地区的岩土工程勘察项目的重型动力触探试验、标准贯入试验及锤击数进行比较，对其进行了土的分类研究，所收集的资料中动力触探锤击数及标准贯入试验锤击数都经过杆长修正。

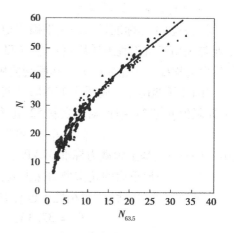

图3.22 标贯试验击数与动力触探击数散点及拟合曲线

标准贯入试验锤击数与动力触探锤击数散点及拟合曲线关系如图3.22所示。拟合散点图分析结果，标准贯入试验锤击数 N 与动力触探锤击数 $N_{63.5}$ 拟合方程为：

$$当 2.0 \leqslant N_{63.5} \leqslant 9.1 时，N = 1.204 \times 5.20 \tag{3.22}$$

$$当 9.1 < N_{63.5} \leqslant 35.0 时，N = (N_{63.5})^{0.617} \times 7.31 \tag{3.23}$$

上式适用于重型动力触探深度小于20 m，相关系数 $r = 0.895\ 3$。

1) 划分花岗岩风化土

根据国家标准《岩土工程勘察规范》(GB 50021—2002),用标准贯入试验锤击数(校正值)划分花岗岩风化土:$N < 30$ 击为残积土,$30 \leq N \leq 50$ 击为全风化岩,$N > 50$ 击为强风化岩。

由式(3.22)得,$N_{63.5} < 9.8$ 击为残积土,$9.8 \leq N_{63.5} \leq 22.5$ 击为全风化岩,$N_{63.5} > 22.5$ 击为强风化岩,同时根据触探曲线形态判断超前或滞后现象,对土层进行分层。

2) 确定地基土承载力标准值

根据国家标准《岩土工程勘察规范》(GB 50021—2002),花岗岩残积土砂质黏性土和花岗岩风化土的承载力如表3.8、表3.9所示。

表 3.8　花岗岩残积土承载力标准值 f_k

N 值	4 ~ 15	10 ~ 15	15 ~ 20	20 ~ 30
砂质黏土	(80) ~ 200	200 ~ 250	250 ~ 300	300 ~ (350)

表 3.9　用 $N_{63.5}$ 来确定花岗岩风化土承载力标准值 f_k

$N_{63.5}$	2	3	4	5	6	10
花岗岩风化土	155	185	210	230	260	352

3.5　基桩检测方法简介

桩基础能否既经济又安全地通过设置在土中的基桩,将外荷载传递到深层土体中,主要取决于基桩桩身质量与基桩承载力是否能达到设计要求。基桩检测是指:①对基桩桩身质量进行检测,查清桩身缺陷及位置,以便对影响桩基承载力和寿命的桩身缺陷进行必要的补救,同时达到对桩身质量普查的目的;②对基桩承载力进行检测,达到判定与评价基桩承载力是否满足设计要求的目的。基桩检测可进一步延伸到对桩基础质量的验收与评定。

基桩检测主要在桩基础施工前和施工后进行,是桩基础设计和施工质量验收中的重要组成部分。

3.5.1　检测方法及分类

对基桩检测方法进行分类,并对各种检测方法的适用条件,优缺点进行分析研究,同时结合具体工程的特点,经济、合理地选用检测方法,是保证检测工作质量的最重要的前提。根据检测目的可分为基桩完整性检测和基桩承载力检测。

(1)基桩完整性检测方法

基桩完整性检测方法主要有钻孔取芯法、埋管式声波透射法和高低应变动力检测法。检测目的主要包括:检验桩长、混凝土强度;检测桩身缺陷、位置,判定完整性类别;检测灌注桩桩底沉渣,桩端岩土性状。

大直径灌注桩基桩完整性检测的主要方法有钻孔取芯法、埋管式声波透射法和高低应变动力检测法等。钻芯法可检测钻孔桩桩长、桩身混凝土质量、桩底沉渣厚度,判定或鉴别桩端岩土性状,判定桩身完整性类别。其他方法可检测缺陷及其位置,判定桩身完整性类别。

预制桩、小直径灌注桩等桩型,基桩完整性检测主要采用高低应变动力检测法,检测缺陷及其位置,判定桩身完整性类别。

目前声波透射法、高低应变法等桩身完整性检测方法由于检测原理、仪器设备、数据处理等方面具有局限性,一般适用符合"一维均质杆件"假定的混凝土桩,不能完全适用于组合桩、异形桩、薄壁钢管桩;地基处理中应用的水泥搅拌桩,碎石桩、低强度等级混凝土桩、CPG 桩等桩型也不能简单套用桩基工程中的基桩完整性检测方法,只有在其桩身条件符合基桩完整性检测方法要求时,才能有选择地应用,但检测数量、结果评定,一定要按照地基处理技术要求执行。

（2）基桩承载力检测方法

基桩承载力检测方法主要有基桩静载试验、高应变动力检测。

基桩静载试验的目的:①确定单桩的竖向抗压、竖向抗拔、水平向极限承载力,并对工程桩承载力进行检验和评价;②单桩竖向抗压静载试验,当同时预埋桩底沉降测管与桩底反力和桩身应力、应变等测量元件时,或同时预埋桩身位移测杆时,尚可直接测定桩周各土层的极限侧摩阻力和桩的极限端阻力或桩身截面的位移量;③单桩水平静载试验确定地基土的水平抗力系数,当埋设有桩身应力测量元件时,可测定出桩身应力变化,并由此求得桩身弯矩分布。

根据以上目的,基桩静载荷试验又可分为:①单桩竖向抗压静载试验;②单桩竖向抗拔静载试验;③单桩水平静载试验和水平反复载荷试验。

基桩高应变动力检测的目的:①判定单桩竖向抗压承载力是否满足设计要求;②检测及判定桩身完整性;③分析桩侧和桩端土阻力;④预制桩打桩监测。

根据以上检测目的,高应变法可分为预制桩施工监测与基桩成桩质量检测。一般高应变检测适用符合"一维均质杆件"假定的混凝土桩,承载力检测应具有现场实测经验和本地区相近条件下的可靠动静对比资料。根据单桩承力判定方法可分为 CASE 法与曲线拟合法。

基桩的静载试验是指在桩顶部逐级施加竖向压力、竖向上拔力或水平推力,观测桩顶部随时间产生的沉降,上拔位移或水平位移,以确定相应的单桩竖向抗压承载力、单桩竖向抗拔力或单桩水平承载力的试验方法。其操作与地基静载类似,可以参照相关规范执行,这里主要对基桩动力测试和钻芯法作简要介绍。

3.5.2　低应变检测

基桩低应变动测是通过对桩顶施加激振能量,引起桩身及周围土体的微幅振动,用仪表记录桩顶的速度与加速度,利用波动理论对记录结果加以分析,目的是判断桩身完整性,预估基桩承载力,具有快速、经济等特点。反射波法是目前应用最普通、最常用的一种方法。

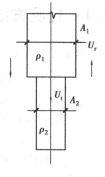

图 3.23　应力波在界面中的传播

1) 反射波法测定桩身质量的基本原理

根据一维波在直杆中的传播规律,桩顶受一瞬时锤击力,压力波以波速 c 向桩底传播,如果遇到桩身阻抗发生变化,波的传播规律类似波在变截面杆中的传播规律,如图 3.23 所示,图中下标 i、r、t 分别表示入射、反射与透射。反射波系数 R_r、透射波系数 R_t 为:

$$R_r = \frac{U_r \uparrow}{U_i \uparrow} = \frac{Z_1 - Z_2}{Z_1 + Z_2} = \frac{n-1}{n+1} \qquad (3.24a)$$

$$R_t = \frac{U_t \uparrow}{U_i \uparrow} = \frac{2Z_2}{Z_1 + Z_2} = \frac{2}{n+1} \qquad (3.24b)$$

$$Z = A\rho c \qquad (3.24c)$$

$$n = \frac{Z_1}{Z_2} = \frac{A_1\rho_1 c_1}{A_2\rho_2 c_2} \tag{3.24d}$$

式中 Z——阻抗;

n——阻抗比;

ρ,A——桩的密度与截面积;

c——波速。

由式(3.24)可知:

①当 $n=1$ 时,$R_r=0$。说明界面不存在阻抗不同或截面不同的材料,无反射波存在。

②当 $n>1$ 时,$Z_1>Z_2$,$R_r>0$,反射波和入射波同号,说明界面是由高阻抗硬材料进入低阻抗软材料或大截面进入小截面。

③当 $n<1$ 时,$Z_1<Z_2$,$R_r<0$,反射波和入射波反号,说明界面是由低阻抗软材料进入高阻抗硬材料或小截面进入大截面。

以上3种情况的讨论表明,根据反射波的相位与入射波相位的关系,可以判别界面波阻抗的性质,这是反射波动测法判别桩身质量的依据。

2)试验方法和设备

反射波法(也称为应力波反射法)的现场测试如图3.24所示。对完整的测试分析过程可以描述如下:用手锤(或力棒)在桩头施加一瞬态冲击力 $F(t)$,激发的应力波沿桩身传播,同时利用设置在桩顶的加速度传感器或速度传感器接收初始信号和由桩阻抗变化的截面或桩底产生的反射信号,经信号处理仪器滤波、放大后传至计算机得到时程曲线(称为波形),最后分析者利用分析软件对所记录的带有桩身质量信息的波形进行处理和分析,并结合有关地质资料和施工记录作出对桩的完整性的判断。

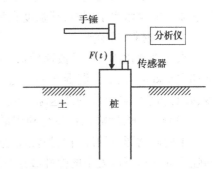

图 3.24 反射波法的现场测试示意图

反射波法使用的设备包括激振设备(手锤或力棒)、信号采集设备(加速度传感器或速度传感器)和信号采集分析仪。

激振设备的作用是产生振动信号。手锤产生的信号频率较高,可用于检测短、小桩或桩身的浅部缺陷;力棒的质量和棒头可调,增加力棒的质量和使用软质棒头(如尼龙、橡胶)可产生低频信号,可用于检测长、大桩和测试桩底信号。激振的部位宜位于桩的中心,但对于大桩也可变换位置以确定缺陷的平面位置。激振的地点应打磨平整,以消除桩顶杂波的影响。另外,力棒激振时应保持棒身竖直,手锤激振时锤底面要平,以保持力的作用线竖直。

采集信号的传感器一般用黄油或凡士林粘贴在桩顶距桩中心2/3半径处(注意避开钢筋笼的影响)的平整处。粘贴处若欠平整,则要用砂轮磨平。粘贴剂不可太厚,但要保证传感器粘贴牢靠且不要直接与桩顶接触。需要时可变换传感器的位置或同时安装两只传感器。

信号采集分析仪用于测试过程的控制,反射信号的过滤、放大、分析和输出。测试过程中应注意连线应牢固可靠,线路全部连接好后才能开机。仪器一般配有操作手册,应严格遵循。

3)弹性波在传播过程中的衰减

弹性波在混凝土介质内传播的过程中,其峰值不断衰减,引起弹性波峰值衰减的原因很多,主要是：

（1）几何扩散

波阵面在混凝土中不论以什么形式（球面波、柱面波或平面波）传播，均将随距离增加而逐渐扩大，单位面积上的能量则愈来愈小。若不考虑波在介质中的能量损耗，由波动理论可知，在距振源较近时，球面波的位移和速度与 $1/R^2$ 成正比变化，而应变、径向应力则与 $1/R^3$ 成正比；柱面波 d 的位移和速度与 $1/R$ 成正比，而应变、径向应力则与 $1/R^2$ 成正比。在距振源较远时，球面波波阵面处的径向应力、质点速度与 $1/R$ 成正比，而柱面波的相应量随 $1/R^{0.5}$ 而衰减。

（2）吸收衰减

由于固体材料的黏滞性及颗粒之间的摩擦以及弥散效应等，使振动的能量转化为其他能量，导致弹性波能量衰减。

（3）桩身完整性的影响

由于桩身含有程度不等和大小不一的缺陷，如裂隙、孔洞、夹层等，造成物性上的不连续性、不均匀性，导致波动能量更大的衰减。

4）混凝土的强度及其弹性波速

混凝土是由水泥、砂、碎石组成的混合材料。当原材料、配合比、制作工艺、养护条件、龄期和混凝土的含水率不同时，其强度和弹性波速均不一样。影响波速的主要因素有以下方面：

（1）原材料的影响

水泥浆硬化体的弹性波速较低，一般在 4 km/s 以下；常用的砂和碎石的弹性波速较高，通常都在 5 km/s 以上。混凝土是水泥浆胶结砂和碎石而成，因此它的强度和弹性波速实际上是砂、碎石和水泥硬化体的波速综合值。一般混凝土中的波速多在 3 000～4 500 m/s 的范围内。

（2）碎石的矿物成分、粒径和用量的影响

不同矿物形成的碎石的弹性波速是不同的。在混凝土中，石子的粒径越大、用量越多，在相同强度的前提下混凝土的弹性波速越高。

（3）养护方式的影响

根据室内试验的结果，混凝土的强度和弹性波波速之间有较好的相关性。下述公式可供参考。

$$\sigma_c = 4.18e^{0.49C} \tag{3.25}$$

式中　　σ_c——混凝土的标准抗压强度，MPa；

　　　　C——混凝土的纵波波速，km/s。

上式的统计样本容量 $n = 30$，相关系数 $\gamma = 0.986\ 9$。

3.5.3　高应变检测

高应变动力检测是用重锤给桩顶一竖向冲击荷载，在桩两侧距桩顶一定距离对称安装力和加速度传感器，量测力和桩、土系统响应信号，从而计算分析桩身结构完整性和单桩承载力。

高应变动力试桩作用的桩顶力接近桩的实际应力水平，桩身应变相当于工程桩应变水平，冲击力的作用使桩、土之间产生相对位移，从而使桩侧摩阻力充分发挥，端阻力也相应被激发，因而测量信号含有承载力信息。

高应变动力试桩作用的桩顶力是瞬间力，荷载作用时间 20 ms 左右，因而使桩体产生显著的加速度和惯性力。动态响应信号不仅反映桩土特性(承载力),而且和动荷载作用强度、频谱成分和持续时间密切相关。

1) 高应变动力测桩的基本原理

把桩看成一维弹性杆,则可运用波动的基本理论对桩的运动进行分析。在外力(使桩能产生一定位移的大应变力)作用下,桩的一维波动方程可以用如下的二阶偏微分方程来描述:

$$\frac{\partial^2 u}{\partial t^2} - C^2 \frac{\partial^2 u}{\partial x^2} = 0 \tag{3.26}$$

式中　x——纵坐标(沿桩身长度);

　　　t——时间;

　　　u——桩身截面的轴向位移;

　　　C——应力波在桩身中的传播速度,$C = \sqrt{\dfrac{E}{\rho}}$,$E$ 和 ρ 分别为桩身材料的弹性模量和质量密度。

在应力波的作用下,桩身产生运动,其质点的运动速度 v 取决于应力大小和材料性质,其表达式为:

$$v = \frac{\sigma}{\rho C} \tag{3.27}$$

等式两边乘以桩身截面积 A 并稍加变换为

$$\left|\frac{P}{C}\right| = \rho CA = \frac{EA}{C} = Z \tag{3.28}$$

式中　σ——桩身质点应力;

　　　A——桩截面积;

　　　E——材料的弹性模量;

　　　ρ——材料的质量密度;

　　　P——桩身某一截面所受的力;

　　　Z——桩身截面处阻抗。

式(3.26)的通解,可以用上行波函数 g 和下行波函数 f 的形式表示:

$$u(x,t) = f(x - ct) + g(x + ct) \tag{3.29}$$

对于匀质、等截面的桩,桩身力学阻抗可看作一个常量。在下行波作用下,桩身某截面处所受的力和速度是同方向变化的;而在上行波作用下,该截面所受的力和速度是反方向变化的。

一方面,当桩的截面发生变化时,其力学阻抗也发生变化。在阻抗变化的界面,应力波将产生反射和透射。即桩身力学阻抗变化对应力波的影响。

透射波与原入射波性质一致(即拉力渡、压力波保持不变),幅值为原入射波的 $2Z_2/(Z_1 + Z_2)$ 倍。反射波的性质由 $Z_2 - Z_1$ 的值定。当入射波由阻抗较大处进入阻抗较小处时,$Z_2 - Z_1$ 为负值,反射波变号(拉力波变压力波,压力波变拉力波);当入射波由阻抗较小处进入阻抗较大处时,$Z_2 - Z_1$ 为正值,反射波不变号。其幅值为 $|(Z_2 - Z_1)/(Z_1 + Z_2)|$ 倍。

另一方面,桩身侧阻力、端阻力对应力波也有影响。设桩身某一区段的侧面,有一向上的阻力 $R(i)$,可将其分解成向上的压力波和向下的拉力波,两者值相等,均为 $R(i)/2$。

当上行波或下行波在通过摩擦阻力 $R(i)$ 作用的截面时,其幅值各增减 $R(i)/2$。该阻力的上行分量使实测监线 P、v 上下偏离,且在桩整个受力过程中呈现。而下行分量将不断和下行波的压力波叠加,并使压力波逐渐减弱。当然,桩端阻力对应力波也有很大影响,这里不再说明。

在高应变动测时,实测的力和速度监线将全面反映岩土对桩的阻力作用和桩身力学阻抗的变化。因此,可以通过拟合、分析把这两种变化定量地表示出来。这就是高应变动力测桩方法能确定桩的承载能力和桩身完整性质量的基本原理。

2)高应变动力测桩的应用

(1)单桩承载力的确定

高应变动测法是根据岩土的极限阻力分布来推断单桩极限承载力的。目前,高应变动测确定单桩承载力主要有两个方法:凯斯(Case)波动法和实测曲线拟合(Capwapc)法。

①Case 法:Case 法是一种简化的计算单桩极限承载力的方法。即

$$R_a = R_T - R_d = R_T - J_c[ZV_m(t_1) + P_m(t_1) - R_T] \tag{3.30}$$

或

$$R_s = (1 - J_c)[P_m(t_1) + ZV_m(t_1)] + (1 + J_c)[P_m(t_2) - ZV_m(t_2)] \tag{3.31}$$

式中　R_T——桩受到的总阻力;

　　　R_a——土的静阻力;

　　　R_d——土的动阻力;

　　　J_c——桩端阻尼系数;

　　　$P_m(t_1)$,$V_m(t_1)$,$P_m(t_2)$,$V_m(t_2)$——t_1,t_2 时刻的力值和速度值;

　　　Z——力学阻抗。

Case 法的基本假定是桩身截面没有变化,应力波在传播过程中没有能量耗散和信号畸变,桩周土的动阻力忽略不计,桩底土的动阻力与桩端的运动速度成正比。即 $R_d = J_c ZV_m$,J_c 为比例常数,无量纲,往往根据经验选定。所以 Case 是一个半经验的方法。它的优点是简明快速,可以在锤击的同时计算出承载力值,因此非常适合对打入桩打入过程中的质量控制和对打桩设备性能的测定。它的缺点是选择 J_c 有一定的随意性,在计算时仅用到检测曲线的几个特征值,有一定的误差,特别是对于灌注桩,误差较大。

②Capwapc 法:它的做法是把桩分成有限个单元,对每一单元的桩、土各种参效(如桩身阻抗、弹性模量、阻力、阻尼、Quake 值等)进行设定,再以实测的信号(力、速度)作为边界条件进行波动分析,求出波动方程的解,得到第一次的拟合计算结果。然后根据计算结果和实测信号的差异,调整桩土参数,继续进行拟台计算,直至拟合曲线与实测曲线的符合程度达到最佳状态为止。这时可以认为,最终选定的参数,就是桩、土的实际参数。

Capwapc 法一般需进行数十次甚至数百次的反复比较、迭代,以使拟合质量系数(MQ)达到最小。拟合过程中受人为影响较小,所求得的土阻力值也更精确、更符合实际工程情况。因此,单桩承载力的确定,要尽量采用 Capwapc 法,这对于现场浇注的灌注桩甚至是必需的。其缺点是,拟合分析速度较慢,对操作人员的要求也较高。

因此,对于以确定单桩极限承载力为目的的高应变检测(包括前期试桩和工程抽样桩),都应采用实测曲线拟合法,而不应是凯斯法。

(2)桩身完整性检验

桩身完整质量的检测,一般可通过低应变动锏方法解决。但是,低应变动测时能量太小,当桩的长细比较大、桩周土、桩端土阻力较大时,往往不易得到清晰的检测信号。而高应变动测的冲击能量足够大,足以得到桩底的明确信息。另一方面,高应变动测在实测曲线的拟合分析过

程中,将得到桩身变截面处的实际阻抗变化,因而还可通过所谓截面完整性系数 β 定性地确定桩的缺陷程度。一般定义:

$$\beta = \frac{Z_1}{Z_2} = \frac{\rho_2 C_2 A_2}{\rho_2 C_2 A_2}$$

β 为截面完整性系数。β 值的大小由截面上下的材料密度、波速、截面积的比值决定。β 的大小客观地反映桩身的缺陷情况。表 3.10 为美国 ASTM 标准(1989 年)建议的 β 值和桩身缺陷程度的关系。

缺陷位置由波从缺陷处反射回桩顶的时间计算。

表 3.10　β 值与桩身缺陷程度的关系

β	截面的破损程度
1.0	均质截面
0.8 ~ 1.0	轻微缺损
0.6 ~ 0.8	严重缺损
<0.6	断　桩

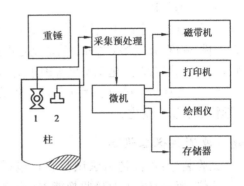

图 3.25　高应变动测系统示意图
1—力传感器　2—加速度传感器

3)高应变动力测桩方法

高应变动力测桩采用的仪器由传感器、采集及预处理、信号分析计算、输出 4 部分组成,如图 3.25 所示。

高应变动测时一般采用工具式应变传感器来测力,用内装放大式压电加速度计来测加速度。应变传感器和加速度传感器各采用两个,在桩头两侧对称安装,以尽量消除锤击偏心造成的影响。传感器距桩顶位置一般为 1.5 ~ 2 倍桩径的距离。选择合适的重锤、锤架并正确安放,保证重锤能不受阻碍地以自由落体的方式打击桩顶正中。启动仪器进入采集信号状态,对传感器进行标定并设置好传感器灵敏度,使仪器处于等待触发状态,然后开始试验。在重锤打击桩顶的同时,仪器将显示实测的力、速度波形曲线。正常的力、速度曲线在起始部分应是基本重合的,并应能明显地看到桩底信号的反射。如不是这样,应停止试验并仔细检查传感器仪器的工况。除了正在施工的打入桩之外,最好调动足够大的能量,"一锤定音",使桩产生足够的贯入度。

3.5.4　超声法测桩

超声波(简称声波)透射法测试是弹性波测试方法的一种,其理论基础建立在固体介质中弹性波的传播理论上,以人工激振的方法向介质(岩石、岩体、混凝土构筑物)发射声波,在一定的空间距离上接收介质物理物性调制的声波,通过观测和分析声波在不同介质中的传播速度、振幅、频率等声学参数,解决一系列岩土工程中的有关问题。

1)超声波测桩的基本原理

声波在桩体混凝土中的传播特性反映了混凝土材料的结构、密度及应力应变关系。根据波动理论,跨孔对穿测试其弹性波的波速可近似为:

$$V_P = \sqrt{\frac{E(1-\mu)}{\rho(1+\mu)(1-2\mu)}} \tag{3.32}$$

式中　E——介质的动态弹性模量;

　　　ρ——密度;

　　　μ——泊桑比。

声波在桩体混凝土中的传播参数(声时、声速、波幅、频率等)与混凝土介质的物理力学指标(动弹模、密度、强度等)之间的关系就是声波透射法检测的理论依据。当混凝土介质的构成材料、均匀度、养护方法、施工条件等因素基本一致时,声波在桩体传播中运动学特征和动力学特征一致;反之在施工中由于塌孔、离析、夹泥等现象出现,声波在传播中,必将在运动学特征和动力学特征上发生变化。

2)超声波测桩仪器设备

①试验装置:声波透射法试验装置包括超声检测仪、超声波发射及接收换能器(亦称探头)、预埋测管等,也有加上换能器标高控制绞车和数据处理计算机,如图3.26所示。

②超声检测仪的技术性能应符合下列规定:接收放大系统的频带宽度宜为 5 ~ 50 kHz,增益应大于100 dB,并带有 0 ~ 60(或80)dB 的衰减器,其分辨率应为 1 dB,衰减器的误差应小于 1 dB,其档间误差应小于 1%。发射系统应输出 250 ~ 1 000 V 的脉冲电压,其波形可为阶跃脉冲或矩形脉冲。显示系统应同时显示接收波形和声波传播时间,其显示时间范围宜大于 300 μs,计时精度应大于 1 μs,仪器必须稳定可行,2 h 中声时漂移不得大于 ±0.2 μs。

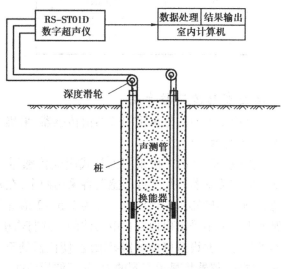

图 3.26　基桩超声波检测示意图

③换能器应采用柱状径向振动的换能器,将超声仪发出的电脉冲信号转换成机械振动信号,其共振频率宜为 25 ~ 50 kHz,外形为圆柱形,外径 ϕ30 mm,长度 200 mm。换能器宜装有前置放大器,前置放大器的频带宽度宜为 5 ~ 50 kHz。绝缘电阻应达 5 MΩ,其水密性应满足在 1 MPa 水压下不漏水。桩径较大时,宜采用增压式柱状探头。

④声测管是声波透射法检测装置的重要组成部分,宜采用钢管、塑料管或钢质波纹管,其内径宜为 50 ~ 60 mm。

3)超声波测桩方法

按照声波换能器通道在桩体中不同的布置方式,声波透射法检测混凝土灌注桩,可分为以下 3 种方式。

（1）桩内跨孔声波透射法

首先在桩内预埋两根或两根以上的声测管,将发射、接收换能器分别置于两个声测管中,如图 3.27(a)所示。检测时声波由发射换能器发出穿过两根声测管间的混凝土后被接收换能器接收,实际有效的声测范围为声波脉冲从发射换能器到接收换能器所覆盖的面积。根据两换能器高程的变化又有平测、斜测、扇形扫测等方式。

当采用钻芯法检测大直径灌注桩桩身完整性时,可能有两个以上的钻芯孔。如果我们需要进一步了解两钻孔之间桩身混凝土质量,也可以将钻芯孔作为收、发换能器通道进行跨孔声波透射法检测。

（2）桩内单孔折射波法

在某些特殊情况下只有一个孔道可供检测使用,例如钻孔取芯后,我们需要进一步了解芯样周围混凝土质量,作为钻芯检测的补充手段,这时可以采用单孔检测法,如图 3.27(b)所示。此时,换能器置于一个孔中,换能器间用隔声材料(或采用专用的一发双收换能器)。声波从发射换能器发出经耦合水进入孔壁混凝土表层,并沿混凝土表层滑行一段距离后,再经耦合水到达两个接收换能器上,从而测出声波沿孔壁混凝土传播的各项声学参数。

采用单孔折射波法检测,其声波传播路径较跨孔法复杂得多,须采用信号分析技术,当孔道中有钢质或其他套管时,不能采用此种方法。

单孔测试时,有效检测范围一般认为在一个波长左右(8～10 cm)。

（3）桩外跨孔声波透射法

当桩的上部结构已施工或桩内没有换能器通道时,可在桩外紧贴桩边的土层中钻一孔道作为检测通道,由于声波在土中衰减很快,因此桩外孔应尽量靠近桩身。检测时在桩顶面放置一发射功率较大的发射换能器,接收换能器从桩外孔中自上而下慢慢放下,声波沿桩身混凝土向下传播,并穿过桩与混凝土之间的土层,通过孔中耦合水进入接收换能器,逐点测出透射声波的声学参数。当遇到断桩或夹层时,该处以下各点声时明显增大,波幅急剧下降,以此为判断依据,如图 3.27(c)所示。这种方法受仪器发射功率的限制,可测桩长十分有限,且只能判断夹层、断桩、缩径等缺陷,且因灌注桩桩身剖面结合形状不规则,给测试和分析带来困难。

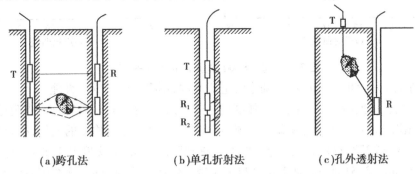

(a)跨孔法　　　　　(b)单孔折射法　　　　　(c)孔外透射法

图 3.27　超声波测桩方法

以上 3 种方法中,桩内跨孔超声波透射法是一种较为成熟可靠的方法,是声波透射法检测灌注桩混凝土质量的最主要的方法,另外两种方式在检测过程的实施、数据分析上均存在不少困难,检测方法的实用性及检测数据的可靠性均较低。

基于上述原因,铁路工程基桩检测技术规程将声波透射法的适用范围规定为适用于已埋声测管的混凝土灌注桩桩身完整性检测,即适用于桩内声波跨孔透射法检测桩身完整性。

4)测试数据处理及缺陷判定

测试数据的分析处理及缺陷判定严格按照《中华人民共和国行业标准基桩低应变动力检测规程》(JGJ/T 93—95)的相关规定进行,即根据声时曲线、K-Δt 曲线和声幅曲线等 3 条曲线来判定缺陷的部位和大小。

声波波形能直观反映某测点混凝土是否有缺陷。用反射波法评价基桩完整性时,可按波形好坏直接判断某桩是否有缺陷、是否有严重缺陷。同理,在声波透射法检测过程中,检测人员检测时面对单一测点的波形,而后根据波形才确定声时值和声幅值,若桩基混凝土是均质的,声波波形有两头小、中间大、同频率等特征(见图 3.28);若声波经过缺陷处,波形就会明显变化,缺陷特别严重时表现在波形上为声幅很低,首波不易确认,频率变小且同一波形中有不同频率成分,比较容易直接判断(见图 3.29)。

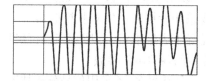
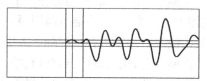

图 3.28 完好波标准波形　　　　**图 3.29 缺陷波波形图**

在检测时,声时、声幅和波形 3 种曲线常出现后面 3 种情况:①某一测点声时超判据,而声幅未超判据,且波形完好;②声时未超判据,声幅超判据,波形除首波外其他正常;③声时未超判据,声幅未超判据,波形不正常(整个波形幅值较低)。下面对这 3 种情况进行分析。

第①种情况表示该处混凝土仍为均质的,混凝土强度略有变小,若声时超标不大(比正常的声时差 $10 \sim 20$ μs)且在一两个加密点出现,缺陷不影响桩的安全性能;或者因为测管弯曲,在测管拐点处数据超出判据,就不应该判定混凝土有缺陷。如图 3.30 所示,此测线声时超标处无缺陷。

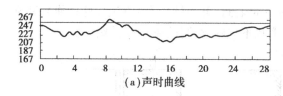
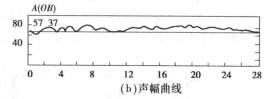

(a)声时曲线　　　　　　　　　　(b)声幅曲线

图 3.30 某 AB 测线的声时和声幅曲线图

第②种情况表示该混凝土局部有细小气泡或空洞,不影响桩的安全性能。

第③种情况表示换能器位于混凝土强度变化的界面处,往往预示着在该测点附近可能有更大形式的缺陷出现。某桩基工程从 $268 \sim 280$ 号桩连续 7 个加密点检测的波形,第 268 号和 280 号波形是完好波,第 272、274、276 点的波形为严重缺陷的波形,而 270 和 278 号为混凝土质量渐变处的波形,如图 3.31 所示,第 270 号与 278 号波形高差为 40 mm,该图同时说明了桩体内的缺陷大多为渐变的,相邻测点的波形图也是渐变的。

在桩检测过程中,当缺陷范围较大且桩身长度较短时,此缺陷处测线声时也不会超标;当测管弯曲时,测距越来越小,缺陷处的声时有可能比测距较大处的声时小得多,因此在此处测线有可能不会超标,但仍需判为缺陷。因此,在检测过程中不能根据某单一指标来判定,而应综合各个指标来分析是否有缺陷、缺陷范围及其程度。

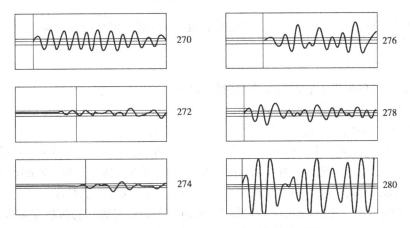

图 3.31　某缺陷附近连续 6 个测点的波形图

3.5.5　抽芯检测

钻芯法是从桩身混凝土中钻取芯样,以测定桩身混凝土的质量和强度,具有施工周期短、对桩破坏小、取得资料全面可靠、经济效果好以及发现问题便于采取补救措施等优点。由于此法比较直观,它不仅能通过取芯观测混凝土的灌注质量、配合比,砂、石、水泥拌和均匀度,核实灌注桩桩长,而且能正确判断和检查桩底沉渣厚度、缩颈、夹泥、混凝土与桩底基岩状况。若钻孔穿过桩底适当深度,还可进一步查明桩端持力层的情况,检验持力层下面是否有软弱夹层,还可探查扩底桩扩大端的实际直径等数据是否符合设计要求。

1)仪器设备要求

钻取芯样宜采用液压操纵的钻机。钻机设备参数:额定最高转速≥790 转/min、调速≥4 挡,额定配用压力≥1.5 MPa。常用的钻机有 XY—1、XY—2 或 XU—100、XU—300—2 立轴回转式液压钻机单动双管钻具、钻杆直径宜为 50 mm。

应根据混凝土设计强度等级选择金刚石钻头,外径不宜小于 100 mm;经济合理考虑,优先选用 101 和 110 mm;商品混凝土,骨料最大粒径小于 30 mm,可选 91 mm;不检测混凝土强度,可选 76 mm。注意:芯样试件直径不宜小于骨料最大粒径的 3 倍,任何情况下不得小于 2 倍。

采用清水冲洗,适当掺加冲洗液。水泵的排水量应为 50～160 L/min,泵压为 1.0～2.0 MPa。冲洗液作用是清洗孔底,洗去携带和悬浮的岩粉,冷却钻头,润滑钻头和钻具,保护孔壁。

锯切芯样试件用的锯切机应具有冷却系统和牢固夹紧芯样的装置,配套使用的金刚石圆锯片应有足够刚度。芯样试件端面的补平器和磨平机应满足芯样制作的要求。

2)现场检测要点

(1)钻芯孔数和钻孔位置的规定

①桩径 <1.2 m 取 1 孔,1.2～1.6 m 取 2 孔,>1.6 m 取 3 孔。

②单孔在中心偏 10～15 cm 开孔,两孔或以上在中心偏 0.15～0.25D 对称开孔。

③考虑导管附近的混凝土质量相对较差,不具有代表性。

④方便第二个孔的位置布置。

⑤桩底持力层至少钻 1 孔,深度对于嵌岩桩应为 3 倍桩径。

⑥钻芯孔垂直度偏差≤0.5%,孔口管应垂直且牢固;基桩垂直度偏差≤1%,若有争议,可进行钻孔测斜。

（2）金刚石钻进技术参数

①钻头压力:根据混凝土芯样的强度与胶结好坏而定。

②转速:回次初转速宜为100 r/min左右。

③冲洗液量:宜采用清水钻进,冲洗液量一般按钻头大小而定。

④每回次进尺宜控制在1.5 m内。遇中、微风化岩石时,可将桩底0.5 m左右的混凝土芯样、0.5 m左右的持力层以及沉渣纳入同一回次检测桩底沉渣或虚土厚度,应采用减压、慢速钻进,若遇钻具突降,应即停钻,及时测量机上余尺,准确记录孔深及有关情况。

⑤持力层为强风化岩层或土层时,可采用合金钢钻头干钻等适宜的钻芯方法和工艺钻取沉渣并测定沉渣厚度;对中、微风化岩的桩底持力层,可直接钻取岩芯鉴别;对强风化岩层或土层,可采用动力触探、标准贯入试验等方法鉴别。试验宜在距桩底50 cm内进行。

⑥严禁敲打卸芯。芯样取出后,应由上而下按回次顺序放进芯样箱中,芯样侧面上应清晰标明回次数、块号、本回次总块数;对芯样和标有工程名称、桩号、孔号、芯样试件采取位置、桩长、孔深、检测单位名称的标示牌进行拍照。

⑦采用0.5~1.0 MPa压力,水泥浆回灌封闭

⑧对桩身混凝土芯样的描述包括混凝土钻进深度,芯样连续性、完整性、胶结情况、表面光滑情况、断口吻合程度,混凝土芯是否为柱状,骨料大小分布情况,气孔、蜂窝麻面、沟槽、破碎、夹泥、松散的情况,以及取样编号和取样位置。

⑨对持力层的描述包括持力层钻进深度、岩土名称、芯样颜色、结构构造、裂隙发育程度、坚硬程度及风化程度,以及取样编号和取样位置,或动力触探、标准贯入试验的位置和结果。分层岩层应分别描述。

⑩应先拍彩色照片,后截取芯样试件。

3）芯样试件截取、加工和试验要点

（1）试件截取要点

①当桩长为10~30 m时,每孔截取3组芯样;当桩长小于10 m时,可取2组;当桩长大于30 m时,不少于4组。

②上部芯样位置距桩顶设计标高不宜大于1倍桩径或1 m,下部芯样位置距桩底不宜大于1倍桩径或1 m,中间芯样宜等间距截取。

③缺陷位置能取样时,应截取一组芯样进行混凝土抗压试验。

④如果同一基桩的钻芯孔数大于一个,其中一孔在某深度存在缺陷时,应在其他孔的该深度处截取芯样进行混凝土抗压试验。

⑤当桩底持力层为中、微风化岩层且岩芯可制作成试件时,应在接近桩底部位截取一组岩石芯样。

（2）试件加工要点

①应采用双面锯切机加工芯样试件,锯切过程中应淋水冷却金刚石圆锯片。

②芯样补平,水泥砂浆（或水泥净浆）厚度不宜大于5 mm,硫磺胶泥（或硫磺）不宜大于1.5 mm。

③芯样试件的几何尺寸测量:芯样高度、平均直径、垂直度、平整度。

④试件不得试验:裂缝或有其他较大缺陷、含有钢筋、试件尺寸偏差超过以下限值:高度小于 $0.95d$ 或大于 $1.05d$;直径相差达 2 mm 以上;不平整度在 100 mm 长度内超过 0.1 mm;不垂直度超过 2°;直径小于 2 倍表观粗骨料最大粒径。

(3)试件抗压强度试验要点

制作完毕可立即进行试验,抗压强度试验应按现行国家标准《普通混凝土力学性能试验方法》(GB/T 50081—2002)的有关规定执行。

若发现芯样平均直径小于 2 倍粗骨料最大粒径,且强度值异常,不参与评定;混凝土芯样试件抗压强度计算,折算系数取 1.0。

$$f_{cu} = \zeta \frac{4P}{\pi d^2} \tag{3.33}$$

桩底岩芯单轴抗压强度试验可按现行国家标准《建筑地基基础设计规范》(GB 50007—2002)附录 J 执行。

4)桩基钻芯成桩质量评定

成桩质量评价应结合钻芯孔数、现场混凝土特征、芯样单轴抗压强度试验结果按表 3.11 和表 3.12 的特征进行综合判定。当出现下列情况之一时应判定该桩不满足设计要求:

①桩身完整性类别为Ⅳ类。

②受检桩混凝土芯样试件抗压强度代表值小于混凝土设计强度等级。

③桩长、桩底沉渣厚度不满足设计或规范要求。

④桩底持力层岩土性状(强度)或厚度未达到设计或规范要求。

表 3.11　桩身完整性分类表

桩身完整性类别	分类原则
Ⅰ	桩身完整
Ⅱ	桩身有轻微缺陷,不会影响桩身结构承载力的正常发挥
Ⅲ	桩身有明显缺陷,对桩身结构承载力有影响
Ⅳ	桩身存在严重缺陷

表 3.12　桩身完整性判定

类别	特　征
Ⅰ	混凝土芯样连续、完整、表面光滑、胶结好、骨料分布均匀、呈长柱状、断口吻合,混凝土芯样侧面仅见少量气孔
Ⅱ	混凝土芯样连续、完整、胶结较好、骨料分布基本均匀、呈柱状、断口基本吻合,混凝土芯样侧面局部见蜂窝麻面、沟槽
Ⅲ	大部分混凝土芯样胶结较好,无松散、夹泥或分层现象,但有下列情况之一:局部混凝土芯样破碎且破碎长度不大于 10 cm;混凝土芯样骨料分布不均匀;混凝土芯样多呈短柱状或块状;混凝土芯样侧面蜂窝麻面、沟槽连续
Ⅳ	有下列情况之一:桩身混凝土钻进很困难;混凝土芯样任一段松散、夹泥或分层;局部混凝土芯样破碎且破碎长度大于 10 cm

用钻孔取芯法检测桩身质量,其优点突出。但该法取样部位有局限性,只能反映钻孔范围内的小部分混凝土质量,存在较大的盲区,容易以点代面造成误判或漏判。钻芯法对查明大面积的混凝土疏松、离析、夹泥、孔洞等比较有效,而对局部缺陷和水平裂缝等判断就不一定十分准确。另外,钻芯法还存在设备庞大、费工费时、价格昂贵这些缺点。因此钻芯法不宜用于大批量检测,而只能用于抽样检查,或作为对无损检测结果的验证手段。实践经验表明,采用钻芯法与超声法联合检测、综合判定的方法评定大直径灌注桩的质量是十分有效的。

本章小结

本章介绍了常用的土体原位测试技术,即:静力载荷试验、静力触探试验、动力触探试验、标准贯入试验等,主要介绍了原位测试技术的工作原理、仪器设备、试验方法、成果整理及影响试验成果的主要因素,并在此基础上结合实例,分析各种测试成果在工程实践中的应用。

应该说,岩土工程原位测试技术是岩土工程中发展最快和最具应用价值的领域,无论从科研和工程实践,都有很多的工作要做,是同学们可以展示动手能力和创新能力的一个平台。

思考题

3.1 为什么说地基静载荷试验是最直观可靠的地基测试方法?它的主要缺陷是什么?

3.2 在天然地基和复合地基上做静载荷试验时,应如何选取压板尺寸?

3.3 某建筑场地的地基土为较均匀的硬塑状粉质黏土,现采用面积为 $0.5\ m^2$ 的刚性圆形压板进行测试,所得 3 个试验点在各级荷载作用下的沉降观察数据如表所示。试绘出 3 个点的 p-s 曲线,并计算该场地的地基承载力特征值 f_{ak}。

荷载(kPa)	试验点沉降值(mm)		
	1#	2#	3#
0	0	0	0
50	1.27	1.15	1.32
100	2.61	2.42	2.66
150	3.84	3.78	3.91
200	5.12	5.09	5.42
250	6.58	6.31	7.03
300	11.78	9.27	12.11
350	19.25	15.33	21.75
400	28.42	25.10	40.44
450	45.31	41.87	—

3.4 静力触探的一般测试工作如何进行?

3.5 土层划分后如何用平均法求各土层的测试参数?

3.6 动力触探有哪几种类型,各适用于什么样的土层?标贯适用于什么样的地层条件?

3.7 动力触探的一般测试过程如何?怎样绘制动探的击数-深度关系曲线?

3.8 何谓桩的低应变动力测试法,其适用范围如何?

3.9 反射波法的测试过程和基本要求是什么?

3.10 CASE 法和反射波法各自的假设是什么?

3.11 动测法的优势何在,如何提高桩的动测质量?

3.12 简述抽芯检测的要点。

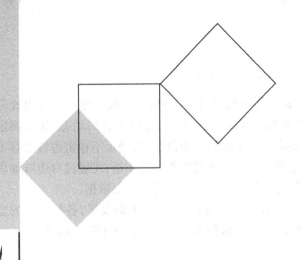

4 边坡工程施工监测

本章导读：

本章从介绍边坡工程监测工作的目的、重要性入手，详细讲解了边坡施工安全监测的监测内容、监测方法，部分仪器元件安装操作步骤，数据分析整理方法以及对边坡稳定性评价，并介绍了监测报告的编写内容要求。

● **基本要求** 了解边坡工程监测作用和监测报告的编写内容，掌握一般的监测内容、监测方法及其基本原理。

● **重点** 边坡监测的内容及其方法的掌握，边坡监测方案的编制内容要求。

● **难点** 变形、应力等监测数据的分析整理和边坡稳定性评价。

4.1 概 述

4.1.1 边坡工程监测的意义

从岩土力学的角度来看，边坡处治是通过某种结构人为给边坡岩土体施加一个外力作用或者通过人为改善原有边坡的环境，最终使其达到一定的力学平衡状态。但由于边坡内部岩土力学作用的复杂性，从地质勘察到处治设计均不可能完全考虑边坡内部的真实力学效应，我们的设计都是在很大程度的简化计算上进行的。为了反映边坡岩土真实力学效应、检验设计施工的可靠性和处治后的边坡的稳定状态，边坡工程防治监测具有极其重要的意义。

边坡处治监测的主要任务就是检验设计施工、确保安全，通过监测数据反演分析边坡的内部力学作用，同时积累丰富的资料作为其他边坡设计和施工的参考资料。边坡工程监测的作用在于:①为边坡设计提供必要的岩土工程和水文地质等技术资料;②边坡监测可获得更充分的地质资料(应用侧斜仪进行监测和无线边坡监测系统监测等)和边坡发展的动态,从而圈定可疑边坡的不稳定区段;③通过边坡监测,确定不稳定边坡的滑落模式,确定不稳定边坡滑移方向和速度,掌握边坡发展变化规律,为采取必要的防护措施提供重要的依据;④通过对边坡加固工程的监测,评价治理措施的质量和效果;⑤为边坡的稳定性分析提供重要依据。

边坡工程监测是边坡研究工作中的一项重要内容,随着科学技术的发展,各种先进的监测仪器设备、监测方法和监测手段的不断更新,使边坡监测工作的水平正在不断地提高。

4.1.2 边坡工程监测的内容与方法

边坡处治监测包括施工安全监测、处治效果监测和动态长期监测。一般以施工安全监测和处治效果监测为主。

施工安全监测是在施工期对边坡的位移、应力、地下水等进行监测,监测结果作为指导施工、反馈设计的重要依据,是实施信息化施工的重要内容。施工安全监测将对边坡体进行实时监控,以了解由于工程扰动等因素对边坡体的影响,及时地指导工程实施、调整工程部署、安排施工进度等。在进行施工安全监测时,测点布置在边坡体稳定性差或工程扰动大的部位,力求形成完整的剖面,采用多种手段互相验证和补充。边坡施工安全监测包括地面变形监测、地表裂缝监测、滑动深部位移监测、地下水位监测、孔隙水压力监测、地应力监测等内容。施工安全监测的数据采集原则上采用24 h自动实时观测方式进行,以使监测信息能及时地反映边坡体变形破坏特征,供有关方面作出决断。如果边坡稳定性好,工程扰动小,可采用8~24 h观测一次的方式进行。

边坡处治效果监测是检验边坡处治设计和施工效果、判断边坡处治后的稳定性的重要手段,通常结合施工安全和长期监测进行,以了解工程实施后边坡体的变化特征,如监测预应力锚索应力值的变化、抗滑桩的变形和土压力、排水系统的过流能力等,以直接了解工程实施效果,为工程的竣工验收提供科学依据。边坡处治效果监测时间长度一般要求不少于一年,数据采集时间间隔一般为7~10 d,在外界扰动较大时,如暴雨期间,可加密观测次数。

边坡长期监测将在防治工程竣工后,对边坡体进行动态跟踪,了解边坡体稳定性变化特征。长期监测主要对一类边坡防治工程进行。边坡长期监测一般沿边坡主剖面进行,监测点的布置少于施工安全监测和防治效果监测,监测内容主要包括滑带深部位移监测、地下水位监测和地面变形监测,数据采集时间间隔一般为10~15 d。

边坡监测的具体内容应考虑边坡的等级、地质及支护结构的特点:对于一类边坡防治工程,建立地表和深部相结合的综合立体监测网,并与长期监测相结合;对于二类边坡防治工程;在施工期间建立安全监测和防治效果监测点,同时建立以群测为主的长期监测点;对于三类边坡防治工程,建立群测为主的简易长期监测点。

边坡监测内容一般包括:地表大地变形监测、地表裂缝位错监测、地面倾斜监测、裂缝多点位移监测、边坡深部位移监测、地下水监测、孔隙水压力监测、边坡地应力监测等,见表4.1。

表 4.1　边坡工程监测项目表

监测项目	测试内容	测点布置	方法与工具
变形监测	地表大地变形、地表裂缝位错、边坡深部位移、支护结构变形	边坡表面、裂缝、滑带、支护结构顶部	经纬仪、全站仪、GPS、伸缩仪、位错计、钻孔倾斜仪、多点位移计、应变仪等
应力监测	边坡地应力、锚杆(索)拉力、支护结构应力	边坡内部、外锚头、锚杆主筋、结构应力最大处	压力传感器、锚索测力计、压力盒、钢筋计等
地下水监测	孔隙水压力、扬压力、动水压力、地下水水质、地下水、渗水与降雨关系以及降雨、洪水与时间关系	出水点、钻孔、滑体与滑面	孔隙水压力仪、抽水试验、水化学分析等

4.1.3　边坡工程监测方案与实施

　　边坡处治监测方案应综合施工、地质、测试等方面的要求,量测计划根据边坡地质地形条件、支护结构类型和参数、施工方法和其他有关条件,由设计人员制订完成。监测方案一般应包括下列内容:

　　①监测项目、方法及测点或测网的选定,测点位置、量测频率,量测仪器和元件的选定及其精度和率定方法,测点埋设时间等;

　　②量测数据的记录格式,表达量测结果的格式,量测精度确认的方法;

　　③量测数据的处理方法;

　　④量测数据的大致范围,作为异常判断的依据;

　　⑤从初期量测值预测最终量测值的方法,综合判断边坡稳定的依据;

　　⑥量测管理方法及异常情况对策;

　　⑦利用反馈信息修正设计的方法;

　　⑧传感器埋设设计;

　　⑨固定元件的结构设计和测试元件的附件设计;

　　⑩测网布置图,文字说明和监测设计说明书。

　　计划实施须解决如下 3 个关键问题:①获得满足精度要求和可信赖的监测信息;②正确进行边坡稳定性预测;③建立管理体制和相应管理基准,进行日常量测管理。

4.1.4　边坡工程监测的基本要求

　　边坡监测方法的确定、仪器的选择既要考虑到能反映边坡体的变形动态,同时必须考虑到仪器维护方便和节省投资。由于边坡所处的环境恶劣,对所选仪器应满足以下要求:

　　①仪器的可靠性和长期稳定性好;

　　②仪器有能与边坡体变形相适应的足够的量测精度;

③仪器对施工安全监测和防治效果监测精度和灵敏度较高;

④仪器在长期监测中具有防风、防雨、防潮、防震、防雷等与环境相适应的性能;

⑤所采用的监测仪器必须经过国家有关计量部门标定,并具有相应的质检报告。

相关的监测工作应遵循以下原则:

(1)边坡监测系统包括仪器埋设、数据采集、存储和传输、数据处理、预测预报等。

(2)边坡监测应采用先进的方法和技术,同时应与群测群防相结合。

(3)数据库、数据和图形处理系统、趋势预报模型、险情预警系统等。

(4)监测数据的采集尽可能采用自动化方式,数据处理须在计算机上进行。

(5)监测设计须提供边坡体险情预警标准,并在施工过程中逐步加以完善。监测方须以周报或月报依次定期向建设单位、监理方、设计方和施工方提交监测分析报告,必要时可提交实时监测数据。

4.2　边坡的变形监测

边坡岩土体的破坏,一般不是突然发生的,破坏前总是有相当长时间的变形发展期。通过对边坡岩土体的变形量测,不但可以预测预报边坡的失稳滑动,同时运用变形的动态变化规律检验边坡的处治设计的正确性。

边坡变形监测包括地表大地变形监测、地表裂缝位错位移监测、地面倾斜监测、裂缝多点位移监测、边坡深部位移监测等项目内容。对于实际工程应根据边坡具体情况设计位移监测项目和测点。

4.2.1　地表大地变形量测

地表大地变形监测是边坡监测中常用的方法。地表位移监测则是在稳定的地段测量标准(基准点),在被测量的地段上设置若干个监测点(观测标桩)或设置有传感器的监测点,用仪器定期监测测点和基准点的位移变化或用无线边坡监测系统进行监测。

地表位移监测通常应用的仪器有两类:一是大地测量(精度高的)仪器,如红外仪、经纬仪、水准仪、全站仪、GPS等,这类仪器只能定期的监测地表位移,不能连续监测地表位移变化。当地表明显出现裂隙及地表位移速度加快时,使用大地测量仪器定期测量显然满足不了工程需要,这时应采用能连续监测的设备,如全自动全天候的无线边坡监测系统等。二是专门用于边坡变形监测的设备,如裂缝计、钢带和标桩、地表位移伸长计和全自动无线边坡监测系统等。

测量的内容包括边坡体水平位移、垂直位移以及变化速率。点位误差要求不超过 $\pm2.6\sim5.4$ mm,水准测量每公里中误差 $\pm1.0\sim1.5$ mm。对于土质边坡,精度可适当降低,但要求水准测量每公里中误差不超过 ±3.0 mm。边坡地表变形观测通常可以采用十字交叉网法(见图4.1a),适用于滑体小、窄而长,滑动主轴位置明显的边坡;放射状网法(见图4.1b),适用于比较开阔、范围不大,在边坡两侧或上、下方有突出的山包能使测站通视全网的地形;任意观测网法(见图4.1c)所示,用于地形复杂的大型边坡。

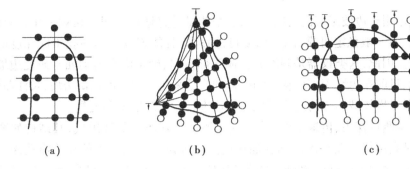

图 4.1　边坡表面位移观测网

4.2.2　边坡地表裂缝量测

边坡表面张性裂缝的出现和发展,往往是边坡岩土体即将失稳破坏的前兆讯号,因此这种裂缝一旦出现,必须对其进行监测。监测的内容包括裂缝的拉开速度和两端扩展情况,如果速度突然增大或裂缝外侧岩土体出现显著的垂直下降位移或转动,预示着边坡即将失稳破坏。

地表裂缝位错监测可采用伸缩仪、位错计或千分尺直接量测。测量精度 0.1～1.0 mm。对于规模小、性质简单的边坡。在裂缝两侧设桩(见图 4.2a)、设固定标尺(见图 4.2b)、在建筑物裂缝两侧砂浆贴片(见图 4.2c)或在地表刻槽观测(见图 4.2d)等方法,均可直接量得位移量。

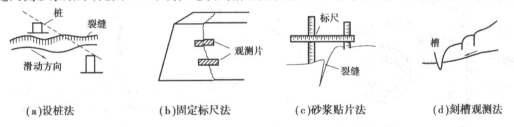

(a)设桩法　　　(b)固定标尺法　　　(c)砂浆贴片法　　　(d)刻槽观测法

图 4.2　裂缝简易观测装置示意图

对边坡位移的观测资料应及时进行整理和核对,并绘制边坡观测桩的升降高程、平面位移矢量图,作为分析的基本资料。从位移资料的分析和整理中可以判别或确定出边坡体上的局部移动、滑带变形、滑动周界等,并预测边坡的稳定性。

4.2.3　边坡深部位移量测

边坡深部位移监测是监测边坡体整体变形的重要方法,是指导防治工程的实施和效果检验的重要手段。边坡岩土体内部位移监测手段较多,目前国内使用较多的主要为钻孔引伸仪和钻孔倾斜仪两大类。

钻孔引伸仪(或钻孔多点伸长计)是一种传统的测定岩土体沿钻孔轴向移动的装置,它适用于位移较大的滑体监测,但仪器性能较稳定,价格便宜,但钻孔太深时不好安装,且孔内安装较复杂;其最大的缺点就是不能准确地确定滑动面的位置。

钻孔引伸仪根据埋设情况可分埋设式和移动式两种,根据位移仪测试表的不同又可分为机械式和电阻式。埋设式多点位移计安装在钻孔内以后就不再取出,由于埋设投资大,测量的点数有限,因此又出现了移动式。有关多点位移计的详细构造和安装使用可参阅有关书籍。

钻孔倾斜仪运用于边坡工程的时间不长,它是测量垂直钻孔内测点相对于孔底的位移(钻孔径向)。观测仪器一般稳定可靠,测量深度可达百米,且能连续测出钻孔不同深度的相对位移的大小和方向。因此,这类仪器是观测岩土体深部位移、确定潜在滑动面和研究边坡变形规律较理想的手段,目前在边坡深部位移量测中得到广泛采用。如大冶铁矿边坡、长江新滩滑坡、黄腊石滑坡、链子崖岩体破坏等均运用了此类仪器进行岩土深层位移观测。

钻孔倾斜仪由测量探头、传输电缆、读数仪及测量导管四大部件组成,其结构如图4.3所示,其工作原理是利用仪器探头内的伺服加速度测量埋设于岩土体内的导管沿孔深的斜率变化。由于它是自孔底向上逐点连续测量的,所以,任意两点之间斜率变化累积反映了这两点之间的相互水平变位。通过定期重复测量可提供岩土体变形的大小和方向。根据位移—深度关系曲线随时间的变化中可以很容易地找出滑动面的位置,同时对滑移的位移大小及速率进行估计。图4.4为一个典型的钻孔倾斜仪成果曲线,从图中可清楚地看到在深度10.0 m处变形加剧,可以断定该处就是滑动控制面。

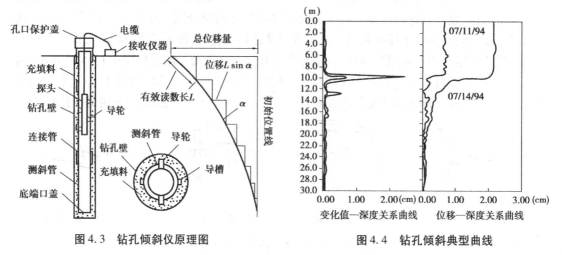

图4.3　钻孔倾斜仪原理图　　　　　图4.4　钻孔倾斜典型曲线

钻孔倾斜仪测量成功与否,很大程度上取决于导管的安装质量。导管的安装包括钻孔、导管的吊装以及回填灌浆。

钻孔是实施倾斜仪测量的必要条件,钻孔质量将直接影响到安装的质量和后续测量。因此,要求钻孔尽可能垂直并保持孔壁平整。如在岩土体内成孔困难时,可采用套管护孔。钻孔除应达到上述要求外,还必须穿过可能的滑动面,进入稳定的岩层内(因为钻孔内所有点的测量均是以孔底为参考点的,如果该点不是"不动点"将导致整个测量结果的较大误差),一般要求进入稳定岩体的深度不应小于5~6 m。

成孔后,应立即安装测斜导管,安装前应检验钻孔是否满足预定要求,尤其是在岩土体条件较差的地方更应如此防止钻孔内某些部位可能发生塌落或其他问题,导致测量导管不能达到预定的深度。测量导管一般是2~3 m一根的铝管或塑料管,在安装过程中,操作人员用接头管逐根铆接,并密封下放至孔底。当孔深较大时,为保证安装质量,应尽可能利用卷扬机吊装以保证导管能以匀速下放至孔底。整个操作过程比较简单,但往往会因操作人员疏忽大意而导致严重后果。在吊装过程中通常可能出现的问题有:

①由于导管本身的质量或运输过程中的挤压造成导管端部变形,使得两导管在接头管内不能对接(即相邻两导管紧靠)。粗心的操作人员往往会因对接困难而放弃努力,当一部分导管

进入接头管后就实施铆接、密封。这样做对深度不大的孔可能暂无严重后果，但当孔深很大时，铆钉可能会因承受过大的导管自重而被剪断（对于完全对接的导管铆钉是不承受较大剪力的）；另一隐患是由于没有完全对接，在导管内壁两导管间形成的凹槽可能会在以后测量时卡住测量探头上的导轮。应尽量避免这种情况发生，通常的办法是在地面逐根检查。

②由于操作不细心，密封不严，致使回填灌浆时浆液渗进导管堵塞导槽甚至整个钻孔。避免出现这一情况的唯一办法是熟练、负责地操作。

导管全部吊装完后，钻孔与导管外壁之间的空隙必须回填灌浆保证导管与周围岩体的变形一致，通常采用的办法是回填水泥砂浆。对于岩体完整性较好的钻孔，采用压力泵灌浆效果无疑是最佳的，但当岩体破碎、裂隙发育甚至与大裂隙或溶洞贯通时，可考虑使用无压灌浆，即利用浆液自重回填整个钻孔，但选择这种方法灌浆时应相当谨慎；首先要保证浆液流至孔底，检验浆液是否流至孔底或是否达到某个深度的办法是在这些特定位置预设一些检验装置（例如根据水位计原理设计的某些简易装置）。当实施无压灌浆浆液流失仍十分严重时，可考虑适当调整水泥稠度，甚至往孔内投放少许干砂做阻漏层直至回填灌满。

所有准备工作完成后，便可进行现场测试。由于钻孔倾斜仪资料的整理都是相对于一组初始测值来进行的，故初始值的建立相当重要。一般应在回填材料完全固结后读数，而且最好是进行多次读数以建立一组可靠的基准值。读数的方法是：对每对导槽进行正、反方向两次读数，以便检查每点读数的可靠性；当两次读数的绝对值相等时，应重新读数以消除可能因记录不准导致的误差。从仪器上直接读取的是一个电压信号，然后根据系统提供的转换关系得到各点的位移。逐点累加则可得到孔口表面处相对于孔底的位移。

在分析评价倾斜仪成果时，应综合地质资料，尤其是钻孔岩芯描述资料加以分析，如果位移—深度曲线上斜率突变处恰好与地质上的构造相吻合时，可认为该处即是滑坡的控制面，在分析位移随时间的变化规律时地下水位资料及降雨资料也是应加以考虑的。

测量位移与实际位移之间包含有一定的误差，误差的来源有两个：一是仪器本身的误差，这是用户无法消除的；另一就是资料的整理方法。在整理钻孔倾斜仪资料时，人为地做了两个假定：a.孔底是不动的；b.导管横断面上两对导槽的方位角沿深度是不变的，即导管沿孔深没有扭转。在大多数情况下这两个条件是很难严格满足的。虽然第一个条件有可能通过加大孔深来满足，但后一个条件往往很难满足，尤其是在钻孔很深时。有资料表明，由于厂家的生产精度和现场安装工艺等因素，铝管导管在钻孔内的扭转可达到 $1°/3$ m。也就是说，导槽沿深度构成的面实际上并非平面而是一个空间扭曲面，因此，测量得到的每个点的位移实际上并非同一方向的位移，而根据假设将它们视为同一方向进行不断累加必然带来误差。消除这一误差的办法是利用测扭仪器测量各数据点处导槽的方位角，然后将用倾斜仪得到的各点位移按此方位角向预定坐标平面投影，处理后得到的各点位移才是该平面的真实位移。这时，孔中表面点的位移大致上反映了该点的真正位移。

4.2.4　边坡变形量测资料的处理与分析

边坡的变形测量数据的处理与分析，是边坡监测数据管理系统中一个重要内容，可用于对边坡未来的状况进行预报、预警。边坡变形数据的处理可以分为两个阶段：一是对边坡变形监测的原始数据的处理。该项处理主要是对边坡变形测试数据进行干扰消除，以获取真实有效的边坡变形数据,这一阶段可以称作为边坡变形量测数据的预处理。边坡变形数据分析的第二阶段是运用边坡变形量测数据分析边坡的稳定性现状,并预测可能出现的边坡破坏,建立预测模型。

(1)边坡变形量测数据的预处理

在自然及人工边坡的监测中,各种监测手段所测出的位移历时曲线均不是标准的光滑型曲线。由于受到各种随机因素的影响,例如测量误差、开挖爆破、气候变化等,绘制的曲线往往具有不同程度的波动、起伏和突变,多为振荡型曲线,使观测曲线的总体规律在一定程度上被掩盖。尤其是那些位移速率较小的变形体,所测的数据受外界影响较大,使位移历时曲线的振荡表现更为明显。因此,去掉干扰部分,增强获得的信息,使具突变效应的曲线变为等效的光滑曲线显得十分必要,它有利于判定不稳定边坡的变形阶段及进一步建立其失稳的预报模型。目前在边坡变形量测数据的预处理中较为有效的方法是采用滤波技术。

在绘制变形测点的位移历时过程曲线中,反复运用离散数据的邻点中值作平滑处理,使原来的振荡曲线变为光滑曲线,而中值平滑处理就是取两相邻离散点之中点作为新的离散数据。如图4.5所示,点 1′,2′,3′,4′为点1,2,3,4,5中值平滑处理后得到的新点。

平滑滤波过程是先用每次监测的原始值算出每次的绝对位移量,并作出时间—位移过程曲线,该曲线一般为振荡曲线,然后对位移数据作6次平滑处理后,可以获得有规律的光滑曲线(见图4.6)。

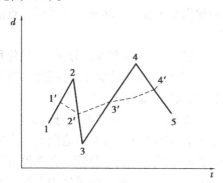

图4.5　曲线平滑处理示意图

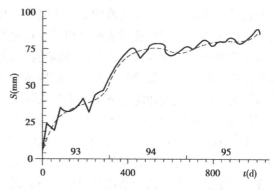

图4.6　某实测曲线的平滑处理曲线

(2)边坡变形状态的判定

边坡变形典型的位移历时曲线(见图4.7)通常分为三个阶段:

第一阶段为初始阶段(AB 段),边坡处于减速变形状态,变形速率逐渐减小,而位移逐渐增大,其位移历时曲线由陡变缓。从曲线几何上分析,曲线的切线由小变大。

第二阶段为稳定阶段(BC 段),又称为边坡等速变形阶段,变形速率趋于常值,位移历时曲线近似为一直线段。直线段切线角及速率近似恒值,表征为等速变形状态。

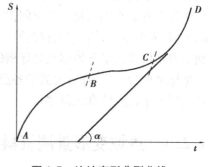

图4.7　边坡变形典型曲线

第三阶段为非稳定阶段(CD 段),又称加速变形阶段,变形速率逐渐增大,位移历时曲线由缓变陡。曲线表现出加速变形状态,同时亦可看出切线角随速率的增大而增大。

可以看出,位移历时曲线切线角的增减可反映速度的变化。若切线角不断增大,说明变形速度也不断增大,表明变形处于加速阶段;反之,则处于减速变形阶段;若切线角保持一常数不变,亦即变形速率保持不变,处于等速变形状态。根据这一特点可以判定边坡的变形状态,具体分析步骤如下:

首先将平滑获得的位移历时曲线上各点的切线角分别算出,然后放在如图 4.8 所示的坐标中。

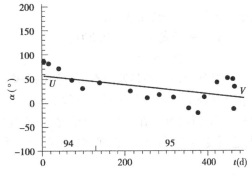

纵坐标为切线角,横坐标为时间。对这些离散点作一元线性回归,求出能反映其变化趋势的线性方程:

图 4.8　切线角与时间的线性拟合

$$\alpha = At + B \tag{4.1}$$

式中　α——切线角;

A,B——待定系数。

当 $A<0$ 时,上式为减函数,随着 t 的增大,变小,变形处于减速状态;当 $A=0$ 时,α 为一常数,变形处于等速状态;当 $A>0$ 时,上式为增函数,α 随 t 的增大而增大,变形处于加速状态。

A 值由一元线性回归中的最小二乘法得到:

$$A = \frac{\sum_{i=1}^{n}(t_i - \bar{t})(\alpha_i - \bar{\alpha})}{\sum_{i=1}^{n}(t_i - \bar{t})^2} \tag{4.2}$$

式中　i——时间序数,$i = 1,2,3,\cdots,n$;

t_i——第 i 点的累计时间;

$\bar{t}$——各点累计时间的平均值 $\left(\bar{t} = \frac{1}{n}\sum_{i=1}^{n}t_i\right)$;

α_i——滤波曲线上第 i 个点的切线角;

$\bar{\alpha}$——各切线角的平均值 $\left(\bar{\alpha} = \frac{1}{n}\sum_{i=1}^{n}\alpha_i\right)$。

(3)边坡变形的预测分析

经过滤波处理的变形观测数据除可以直接用于边坡变形状态的定性判定外,更主要的是可以用于边坡变形或滑动的定量预测。定量预测需要选择恰当的分析模型。通常可以采用确定性模型和统计模型,但在边坡监测中,由于边坡滑动往往是一个极其复杂的发展演化过程,采用确定性模型进行定量分析和预报是非常困难的。因此目前常用的手段还是传统的统计分析模型。

统计模型有两种两类:一种多元回归模型;一种是近年发展起来的非线性回归模型。多元回归模型的优点是能逐步筛选回归因子,但对除了时间因素外,其他因素的分析仍然非常困难和少见。非线性回归模型在许多的情况下能较好地拟合观测数据,但使用非线性回归的关键是如何选择合适的非线性模型及参数。

对于多元线性回归,即:

$$y = a_0 + \sum \alpha_i t^i \tag{4.3}$$

式中 α_i——待定系数。

对于非线性回归分析,应根据实际情况选择回归模型,如朱建军(2002)选择了生物增长曲线型模型,即:

$$y = y_m [1 - \exp(-\alpha t^b)] + c \tag{4.4}$$

式中 a、b、c——待定参数;

y_m——可能的最大滑动值;

t——时间变量。

在对整个边坡的各监测点进行回归分析,求出各参数后就可以根据各参数值对整个边坡状态进行综合定量分析和预测。通常情况下非线性回归比线性回归更能直观反映边坡的滑动规律和滑动过程,并且在绝大多数情况下,非线性回归模型更有利于对边坡滑动的整体分析和预测,这对变形观测资料的物理解释有着十分重要的理论与实际意义。

4.3　边坡应力监测

在边坡处治监测中的应力监测包括边坡内部应力监测、支护结构应力监测、锚杆(索)预应力监测。

4.3.1　边坡内部应力测试

边坡内部应力监测可通过压力盒量测滑带承重阻滑受力和支挡结构(如抗滑桩等)受力,以了解边坡体传递给支挡工程的压力以及支护结构的可靠性。压力盒根据测试原理可以分为液压式和电测式两类(见图4.9、图4.10),液压式的优点是结构简单、可靠,现场直接读数,使用比较方便;电测式的优点是测量精度高,可远距离和长期观测。目前在边坡工程中多用电测式压力测力计。电测式压力测力计又可分为应变式、钢弦式、差动变压式、差动电阻式等。表4.2是国产常用压力盒类型、使用条件及优缺点归纳。

图4.9　液压式土压力盒　　　　　　　　图4.10　电测式土压力盒

在现场进行实测工作时,为了增大钢弦压力盒接触面,避免由于埋设接触不良而使压力盆失效或测值很小,有时采用传压囊增大其接触面。囊内传压介质一般使用机油,因其传压系数可接近1,而机油可使负荷以静水压力方式传到压力盒,也不会引起囊内锈蚀,便于密封。压力盒与传压囊装配情况如图4.11所示。

表 4.2　压力盒的类型及使用特点

工作原理	结构及材料	使用条件	优缺点
单线圈激振型	钢丝卧式 钢丝立式	测土压力 岩土压力	1. 构造简单; 2. 输出间歇非等幅衰减波,不适用动态测量和连续测量,难于自动化
双线圈激振型	钢丝卧式	测水压力 土、岩压力	1. 输出等幅波,稳定,电势大; 2. 抗干扰能力强,便于自动化; 3. 精度高,便于长期使用
钨丝压力盒	钢丝立式	测水压力 土压力	1. 刚度大,精度高,线性好; 2. 温度补偿好,耐高温; 3. 便于自动化记录
钢弦摩擦压力盒	钢丝卧式	测井壁与土层间摩擦力	只能测与钢筋同方向的摩擦力

压力盒的性能好坏,直接影响压力测量值的可靠性和精确度。对于具有一定灵敏度的钢弦压力盒,应保证其工作频率,特别是初始频率的稳定,压力与频率关系的重复性好。因此在使用前应对其进行各项性能试验,包括钢弦抗滑性能试验、密封防潮试验、稳定性试验、重复性试验以及压力对象、观测设计来布置压力盒。压力盒的埋设较简单,但由于其体积大,较重,也会给埋设工

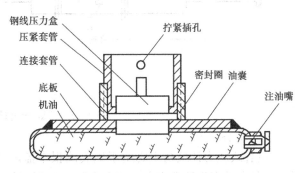

图 4.11　钢弦式压力盒与传压囊装配图

作带来一定的困难。埋设压力盒总的要求是接触紧密、平稳,防止滑移,不损伤压力盒及引线。

4.3.2　岩石边坡地应力监测

边坡地应力监测主要是针对大型岩石边坡工程,为了了解边坡地应力或在施工过程中地应力变化而进行的一项重要监测工作。地应力监测包括绝对应力测量和地应力变化监测。绝对应力测量在边坡开挖前和边坡开挖中期以及边坡开挖完成后各进行一次,以了解三个不同阶段的地应力场情况,采用的方法一般是深孔应力解除法。地应力变化监测即在开挖前,利用原地质勘探平洞埋设应力监测仪器,以了解整个开挖过程中地应力变化的全过程。

对于绝对应力测量,目前国内外使用的方法,均是在钻孔、地下开挖或露头面上刻槽而引起岩体中应力的扰动,然后用各种探头量测由于应力扰动而产生的各种物理量变化的方法来实现,总体上可分为直接测量法和间接测量法两大类。直接测量法是指由测量仪器所记录的补偿应力、平衡应力或其他应力量直接决定岩体的应力,而不需要知道岩体的物理力学性质及应力应变关系,如扁千斤顶法、水压致裂法、刚性圆筒应力计以及声发射法均属于此类。间接测量法是指测试仪器不是直接记录应力或应变变化值,而是通过记录某些与应力有关的间接物理量(可以是变形、应变、波动参数、放射性参数等)的变化,然后根据已知或假设的公式计算出现场

应力值,如应力解除法、局部应力解除法、应变解除法、应用地球物理方法等均属于此类。关于绝对应力测量读者可参阅有关岩石力学的书籍。

对于地应力变化监测,由于要在整个施工过程中实施连续量测,因此量测传感器长期埋设在量测点上。目前应力变化监测传感器主要有 Yoke 应力计、国产电容式应力计及压磁式应力计等。

(1)Yoke 应力计

Yoke 应力计为电阻应变片式传感器。它由钻孔径向互成 60°的 3 个应变片测量元件组成,其结构如图 4.12 所示。根据读数可以计算测点部位岩体的垂直于钻孔平面上的二维应力。三峡工程船闸高边坡监测中使用了该应力计。

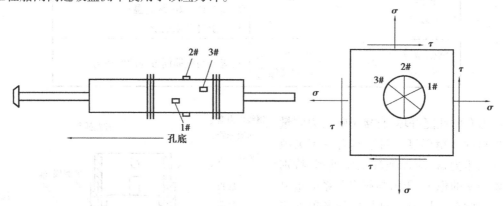

图 4.12　Yoke 应力计结构示意图

(2)电容应力计

电容式应力计最初主要用于地震测报中监测地应力活动情况。其结构与 Yoke 压力计类似,也是由垂直于钻孔方向上的 3 个互成 60°的径向元件组成。不同之处是 3 个径向元件安装在 1 个薄壁钢筒中,钢筒则通过灌浆与钻孔壁固结合在一起。

(3)压磁式应力计

压磁式压力计由 6 个不同方向上布置的压磁感应元件组成,即 3 个互成 60°的径向元件和 3 个与钻孔轴线成 45°夹角的斜向元件组成,其结构如图 4.13 所示。从理论上讲,压磁式应力计可以量测测点部位岩体的三维应力变化情况。

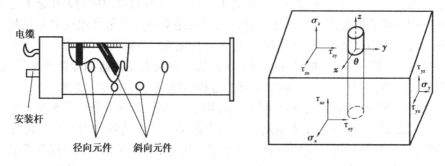

图 4.13　压磁式应力计结构示意图

4.3.3　边坡锚固应力测试

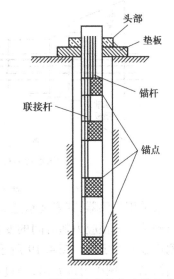

在边坡应力监测中除了边坡内部应力、结构应力监测外,对于边坡锚固力的监测也是一项极其重要的监测内容。边坡锚杆锚索的拉力的变化是边坡荷载变化的直接反映。

(1)锚杆轴力的量测

锚杆轴力量测的目的在于了解锚杆实际工作状态,结合位移量测,修正锚杆的设计参数。锚杆轴力量测主要使用的是量测锚杆。量测锚杆的杆体是用中空的钢材制成,其材质同锚杆一样。量测锚杆主要有机械式和电阻应变片式两类。

机械式量测锚杆是在中空的杆体内放入4根细长杆(见图4.14),将其头部固定在锚杆内预定的位置上。量测锚杆一般长度在6 m以内,测点最多为4个,用千分表直接读数。量出各点间的长度变化,计算出应变值,然后

图4.14　量测锚杆结构与安装示意图

乘以钢材的弹性模量,便可得到各测点间的应力(见图4.15)。通过长期监测,从而可以得到锚杆不同部位应力随时间的变化关系(见图4.16)。

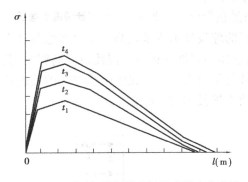

图4.15　不同时间锚杆轴力随深度的变化曲线

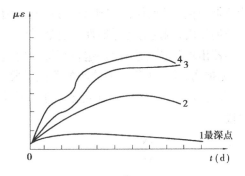

图4.16　不同点锚杆轴力随时间的变化曲线

电阻应变片式量测锚杆是在中空锚杆内壁或在锚杆上轴对称贴4块应变片,以4个应变的平均值作为量测应变值,测得的应变再乘以钢材的弹性模量,得各点的应力值。

(2)锚索预应力损失的量测

对预应力锚索应力监测,其目的是为了分析锚索的受力状态、锚固效果及预应力损失情况,因预应力的变化将受到边坡的变形和内在荷载的变化的影响,通过监控锚固体系的预应力变化可以了解被加固边坡的变形与稳定状况。通常一个边坡工程长期监测的锚索数,不少于总数的5%。监测设备一般采用圆环形测力计(液压式或钢弦式)或电阻应变式压力传感器。

锚索测力计的安装是在锚索施工前期工作中进行的,其安装全过程包括:测力计室内标定、现场安装、锚索张拉、孔口保护和建立观测站等。锚索测力计的安装示意图如图4.17所示。

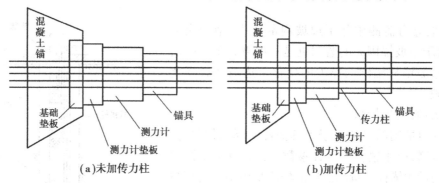

（a）未加传力柱　　　　　　　（b）加传力柱

图4.17　锚索测力计的安装示意图

如果采用传感器,其安装示意如图4.18所示。

监测结果为预应力随时间的变化关系,通过这个关系可以预测边坡的稳定性。图4.19所示为某高速公路边坡预应力监测结果,从图中可以看出,经过半年时间,各锚索预应力趋于稳定。说明边坡的锚固效果良好,边坡经过雨季后,预应力值无异常出现,边坡经过加固处理后已趋于稳定。

目前采用埋设传感器的方法进行预应力监测,一方面由于传感器的价格昂贵,一般只能在锚固工程中个别点上埋设传感器,存在以点代面的缺陷;另一方面由于须满足在野外

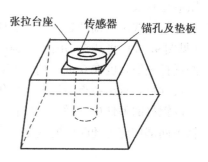

图4.18　传感器埋设示意图

的长期使用,因此对传感器性能、稳定性以及施工时的埋设技术要求较高。如果在监测过程中传感器出现问题无法挽救,这将直接影响到工程的整体稳定性的评价。因此研究高精度、低成本、无损伤、并可进行全面监测的测试手段已成为目前预应力锚固工程中亟待解决的关键技术问题。针对上述情况,已有人提出了锚索预应力的声测技术,但该技术目前仍处于应用研究阶段。

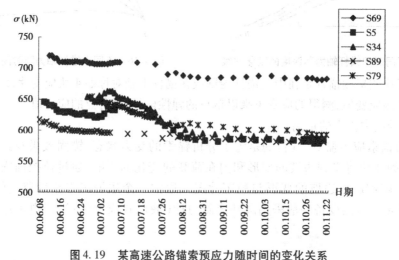

图4.19　某高速公路锚索预应力随时间的变化关系

4.4　边坡地下水监测

地下水是边坡失稳的主要诱发因素,对边坡工程而言,地下水动态监测也是一项重要的监测内容,特别是对于地下水丰富的边坡,应特别引起重视。地下水动态监测以了解地下水位为主,根据工程要求,可进行地下水孔隙水压力、扬压力、动水压力、地下水水质监测等。

4.4.1　地下水位监测

我国早期用于地下水位监测的定型产品是红旗自计水位仪,它是浮标式机械仪表,因多种原因现已很少应用。近十几年来国内不少单位研制过压力传感式水位仪,均因各自的不足或缺陷而未能在地下水监测方面得到广泛采用。目前在地下水监测工作中,几乎都是用简易水位计或万用表进行人工观测。

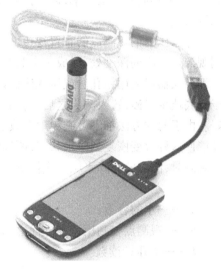

CM61/DI510 地下水动态监测仪(图 4.20)用进口的压力传感器和国产温度传感器封装于一体,构成水位—温度复合式探头,采用特制的带导气管的信号电缆,水位和温度转变为电压信号,传至地面仪器中,经放大和 A/D 变换,由液晶屏显示出水位和水温值,通过译码和接口电路,送至数字打印机打印记录。仪器的特点是小型轻便、高精度、高稳定性、抗干扰、微

图 4.20　CM61/DI510 地下水动态监测仪

功耗、数字化、全自动、不受孔深孔斜和水位埋深的限制,专业观测孔和抽水井中均可使用。

4.4.2　孔隙水压力监测

在边坡工程中的孔隙水压力是评价和预测边坡稳定性得一个重要因素,因此需要在现场埋设仪器进行观测。目前监测孔隙水压力主要采用孔隙水压力仪(见图 4.21),根据测试原理可分为 4 类:

(a)电气式孔隙水压力计　　　　(b)钢弦式孔隙水压力计

图 4.21　孔隙水压力仪

①液压式孔隙水压力仪:土体中孔隙水压力通过透水测头作用于传压管中液体,液体即将压力变化传递到地面上的测压计,由测压计直接读出压力值。

②电气式孔隙水压力仪:包括电阻、电感和差动电阻式 3 种。孔隙水压力通过透水金属板作用于金属薄膜上,薄膜产生变形引起电阻(或电磁)的变化。查率定的电流量—压力关系,即求得孔隙水压力的变化值。

③气压式孔隙水压力仪:孔隙水压力作用于传感器的薄膜,薄膜变形使接触钮接触而接通电路,压缩空气立即从进气口进入以增大薄膜内气压,当内气压与外部孔隙水压平衡薄膜恢复原状时,接触钮脱离,电路断开,进气停止。量测系统量出的气压值即为孔隙水压力值。

④钢弦式孔隙水压力仪:传感器内的薄膜承受孔降水压力产生的变形引起钢弦松紧的改变,于是产生不同的振动频率,调节接收器频率使与之和谐。查阅率定的频率—压力线求得孔隙水压力值。

孔隙水压力的观测点的布置视边坡工程具体情况确定。一般原则是将多个仪器分别埋于不同观测点的不同深度处,形成一个观测剖面以观测孔隙水压力的空间分布。

埋设仪器可采用钻孔法或压入法而以钻孔法为主,压入法只适用于软土层。用钻孔法时,先于孔底填少量砂,置入测头之后再在其周围和上部填砂,最后用膨胀黏土球将钻孔全部严密封好。由于两种方法都不可避免地会改变土体中的应力和孔隙水压力的平衡条件,需要一定时间才能使这种改变恢复到原来状态,所以应提前埋设仪器。

观测时,测点的孔降水压力应按下式求出:

$$u = \gamma_w h + P \tag{4.5}$$

式中　γ_w——水的容重;

　　　h——观测点与测压计基准面之间的高差;

　　　P——测压计读数。

4.5　边坡监测实例及报告编写

边坡工程监测报告应包括监测作业前的监测方案、检测过程中的阶段报告和监测任务完成后的监测分析报告三部分组成。监测方案的内容前面已经介绍,阶段报告一般以周报或月报的形式按期提交,主要测试成果和简要的数据分析评价。监测分析报告,是系统的将整个监测过程数据进行全面分析,内容有工程地质背景、监测方案、施工及工程进展情况、监测各阶段原始资料以及应力和应变曲线图、数据整理和监测结果评述、数值计算分析、结论及建议。下面是某边坡监测工程的监测分析报告的简要介绍。

4.5.1　工程概况

沿着边坡建筑的公寓见图 4.22,随着地层断裂挤压而隆起,高度落差达 5 ~ 6 m。

(1)东部山坡地质情况

坡角 10° ~ 40°,倾向北东。坡底北西向大冲沟,沟底标高 170 ~ 230 m。在山坡岩体中有一顺坡倾斜的 d3 构造加泥带,走向 NW310° ~ 315°;倾向 NW40° ~ 65°;倾角 23° ~ 37°,加泥带厚度 0.20 ~ 0.50 m,最大厚度 1.20 m。

堆填约 70 万方 m³ 弃土后,形成与原山坡倾向一致的人工边坡:坡高 50 ~ 80 m,坡角 27° ~ 40°。

图4.22 工程现场情况图片

（2）问题由来

1988 年 4 月，山坡上多处发现裂缝及位移现象。5 月雨季到来后厂址东部已开始滑坡。滑坡后缘标高为 280～300 m，呈 NW-SE 向延伸，在选矿厂东侧公路附近；滑坡前缘达大冲沟沟底；前缘与后缘高差为 50～150 m，滑坡周界形状不规则；北西—南东方向宽 400 m，西南—东北方向长 260 m；滑坡面积约 7.8×10⁴ m²，厚 30～40 m，体积约 90×10⁴ m³。

（3）判定

山坡岩土体可能沿 d3 构造加泥带滑动，形成较大滑坡。主滑面埋藏较深，最深可达 40 余 m；主滑面上陡下缓，上段切穿人工填土；中、下段追踪最深一层 d3 构造加泥带；主滑面的延伸直至滑坡前缘。

（4）治理方案

主厂房在构造夹泥带 d3 上盘部分用大直径嵌岩灌注桩加固；1988 年 12 月—1989 年 5 月，卸除山坡上部弃土 50 多万 m³，并将整个山坡削成 6 级台阶（北东向 2 级，正北向 4 级）；坡底大冲沟处设置一道栏砂坝，阻止砂石的流失；1990 年 4 月—1991 年 6 月，在东部平台下方用干砌片护坡，并在东部边坡上设置了 4 条地表排水沟。

4.5.2 监测方案简介

（1）监测的目的

①判定西北部楔形地质结构体的长期稳定性；判定场地东部滑坡（夹泥带 d3 上盘岩体）的长期稳定性问题。

②监测工作量：监测点布置工作量见表 4.3 和表 4.4。

表4.3 监测工作量统计表

监测孔(点)位置	东部边坡				北部楔形体	
监测项目 工作量	地表位移监测点	钻孔测斜仪监测孔	六点杆式伸长计监测孔	滑动测微计监测孔	地表位移监测点	地下位移钻孔测斜仪监测孔
监测孔(点)个数(个)	21	8	3	4	7	6
监测孔(点)总深度(m)		309.00	110.40	124.75		157.30
实施监测次数(次)	25	25	27	27	25	25

表4.4 地下变形监测孔情况一览表

位　　置	孔　　号	孔深(m)	监测仪器
西北部楔形 地质结构体	Dx-1	29.0	钻孔测斜仪
	Dx-2	35.9	
	Dx-3	33.1	
	Dx-7	29.9	
	Dx-8	29.4	
东部山坡顶部 靠近主厂房部位	H4	28.3	滑动测微计
	H15	33.4	
	H16	37.6	
	H18	25.9	
东部山坡顶部 近坡眉位置	D5	47.3	多点伸长计
	D17	30.4	
	D19	32.7	
东部山坡中部顺山坡 倾向剖面上以及原有 滑坡的南端和北端部位	Dx-6	40.2	钻孔测斜仪
	Dx-9	43.2	
	Dx-10	41.0	
	Dx-11	34.8	
	Dx-12	32.5	
	Dx-13	45.0	
	Dx-14	41.8	
	Dx-20	30.5	

（2）监测仪器元件（图4.23～图4.27）

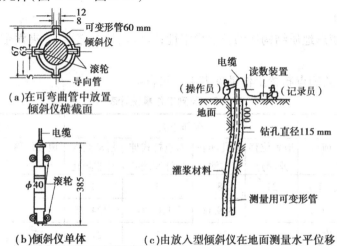

（a）在可弯曲管中放置倾斜仪横截面

（b）倾斜仪单体

（c）由放入型倾斜仪在地面测量水平位移

图4.23 倾斜仪示意图

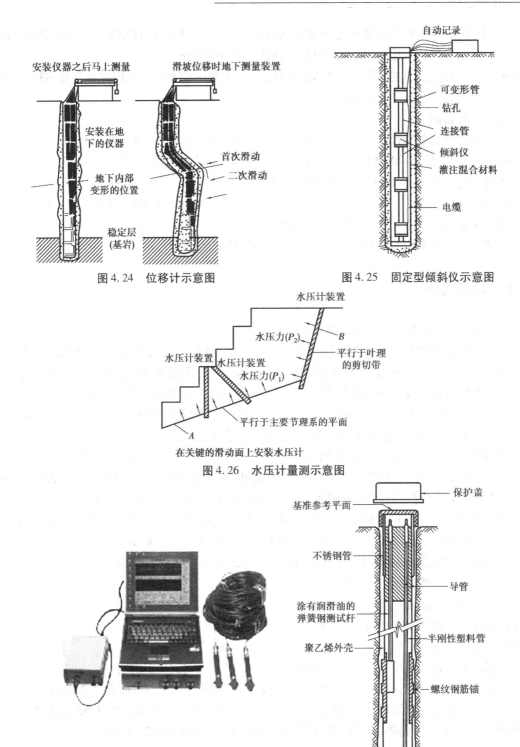

图4.24　位移计示意图

图4.25　固定型倾斜仪示意图

图4.26　水压计量测示意图

图4.27　钻孔伸长计组成及安装示意图

（3）变形监测

①地面变形监测。

控制基准：平面控制网线（四等导线）17 km；三等高程控制网线21.69 km；四等水准网线

12.4 km。水平角用 J3 型经纬仪 6 测回测定;正的垂直角用 J2 型经纬仪中丝法 2 测回测定;高程控制网三等水准定测采用 DS3 型水准仪,双面水准尺往返观测。

地面变形位移监测点的布设:西北部楔形体,7 点(G22 ~ G28);东部构造夹泥带 d3,21 点(G1 ~ G21);场地周围,5 点(G29 ~ G33)。

②地下变形监测。

地下变形监测孔的布设及监测:夹泥带 d3 上盘岩体中布设了地下变形监测孔 20 个。

钻孔倾斜仪采用 SX-20 型钻孔倾斜仪。西北部楔形地质结构体上,Dx-1 ~ Dx-3,Dx-7,Dx-8;东部山坡原有滑坡体上,Dx-6,Dx-11 ~ Dx-14,Dx-20;山坡顶部,Dx-9,Dx-10。

滑动测微计监测使用瑞士产的滑动测微计。东部坡顶平台,H4,H15,H16,H18,测定靠近主厂房部位构造夹泥带 d3 上盘岩体的微小变形。

多点伸长计监测采用 6 点杆式伸长计。东部坡顶坡眉部位,D5,D17,D19。

4.5.3 数据整理

(1)地面变形位移监测数据处理和成果分析

每次测量的水平位移矢量绘制在以该点为原点的平面图上,将每个监测点 25 次的平均方向作为该点的水平位移总方向,位移矢量在水平位移总方向上的投影为该点的总水平位移量。

发生水平位移的判定标准:各次测得的值具有明显的方向上的倾向性,最大偏移值超过 2 cm。发生垂直位移的判定标准:一个测点 25 次监测值中最大垂直位移量绝对值大于 1 cm,位移的正或负具有系统性,或经回归计算后首次和末次位移差较明显。

西北部楔形地质结构体地面上的 7 个点中,有 2 个点发生了水平位移:①22.7 mm(SW8°49′),②22.5 mm(SE43°21′);有 5 个点发生了垂直位移:① − 15.3 ~ − 22.5 mm(NE17°30′ ~ 21°11′),② − 31.4 mm(SE43°21′),③ − 13.4 ~ − 37.7 mm(垂直下沉)。

东部构造夹泥带 d3 上盘的 21 个点中,有 7 个点发生了水平位移:①23.5 ~ 52.0 mm(NE27°39′ ~ 85°09′),②22.2 ~ 56.0 mm(SE35°42′ ~ 51°34′);有 8 个点发生了垂直位移:① − 10.8 mm ~ − 76.2 mm(NE18°46′ ~ 85°09′),② − 25.0 ~ − 51.0 mm(垂直下沉)。

(2)地下变形监测成果及其分析

监测时间:2 年,监测频率:平均 1 次/月。

①西北部楔形地质结构体部位,水平位移为 4.50 ~ 24.84 mm;

②东部坡顶靠近主厂房部位,在深度为 2.5 ~ 5.0 m 处,下沉很小;

③东部坡眉构造夹泥带 d3 附近,孔 D5 中 28.0 m 深处,下沉 10.2 mm;

④原有滑坡后缘以西,孔 D17 和 D19 中 8 ~ 11.8 m 深处,下沉 0.8 mm 和 2.2 mm;

⑤在东部山坡原有的滑坡体上,相当于构造夹泥带 d3 附近,水平位移在 7.55 ~ 19.50 mm(6 个测孔中的 5 个),方向指向坡下,发生最大位移处的深度为 8.0 ~ 25.0 mm。

4.5.4 监测成果与评价

(1)楔形地质结构体的稳定性评估

从表 4.5 ~ 表 4.7 可以看出,大部分测点的位移随着时间延长而趋平缓;楔形地质结构体有量小速慢的位移,并仍会延续;楔形地质结构体底部软弱结构面蠕变是导致岩体位移的主因。

表 4.5　东部滑坡主剖面方向观测点地表位移速度表

项　目 点　号	位移速度(mm/月)			
	1990.5.18—1991.5.20		1990.5.20—1991.6.16	
	水平方向	垂直方向	水平方向	垂直方向
G_1	0.69	1.69	0.08	1.08
G_2	0.31	1.62	0.44	1.28
G_5	2.08	2.31	1.36	1.92
G_{10}	1.69	1.54	0.52	1.00
G_{15}	3.23	0.46	1.08	0.52
G_{16}	1.23	0.31	0.40	0.12
G_{20}	2.54	3.46	2.12	2.08

表 4.6　地下变形监测孔位移监测成果表

监测位置	监测仪器	监测孔号	水平位移		垂直位移		日　期
			累计值(mm)	深度位置(m)	累计值(mm)	深度位置(m)	
西北部楔形地质结构体部位	钻孔倾斜仪	Dx-1	4.50	9.0			90.12.25
		Dx-2	16.01	12.0			91.08.03
		Dx-3	23.23	6.0			92.06.15
		Dx-7	13.00	9.0			91.08.24
		Dx-8	24.84	6.0			91.10.20
东部山坡顶部部位	滑动测微计	H_4			+1.00	4.0	90.11.25
		H_{15}			+1.50	5.0	90.11.25
		H_{16}			−2.70	2.5	92.05.02
		H_{18}			+1.55	2.5	90.11.02
	多点伸长计	D_{17}			−0.80	11.8	92.04.01
		D_{19}			−2.20	8.0	92.06.12
	钻孔倾斜仪	Dx-9	14.84	6.6			91.10.21
		Dx-10	8.50	1.0			91.09.27
东部山坡原滑坡周界以内部位	伸长计	D_5			−10.20	28.0	92.06.02
	钻孔倾斜仪	Dx-6	7.55	8.0			91.09.24
		Dx-11	4.60	0.5			91.08.23
		Dx-12	11.00	1.0			91.08.24
		Dx-13	16.50	17.0			91.05.08
		Dx-14	19.50	25.0			91.05.08
		Dx-20	8.00	14.0			91.12.23

表 4.7　地面变形监测点地面位移监测成果表

位　置	点　号	水平位移			垂直位移	
		主位移方向	位移量(mm)	位移速率(mm/月)	位移量(mm)	位移速率(mm/月)
东部山坡 （构造夹 泥带 d3） 部位	G1				−26.6	−1.02
	G2	N18°46′E	14.4	0.58	−35.5	−1.29
	G5	N44°19′E	12.0	0.48	−53.2	−2.05
	G6	N85°09′E	38.9	1.56	−76.2	−2.93
	G7	N39°04′E	23.5	0.94	−22.9	−0.88
	G8	S42°04′E	30.2	1.25	+7.2	0.27
	G9	N19°57′E	17.0	0.68		
	G10				−25.0	−0.96
	G12	N41°43′E	10.2	0.41		
		N72°09′E	8.7	0.48		
	G13	S35°42′E	56.0	0.85		
	G14	S27°18′E	12.9	0.68		
	G15	N72°09′E	32.5	1.35	−9.5	−0.36
	G16	S51°34′E	22.2	0.96	0	0
	G17	S9°53′E	11.2	0.46	−5.4	−0.21
	G18				−8.1	−0.45
	G20	N41°58′E	52.0	1.01	−10.8	−0.98
	G21				−51.2	−0.27
西北部楔 形地质结 构体部位	G22				−37.7	−1.47
	G23				−13.4	−0.52
	G24	N21°11′E			−22.5	−0.86
	G25	N17°30′E			−15.3	−0.59
	G26	S8°49′W				
	G27	S41°51′W				
		S50°23′W				
	G28	S43°21′E			−31.4	−1.20

注：垂直位移"−"为沉降，"+"为上升。

（2）东部山坡的稳定性评估

东部坡顶:地面测点 G19、G21 都没有发生位移;4 个滑动测微计,测到位移仅 +1.55 ~ −2.70 mm;2 个多点伸长计,测到沉降仅 0.8 mm 和 2.2 mm。

分析结论:东部坡顶构造夹泥带 d3 上盘稳定。

东部坡面:21 个地面位移监测点中有 12 个都发生较明显位移,水平位移 22.2 ~ 56.0 mm,方向指向坡下;沉降 10.8 ~ 76.2 mm。

多点伸长计 D5:沉降为 10.2 mm,深度位置在 28.0 m。

6 个钻孔倾斜仪除 Dx-11 外都有明显的水平位移,水平位移在 7.55 ~ 19.5 mm,但位移已逐渐减慢。

分析结论:东部山坡原滑坡周界以内的岩体,仍在向坡下缓慢位移;发生岩体变形的底界仍在构造夹泥带 d3 附近;主要原因是构造夹泥带 d3 附近岩体的蠕变。

本章小结

本章主要讲解了边坡工程监测工作的重要性与意义,边坡施工安全监测的监测内容、监测方法以及部分仪器元件安装操作步骤,数据分析整理方法以及对边坡稳定性评价,并介绍了监测报告的编写内容要求。

边坡监测涉及的学科内容多、范围广。尤其随着现代技术及科学方法的不断发展,变形监测在监测技术、处理方法上有了新的发展,各种新仪器在新技术的推动下被应用。变形预测也由原来单一的岩土力学方法或测量数值分析方法发展到智能人工生命结合测量、岩土力学综合预测方法,预测精度不断提高。

因此,在掌握课堂基础知识的同时,应该多阅读一些相关课外知识,了解国内外监测技术的发展状况,作为教学内容的补充。

思考题

4.1　边坡工程监测的分类及目的。

4.2　边坡工程监测设计的原理是什么? 监测断面与测点布置内容主要有哪些?

4.3　边坡监测报告的编写内容有哪些?

4.4　钻孔倾斜仪的原理及安装步骤。

4.5　查阅资料简要介绍钻孔伸长计组成及安装方法。

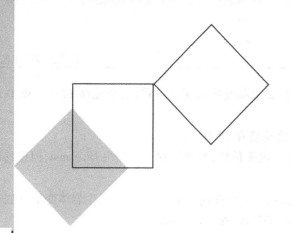

5 基坑工程施工监测

本章导读:

基坑施工监测工作就是为进行动态监测、实现信息化施工、提供反馈信息、确保施工安全而逐步发展起来的一门学科,它涉及岩土力学、建筑施工、测量工程、数理统计、自动控制等多学科知识,是一项涵盖专业面较广的工作。本章主要阐述了基坑监测的目的与意义、基坑监测的内容及各项监测所使用的仪器原理与方法、测点位置及布置原则、监测频率及预警值、基坑监测工程实例及监测报告的编制。

● **基本要求** 掌握基坑监测的目的与意义、基坑监测项目所使用的仪器原理与方法、测点位置及布置原则、监测频率及预警值和监测报告编制。

● **重点** 基坑现场监测的主要内容及方法,测点布置位置及原则。

● **难点** 基坑监测使用仪器的原理及预警值的确定。

5.1 概 述

在城市建设中,为提高土地的空间利用率,地下室由一层发展到多层,相应的基坑开挖深度也从地表以下 5 ~ 6 m 增大到 12 ~ 13 m,甚至 20 m 以上,一定的基础深度也是为了满足高层建筑抗震和抗风等结构要求。另外,在城市地铁建设、过江隧道等市政工程中的基坑也占相当的比例。总之,随着我国城市建设的蓬勃发展,基坑工程在总体数量、开挖深度、平面尺寸以及使用领域等方面都得到高速地发展。

基坑支护工程是一门风险性工程。一方面,基坑的支护结构要挡土防水,保证基坑内施工的顺利进行和周围建筑、道路及地下管线的安全;另一方面,在安全的前提下,支护结构的设计和施工要节省造价、方便施工、缩短工期。由于基坑支护的设计理论尚待发展、施工技术尚不完善,因此进行基坑工程施工监测,掌握第一手资料,对于指导施工和完善设计等都具有十分重要的意义。

5.1.1 基坑监测的意义

在深基坑开挖的施工过程中,基坑内外的土体将由原来的静止土压力状态向被动和主动土压力状态转变,应力状态的改变引起围护结构承受荷载并导致围护结构和土体的变形,围护结构的内力(围护桩和护墙的内力、支撑轴力或土锚拉力等)和变形(深基坑坑内土体的隆起、基坑支护结构及其周围土体的沉降和侧向位移等)中的任一量值超过允许的范围,将造成基坑的失稳破坏或对周围环境造成不利影响,且深基坑开挖工程往往在建筑密集的市中心;施工场地四周有建筑物和地下管线,基坑开挖所引起的土体变形将在一定程度上改变这些建筑物和地下管线的正常状态,当土体变形过大时,会造成邻近结构和设施的失效或破坏。同时,基坑相邻的建筑物又相当于较重的集中荷载,基坑周围的管线常引起地表水的渗漏,这些因素又是导致土体变形加剧的原因。造成基坑工程事故的原因主要有以下几个方面:

①基坑及周围土体物理力学性质、埋藏条件、水文地质条件十分复杂,勘察所得到的数据离散性大,很难比较准确地反映土层的总体情况,导致计算时基坑围护体系所承受的土压力等荷载存在较大的不确定性。

②基坑周围复杂的施工环境,如邻近的建(构)筑物、道路和地下管线等设施都会对基坑围护结构产生不良影响。

③基坑周围侧向土压力计算和围护结构受力简化计算的假定都与工程实际状况有着一定差别,因此对基坑稳定性和变形问题的预测很难做到比较精确。

④围护结构施工质量的优劣,直接影响到围护结构及被围护土体变形量的大小、稳定性以及邻近建筑物、构筑物与设施的安全。一个设计合理的围护系统由于施工质量未能满足要求而造成破坏,这是完全可能的。

⑤连续的降雨及暴雨等引起的墙后土体应力增加以及冲刷、浸泡、地下水渗透都会引起围护结构失稳。

基坑坍塌往往造成重大的人员伤亡和财产损失,如:2005 年 7 月,位于广州市海珠区某十字路口的一广场工程深基坑发生坍塌,因工地塌方致使地基空悬的某宾馆北楼发生大面积倒塌,导致 3 人死亡、8 人受伤;2008 年 11 月,杭州某地铁施工工地基坑坍塌,发生大面积地面塌陷事故,造成 17 人死亡、4 人失踪。

因此,在深基坑施工过程中,只有对基坑支护结构、基坑周围的土体和相邻的构筑物进行全面、系统地监测,才能对基坑工程的安全性和对周围环境的影响程度有全面地了解,以确保工程的顺利进行;才能在出现异常情况时及时反馈,并采取必要的工程应急措施,甚至调整施工工艺或修改设计参数,保证基坑施工安全。

5.1.2 基坑监测的目的

基坑监测的目的包括以下几个方面:
①检验设计所采取的各种假设和参数的正确性,指导基坑开挖和支护结构的施工。

如上所述,基坑支护结构设计尚处于半理论半经验的状态,土压力计算大多采用经典的侧向土压力公式,与现场实测值相比较有一定的差异,也还没有成熟的方法计算基坑周围土体的变形。因此,在施工过程中需现场实测受力和变形情况。基坑施工总是从点到面、从上到下分工况局部实施,可以根据局部及前一工况开挖产生的应力和变形实测值与预估值的分析,验证原设计和施工方案的正确性。同时,可对基坑开挖到下一个施工工况时的受力和变形的数值及趋势进行预测,并根据受力、变形实测和预测结果与设计时采用的值进行比较,必要时对设计方案和施工工艺进行修正。

②确保基坑支护结构和相邻建筑物的安全。

在深基坑开挖与支护的施工过程中,必须在满足支护结构及被支护土体的稳定性,避免破坏和极限状态发生,避免产生由于支护结构及被支护土体的过大变形而引起邻近建筑物的倾斜或开裂及邻近管线的渗漏等。从理论上看,如果基坑围护工程的设计是合理可靠的,那么表征土体和支护系统力学形态的一切物理量都随时间变化而渐趋稳定;反之,如果测得表征土体和支护系统力学形态特点的某几种或某一种物理量,其变化随时间变化而不是渐趋稳定,则可以断言土体和支护系统不稳定,对支护必须加强或修改设计参数。在工程实际中基坑破坏前,往往会在侧向的不同部位上出现较大的变形,或变形速率明显增大。大部分基坑围护的目的就是保护邻近建筑物和管线。因此,基坑开挖过程中进行周密地监测,在建筑物和管线的变形处于正常的范围内时可保证基坑的顺利施工,在建筑物和管线的变形接近警戒值时,有利于采取对建筑物和管线本体进行保护的技术应急措施,在很大程度上避免或减轻破坏的后果。

③积累工程经验,为提高基坑工程的设计和施工的整体水平提供依据。

支护结构上所承受的土压力及其分布,受地质条件、支护方式、支护结构刚度、基坑平面、几何形状、开挖深度、施工工艺等的影响,并直接与侧向位移有关,而基坑的侧向位移又与挖土的空间顺序、施工进度等时间和空间因素有复杂的关系,现行设计分析理论尚未完全成熟。对基坑围护的设计和施工,应该在充分借鉴现有成功经验和吸取失败教训的基础上,根据自身的特点,力求在技术方案中有所创新、更趋完善。现场监测不仅确保了本基坑工程的安全,在某种意义上也是一次 1∶1 的实体试验,所取得的数据是结构和土层在工程施工过程中的真实反映,是各种复杂因素影响和作用下基坑系统的综合体现,因而也为该领域的科学技术发展积累了第一手资料。

5.1.3 基坑监测的基本要求

基坑监测的基本要求:

①监测工作必须是有计划的,应根据设计提出的监测要求和业主下达的监测任务书预先制订详细的基坑监测方案,严格按照有关的技术文件执行。这类技术文件的内容,应至少包括监测方法和监测仪器、监测精度、测点布置、观测周期等。同时,根据基坑工程在施工过程中发生的情况变化,在保证基本原则不变的情况下进行修正。

②监测数据必须是可靠、真实的。数据的可靠性由测试组件安装或埋设的可靠性、监测仪器的精度与可靠性以及监测人员的素质来保证。监测数据真实性要求所有数据必须以原始记录为依据,任何人不得对原始记录更改、删除。

③监测数据必须是及时的,监测数据需在现场及时计算处理,计算有问题可及时复测,尽量

做到当天报表当天出。因为基坑开挖是一个动态的施工过程,只有保证及时监测,才能有利于及时发现隐患,及时采取措施。

④埋设于结构中的监测组件应尽量减少对结构正常受力的影响,埋设水土压力监测组件、测斜管和分层沉降管时的回填土应注意与岩土介质的匹配。

⑤采纳多种方法、施行多项内容的监测方案,基坑工程在开挖和支撑施工过程中的力学效应是从各个侧面同时展现出来的。在诸如围护结变形和内力、地层移动和地表沉降等物理量之间存在着内在的紧密联系,通过对多方面的连续监测资料进行综合分析之后,各项监测内容的结果可以互相印证、互相检验,从而对监测结果有全面正确地把握。

⑥对重要的监测项目,应按照工程具体情况预先设定预警值和报警制度,预警值应包括变形或内力量值及其变化速率。当观测时发现超过预警值的异常情况,要立即考虑采取应急补救措施。

⑦基坑监测时应整理完整的监测记录表、数据报表及形象的图表和曲线,监测结束后整理出监测报告。

5.2 监测仪器和方法

基坑工程施工现场监测的内容包括围护结构和相邻环境。围护结构中包括围护桩墙、支撑、围檩和圈梁、立柱、坑内土层等部分。相邻环境中包括相邻土层、地下管线、相邻房屋等部分,具体见表5.1。

表 5.1 基坑工程现场监测内容

监测对象		监测项目	监测组件与仪器
围护结构	围护桩墙	桩墙水平位移与沉降	经纬仪、水准仪
		桩墙深层挠曲	测斜仪
		桩墙内力	钢筋应力传感器、频率仪
		桩墙水土压力	压力盒、孔隙水压力探头、频率仪
	水平支撑	轴力	钢筋应力传感器、位移计、频率仪
	圈梁、围檩	内力	钢筋应力传感器、频率仪
		水平位移	经纬仪、
	立柱	垂直沉降	水准仪
	坑底土层	垂直隆起	水准仪
	坑内地下水	水位	监测井、孔隙水压力探头、频率仪
相邻环境	坑外地层	分层沉降	分层沉降仪、频率仪
		水平位移	经纬仪
	相邻管线	垂直沉降	水准仪
		水平位移	经纬仪

续表

监测对象		监测项目	监测组件与仪器
相邻环境	相邻房屋	垂直沉降	水准仪
		倾斜	经纬仪
		裂缝	裂缝监测仪
	坑外地下水	水位	监测井、孔隙水压力探头、频率仪
		分层水压	孔隙水压力探头、频率仪

5.2.1　肉眼观察

肉眼观察是不借助于任何测量仪器,而用肉眼凭经验观察获得对判断基坑稳定和环境安全性有用的信息,这是一项十分重要的工作,需在进行其他使用仪器的监测项目前由有一定工程经验的监测人员进行。观察内容主要包括围护结构和支撑体系的施工质量、围护体系是否有渗漏水及其渗漏水的位置和多少、施工条件的改变情况、坑边堆载的变化、管道渗漏和施工用水的不适当排放以及降雨等气候条件的变化对基坑稳定和环境安全性关系密切的信息。同时,需加强基坑周围的地面裂缝、围护结构和支撑体系的工作失常情况、邻近建筑物和构筑物的裂缝、流土或局部管涌现象等工程隐患的早期发现工作,以便发现隐患苗头及时处理,尽量减少工程事故的发生。这项工作应与施工单位的工程技术人员配合进行,并及时交流信息和资料,同时记录施工进度与施工工况。相关内容都要详细地记录在监测日记中,重要的信息则需写在监测报表的备注栏内,发现重要的工程隐患则要专门做监测备忘录。

5.2.2　围护墙顶水平位移和沉降监测

围护墙顶沉降监测主要采用精密水准仪测量,在一个测区内应设 3 个以上基准点,基准点要设置在距基坑开挖深度 5 倍距离以外的稳定地方。

在基坑水平位移监测中,在有条件的场地,用轴线法亦即视准线法比较简便。采用视准线法测量时,需沿欲测量的基坑边线设置一条基准线(见图 5.1),在该线的两端设置工作基点 A、B。在基线上沿基坑边线按照需要设置若干测点,基坑有支撑时,测点宜设置在两根支撑的跨中。也可用小角度法用经纬仪测出各测点的侧向水平位移。各测点最好设置在基坑圈梁、压顶等较易固定的地方,这样设置方便,不宜损坏,而且真实反映基坑侧向变形。测量基点 A、B 需设置在离基坑一定距离的稳定地段,对于有支撑的地下连续墙或大孔径灌注桩这类围护结构,基坑角点的水平位移通常较小,这时可将基坑角点设为临时基点 C、D,在每个工况内可以用临

图 5.1　用视准线法测围护墙顶

时基点监测。变换工况时用基点 A、B 测量临时基点 C、D 的侧向水平位移,再用此结果对各测点的侧向水平位移值做校正。

由于深基坑工程场地一般比较小,施工障碍物多,且基坑边线也并非都是直线,因此,基准线的建立比较困难,在这种情况下可用前方交会法。前方交会法是在距基坑一定距离的稳定地段设置一条交会基线,或者设两个或多个工作基点,以此为基准,用交会法测出各测点的位移量。

围护墙顶沉降和水平位移监测的具体方法及仪器可参阅工程测量方面的图书和规范。

5.2.3 深层水平位移测量

1)测量原理

深层水平位移就是围护桩墙和土体在不同深度上的点的水平位移,通常采用测斜仪测量。将围护桩墙在不同深度上的点的水平位移按一定比例绘制成随深度变化的曲线,即围护桩墙深层挠曲线。测斜仪由测斜管、测斜探头、数字式读数仪 3 部分组成。测斜管在基坑开挖前埋设于围护桩墙和土体内,测斜管内有 4 条十字形对称分布的凹形导槽,作为测斜仪滑轮上下滑行的轨道,测量时使测斜探头的导向滚轮卡在测斜管内壁的导槽中,沿槽滚动将测斜探头放入测斜管,并由引出的导线将变形信号显示在读数仪上。

测斜仪的原理是通过摆锤受重力作用来测测量斜探头轴线与铅垂线之间倾角 θ,进而计算垂直位置各点的水平位移。图 5.2 为测斜仪测量的原理图,当土体产生位移时,埋入土体中的测斜管随土体同步位移,测斜管的位移量即为土体的位移量。放入测斜管内的活动探头测出的量是各个不同测量段上测斜管的倾角 θ,而该分段两端点(探头下滑动轮作用点与上滑动轮作用点)的水平偏差可由测得的倾角 θ 用下式表示:

$$\delta_i = L_i \cdot \sin \theta_i \qquad (5.1)$$

式中　θ_i——第 i 测量段的水平偏差值,mm;

　　　L_i——第 i 测量段的长度,通常取为 0.5 m、1.0 m 等整数,mm;

　　　θ_i——第 i 测量段的倾角值,(°)。

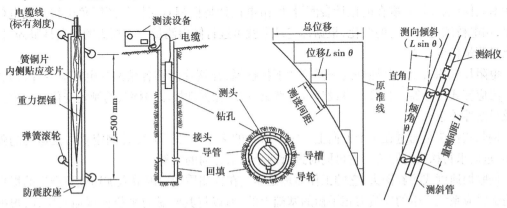

图 5.2　测斜仪量测原理图

当测斜管埋设得足够深时,管底可以认为是位移不动点,从管底上数第 n 测量段处测斜管的水平偏差总量为:

$$\delta = \sum_{i=1}^{n} \Delta \delta_i = \sum_{i=1}^{n} L \sin \Delta \theta_i \qquad (5.2)$$

管口的水平偏差值 δ_0 就是各测量段水平偏差的总和。

在测斜管两端都有水平位移的情况下,需要实测管口的水平偏差值 δ_0,则管口以下第 n 测量段处的水平偏差值 δ_n 为:

$$\delta_n = \delta_0 + \sum_{i=1}^{n} L \sin \theta_i \qquad (5.3)$$

应该注意的是,只有当埋设好的测斜管的轴线是铅垂线时,水平偏差值才是对应的水平位移值,但要将测斜管的轴线埋设成铅垂线几乎是不可能的,测斜管埋设好后总有一定的倾斜或挠曲。因此,各测量段的水平位移 Δ_n 应该是各次测得的水平偏差与测斜管的初始水平偏差之差,即:

$$\Delta_n = \delta_n - \delta_{0n} = \Delta_0 + \sum_{i=1}^{n} L(\sin \theta_i - \sin \theta_{0i}) \qquad (5.4)$$

式中　δ_{0n}——从管口下数第 n 测量段处的水平偏差初始值;

　　　θ_{0i}——从管口下数第 n 测量段处的倾角初始值;

　　　Δ_0——实测的管口水平位移,当从管口起算时,管口没有水平偏差初始值。

测斜管可以用于测单向位移,也可以测双向位移,测双向位移时,由两个方向的测量值求出其矢量和,得位移的最大值和方向。

实际测量时,将测斜仪探头沿管内导槽插入测斜管内,缓慢下滑,按取定的间距 L 逐段测定各测量段处的测斜管与铅直线的倾角,就能得到整个桩墙轴线的水平挠曲或土体不同深度的水平位移。

2)测斜仪类型

测斜仪按探头的传感组件不同,可分为滑动电阻式、电阻片式、钢弦式及伺服加速度式 4 种,图 5.2 为伺服加速度式测斜仪。目前所使用的测斜仪多为石英挠性伺服加速度计作为敏感原件而制成的测斜装置。

滑动电阻式探头以悬吊摆为传感组件,在摆的活动端装一电刷,在探头壳体上装电位计,当摆相对壳体倾斜时,电刷在电位计表面滑动,由电位计将摆相对壳体的倾摆角位移变成电信号输出,用电桥测定电阻比的变化,根据标定结果就可进行倾斜测量。该探头的优点是坚固可靠,缺点是测量精度不高。

电阻片式探头是在弹性好的铜弹簧片下挂摆锤,弹簧片两侧各贴两片电阻应变片,构成全桥输出应变式传感器。弹簧片可设计成应变梁,使之在弹性极限内探头的倾角变化与电阻应变读数呈线性关系。

钢弦式探头是通过在 4 个方向上十字形布置的 4 个钢弦式应变计测定重力摆运动的弹性变形,进而求得探头的倾角。它可同时进行两个水平方向的测斜。

伺服加速度式测斜探头,它的工作原理是建立在检测质量块因输入加速度而产生的惯性力与地磁感应系统产生的反馈力相平衡的基础上的,所以将其叫做力平衡伺服加速度计,根据测斜仪测头轴线与铅垂线间的倾斜角度和测斜仪轮距直接测出水平位移。该类测斜探头灵敏度和精度较高。

测斜仪主要由装有重力式测斜传感组件的探头、读数仪、电缆(见图 5.3)和测斜管(见图 5.4)4 部分组成。

图 5.3 伺服加速度式测斜仪

图 5.4 测斜管

（1）测斜仪探头

它是倾角传感组件，其外观为细长金属筒状探头，上、下靠近两端配有两对轮子，上端有与读数仪连接的绝缘测量电缆。

（2）读数仪

读数仪是测斜仪探头的二次仪表，是与测斜仪探头配套使用的。

（3）电缆

电缆的作用有四个：向探头供给电源；给测读仪传递测量信息；探头测量点距孔口的深度标尺；作为提升和下降探头的绳索。电缆需要很高的防水性能，因为作为深度尺，在提升和下降过程中有较大的伸缩，为此，电缆中有一根加强钢芯线。

（4）测斜管

测斜管一般由塑料（PVC）和铝合金材料制成，管长分为 2 m 和 4 m 等不同长度规格，管段之间由外包接头管连接，管内对称分布有四条十字形凹形导槽，管径有 60 mm、70 mm、90 mm 等多种不同规格。铝合金具有相当的韧性和柔度，较 PVC 管更适合于现场监测，但成本远大于后者。

3）测斜管埋设方式

测斜管有绑扎埋设和钻孔埋设两种方式：

（1）绑扎埋设

绑扎埋设主要用于桩墙体深层挠曲测试，埋设时将测斜管在现场组装后绑扎固定在桩墙钢筋笼上，随钢筋笼一起下到孔槽内，并将其浇筑在混凝土中。

（2）钻孔埋设

首先在土层中预钻孔，孔径略大于所选用测斜管的外径，然后将测斜管封好底盖逐节组装、逐节放入钻孔内，并同时在测斜管内注满清水，直到放到预定的标高为止。随后在测斜管与钻孔之间的空隙内回填细砂或水泥和黏土拌和的材料固定测斜管，配合比取决于土层的物理力学性质。

埋设过程中应注意，避免管子的纵向旋转，在管节连接时必须将上、下管节的滑槽严格对准，以免导槽不畅通。埋设就位时必须注意测斜管的一对凹槽与欲测量的位移方向一致（通常为与基坑边缘相垂直的方向）。测斜管固定完毕或混凝土浇筑完毕后，用清水将测斜管内冲洗干净。由于测斜仪的探头是贵重仪器，在未确认导槽畅通可用时，先将探头模型放入测斜管内，沿导槽上下滑行一遍，待检查导槽是正常可用时，方可用实际探头进行测试。埋设好测斜管后，需测测量斜管导槽的方位、管口坐标及高程，要及时做好保护工作，如测斜管外局部设置金属套管保护，测斜管管口处砌筑窨井，并加盖。

4) 测量

将测头插入测斜管,使滚轮卡在导槽上,缓慢下至孔底,测量自孔底开始,自下而上沿导槽全长每隔一定距离测读一次,每次测量时,应将测头稳定在某一位置上。测量完毕后,将测头旋转180°。插入同一对导槽,按以上方法重复测量。两次测量的各测点应在同一位置上,此时各测点的两个读数应数值接近、符号相反。如果对测量数据有疑问,应及时复测。基坑工程中通常只需监测垂直于基坑边线方向的水平位移。但对于基坑仰角的部位,就有必要测量两个方向的深层水平位移,此时,可用同样的方法测另一对导槽的水平位移。有些测读仪可以同时测出两个相互垂直方向的深层水平位移。深层水平位移的初始值应是基坑开挖之前连续3次测量无明显差异读数的平均值,或取开挖前最后一次的测量值作为初始值。测斜管孔口需布设地表水平位移测点,以便必要时根据孔口水平位移量对深层水平位移量进行校正。

5) 数据记录与计算

数据记录格式见表5.2。

表5.2　支护结构深层水平位移数据记录表

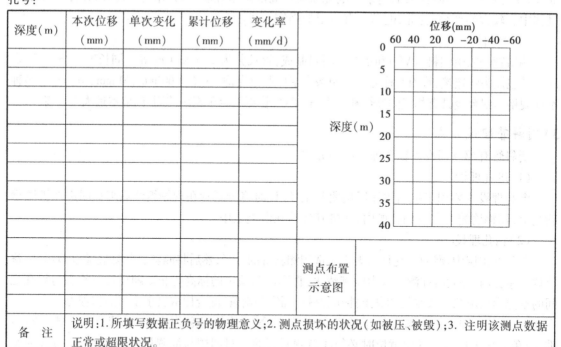

工程名称:　　　　　　报表编号:　　　　天气:
观测者:　　　　　　　计算者:　　　　　测试日期:　　年　　月　　日
孔号:

累计位移最大值:　　　　mm,深度位移　　　　m。
本次位移最大值:　　　　mm,深度位于　　　　m。
施工状况:开挖深度　　　　m。

5.2.4　土体分层沉降测试

土体分层沉降是指离地面不同深度处土层内的点的沉降或隆起,通常用磁性分层沉降仪测量。

1）原理与仪器

磁性分层沉降仪由对磁性材料敏感的探头、埋设于土层中的分层沉降管和磁环、带刻度标尺的导线以及电感探测装置组成，如图5.5所示。分层沉降管由波纹状柔性塑料管制成，管外每隔一定距离安放一个磁环，地层沉降时带动钢环同步下沉。当探头从钻孔中缓慢下放遇到预埋在钻孔中的磁环时，电感探测装置上的峰鸣器就发出叫声，这时根据测量导线上标尺在孔口的刻度以及孔口的高程，就可计算磁环所在位置的高程，测量精度可达1 mm。在基坑开挖前预埋分层沉降管和钢环，并测读各磁环的起始高程，与其在基坑施工开挖过程中测得的高程的差值即为各土层在施工过程中的沉降或隆起。

图5.5　磁性分层沉降仪

2）分层沉降管和磁环的埋设

用钻机在预定位置钻孔，取出的土分层分别堆放，钻到孔底高程略低于欲测量土层的标高；提起套管300～400 mm，将引导管放入，引导管可逐节连接直至略深于预定的最底部监测点的深度位置；然后，在引导管与孔壁间用膨胀黏土球填充并捣实到最低的沉降环位置；再用一只铅质开口送筒装上沉降环，套在引导管上，沿引导管送至预埋位置，用ϕ50 mm的硬质塑料管把沉降环推出并压入土中，弹开沉降钢环卡子，使沉降环的弹性卡子牢固地嵌入土中，提起套管至待埋沉降环以上300～400 mm，待钻孔内回填该层土做的土球至要埋的一个沉降环高程处，再用如上步骤推入上一高程的沉降环，直至埋完全部沉降环；固定孔口，做好孔口的保护装置，并测量孔口高程和各磁性沉降钢环的初始高程。

5.2.5　基坑回弹监测

基坑回弹是基坑开挖对坑底的土层卸荷过程引起基坑底面及坑外一定范围内土体的回弹变形或隆起。深大基坑的回弹量对基坑本身和邻近建筑物都有较大影响，因此需作基坑回弹监测，以确定其数值的大小，以便达到如下的目的：通过实测基坑回弹值来估计今后地基因建筑物上部荷载产生的再压缩量，以改进基础设计；估计对邻近建筑物的影响，以便及时采取措施。

基坑回弹量相对较小，过大的观测误差必影响结果的准确性，因此回弹观测精度要求较严。基坑回弹监测可采用回弹监测标和深层沉降标进行。当分层沉降环埋设于基坑开挖面以下时所监测到的土层隆起也就是土层回弹量。

1）回弹观测点与基准点布设要求

回弹观测及测点布置应根据基坑形状及工程地质条件,以最少的测点能测出所需的各纵横断面回弹量为原则,按中华人民共和国行业标准《建筑变形测量规程》,可利用回弹变形的近似对称性按下列要求在有代表性的位置和方向线上布置:

①在基坑中央和距坑底边缘 1/4 坑底宽度处,以及其他变形特征位置应设测点。对方形、圆形基坑可按单向对称布点;矩形基坑可按纵横向布点;复合矩形基坑可多向布点。地质情况复杂时,应适当增加点数。

②当所选点位遇到地下管道或其他构筑物时应予避开,可将观测点移到与之对应的方向线的空位上。

③在基坑外相对稳定和不受施工影响的地点,选设工作基点(水准点)和寻找标志用的定位点。

④观测路线应组成起讫于工作基点的闭合或附合路线,使之具有检核条件。

基准点的规格一般为:对覆盖土层厚度大的场地,可选用深埋双层金属管标或深埋钢管标,钻孔先钻穿软土后,将其置于密实土层或基岩上。如选用浅埋钢管标,则在挖除表土后,将标底土夯实,设置混凝土(强度等级 C15)底座。也可直接在裸露基岩上浇混凝土标石。

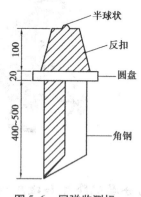

图 5.6　回弹监测标

2）回弹标及其埋设

回弹监测标如图 5.6 所示,其埋设方法如下:

①钻孔至基坑设计高程以下 200 mm,将回弹标旋入钻杆下端,顺钻孔徐徐放至孔底,并压入孔底土中 400～500 mm,即将回弹标尾部压入土中。旋开钻杆,使回弹标脱离钻杆。

②放入辅助测杆,用辅助测杆上的测头进行水准测量,确定回弹标顶面高程。

③监测完毕后,将辅助测杆、保护管(管套)提出地面,用砂或素土将钻孔回填,为了便于开挖后找到回弹标,可先用白灰回填 500 mm 左右。

用回弹标监测回弹一般在基坑开挖之前测读初读数,在基坑开挖到设计高程后再测读一次,在浇筑基础之前再监测一次。

3）深层沉降标及其埋设

深层沉降标由一个三卡锚头,一根 1/4″的内管和一根 1″外管组成,内管和外管都是钢管。内管连接在锚头上,可在外管中自由滑动,如图 5.7 所示。用光学仪器测量内管顶部的高程,高程的变化就相当于锚头位置土层的沉降或隆起。其埋设方法如下:

①用钻孔在预定位置钻孔,孔底高程略高于欲测量土层的高程约一个锚头长度。

②将 1/4″钢管旋在锚头顶部外侧的螺纹联结器上,用管钳旋

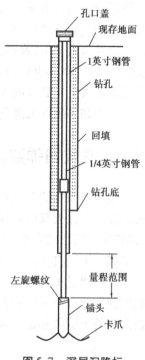

图 5.7　深层沉降标

紧。将锚头顶部外侧的左旋螺纹用黄油润滑后,与1"钢管底部的左旋螺纹相连,但不必太紧。

③将装配好的深层沉降标慢慢地放入钻孔内,并逐步加长,直到放入孔底。用外管将锚头压入预测土层的指定标高位置。

④在孔口临时固定外管,将外管压下约150 mm,此时锚头的三个卡子会向外弹,卡在土层里,卡子一旦弹开就不会再缩回。

⑤顺时针旋转外管,使外管与锚头分离。上提外管,使外管底部与锚头之间的距离稍大于预估的土层隆起量。

⑥固定外管,将外管与钻孔之间的空隙填实,做好测点的保护装置。

孔口一般高出地面200~1 000 mm为宜,当地表下降及孔口回弹使孔口高出地表较多时,应将其往下截减。

回弹监测点应根据基坑形状及工程地质条件布设,布点原则是以最少的测点测出所需的各纵横断面的回弹量,《建筑变形测量规程》(JGJ/T 8—97)对具体布设有专门规定。

5.2.6 土压力与孔隙水压力监测

土压力是基坑支护结构周围的土体传递给挡土构筑物的压力,也称支护结构与土体的接触压力,或由自重及基坑开挖后土体中应力重分布引起的土体内部的应力。通常采用在量测位置上埋设压力传感器来进行。土压力传感器工程上称之为土压力盒,常用的土压力盒有钢弦式和电阻式等。钢弦式土压力盒的工作原理详见第1章。

1)土压力传感器的埋设

对于作用在挡土构筑物表面的土压力盒应镶嵌在挡土构筑物内,使其应力膜与构筑物表面平齐,土压力盒后面应具有良好的刚性支撑,在土压力作用下尽量不产生位移,以保证量测的可靠性。

对干钢板桩或钢筋混凝土预制构件挡土结构,施工时多用打入或振动压入方式。土压力盒及导线只能在施工前安装在构件上。土压力盒用固定支架安装在预制构件上,安装结构如图5.8所示,固定支架挡泥板及导线保护管使土压力盒和导线在施工过程中免受损坏。

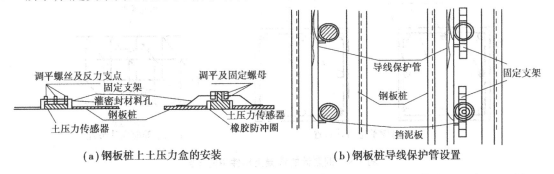

(a)钢板桩上土压力盒的安装　　**(b)钢板桩导线保护管设置**

图5.8　钢板桩安装土压力盒

对于地下连续墙等现浇混凝土挡土结构,土压力传感器安装时需紧贴在围护结构的迎土面上,但由于土压力传感器如随钢筋笼下入槽孔后,其面向土层的表面钢膜很容易在水下浇筑过程中被混凝土材料所包裹,混凝土凝固硬结后,水土压力根本无法直接被压力传感器所感应和接收,造成埋设失败。这种情况下土压力盒的埋设可采用挂布法、弹入法、活塞压入法及钻孔法。

2)孔隙水压力测试

孔隙水压力量测结果可用于固结计算及有限应力法的稳定性分析,在打桩、堆载预压法地基加固的施工速度控制、基坑开挖、沉井下沉和降水等引起的地表沉降控制中具有十分重要的作用。其原因在于饱和软黏土受荷后,首先产生的是孔隙水压力的增高或降低,随后才是土颗粒的固结变形。孔隙水压力的变化是土层运动的前兆,掌握这一规律,就能及时采取措施,避免不必要的损失。

孔隙水压力探头分为钢弦式、电阻式和气动式3种类型,探头由金属壳体和透水石组成。孔隙水压力计的工作原理是把多孔组件(如透水石)放置在土中,使土中水连续通过组件的孔隙(透水后),把土体颗粒隔离在组件外面而只让水进入有感应膜的容器内,再测量容器中的水压力,即可测出孔隙压力。孔隙水压力计的量程应根据埋置位置的深度、孔隙水压力变化幅度等确定。孔隙水压力计的安装与埋设应在水中进行,滤水石不得与大气接触,一旦与大气接触,滤水石应重新排气。埋设方法有压入法和钻孔法。

5.2.7 支挡结构内力监测

采用钢筋混凝土材料制作的围护支挡构件,其内力或轴力的测定,通常是通过在钢筋混凝土中埋设钢筋计测定构件受力钢筋的应力或应变,然后根据钢筋与混凝土共同工作及变形协调条件计算得到。钢筋计有钢弦式和电阻应变式两种,二次仪表分别用频率计和电阻应变仪。两种钢筋计的安装方法不相同,轴力和弯矩等的计算方法也略有不同。钢弦式钢筋计与结构主筋轴心对焊联结,即钢筋计与受力主筋串联,计算结果为钢筋的应力值。电阻式应变计安装时,电阻式应变计与主筋平行绑扎或点焊在箍筋上,应变仪测得的是混凝土内部该点的应变。由于主钢筋一般沿混凝土结构截面周边布置,所以钢筋计应上下或左右对称布置,或在矩形断面的4个角点处布置4个钢筋计,如图5.9所示。

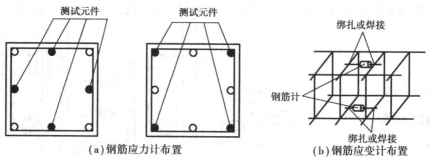

(a)钢筋应力计布置　　　　　(b)钢筋应变计布置

图5.9　钢筋计的混凝土构件中的布置

通过埋设在钢筋混凝土结构中的钢筋计,可以量测:

①围护结构沿深度方向的弯矩;

②基坑支撑结构的轴力和弯矩;

③圈梁或回檩的平面弯矩;

④结构底板所受的弯矩。

以钢筋混凝土构件中埋设钢筋计为例,根据钢筋与混凝土的变形协调原理,由钢筋计的拉力或压力计算构件内力的方法如下:

支撑轴力:

$$P_c = \frac{E_c}{E_g}\overline{p}_g\left(\frac{A}{A_g} - 1\right) \qquad (5.5)$$

支撑弯矩:

$$M = \frac{1}{2}(\overline{p}_1 - \overline{p}_2)\left(n + \frac{bhE_c}{6E_gA_g}\right)h \qquad (5.6)$$

地下连续墙弯矩:

$$M = \frac{1\,000h}{t}\left(1 + \frac{thE_c}{6E_tA_t}h\right)\frac{(\overline{p}_1 - \overline{p}_2)}{2} \qquad (5.7)$$

式中　P_c——支撑轴力,kN;

　　　E_c,E_g——混凝土和钢筋的弹性模量,MPa;

　　　$\overline{p}_g$——所量测的几根钢筋拉压力平均值,kN;

　　　A_1,A_g——支撑截面面积和钢筋截面面积;

　　　n——埋设钢筋计的那一层钢筋的受力主筋总根数;

　　　t——受力主筋间距;

　　　b——支撑宽度;

　　　$\overline{p}_1$,$\overline{p}_2$——支撑或地下连续墙两对边受力主筋实测拉压力平均值;

　　　h——支撑高度或地下连续墙厚度。

按上述公式进行内力换算时,结构浇筑初期应计入混凝土龄期对弹性模量的影响,在室外温度变化幅度较大的季节,还需注意温差对监测结果的影响。

对于 H 型钢、钢管等钢支撑轴力的监测,可通过串联安装轴力计或压力传感器的方式来进行,使用支撑轴力计价格略高,但经过标定后可以重复使用,且测试简单,测得的读数根据标定曲线可直接换算成轴力,数据比较可靠。在施工单位配置钢支撑之时就要与施工单位协调轴力计安装事宜,因为轴力计是串联安装的,安装不好会影响支撑受力,甚至引起支撑失稳或滑脱。在现场监测环境许可的条件下,亦可在钢支撑表面粘贴钢弦式表面应变计、电阻应变片等测试钢支撑的应变,或在钢支撑上直接粘贴底座并安装电子位移计、千分表来量测钢支撑变形,再用弹性原理来计算支撑的轴力。

5.2.8　土层锚杆试验和监测

土层锚杆试验分基本试验、验收试验和蠕变试验 3 种。新型锚杆或已有锚杆用于未曾应用过的土层都需做至少 3 个锚杆基本试验;对于塑性指数大于 17 的淤泥及淤泥质土层中的锚杆应进行至少 8 组蠕变试验。锚杆施工好后需抽取 5% 且至少 3 根锚杆进行验收试验。用于试验的锚杆,其锚杆参数、材料和施工工艺必须与工程锚杆相同。

1) 基本试验及监测

最大试验荷载不应超过钢丝、钢筋或钢绞线强度标准值的 0.8 倍。具体加荷等级与监测时间见表 5.3。砂质土、硬黏土在每级加荷等级监测时间内,锚头位移量不大于 0.1 mm,或锚头位移量虽大于 0.1 mm,但监测到 2.0 h 锚头位移增量小于 2.0 mm,可施加下一级荷载;淤泥及淤泥质土当荷载等级为 Af_{pt} 的 0.6 和 0.8 倍时,锚头位移增量在监测时间内 2.0 h 小于 2.0 mm,可施加下一级荷载。锚杆破坏标准为:①后一段荷载产生的锚头位移增量达到或超过前一级荷载产生位移增量的 2 倍;②锚头位移不收敛;③锚头总位移超过设计允许位移值。试验成果通过绘制锚杆荷载—位移(Q-S)曲线、锚杆荷载—弹性位移(Q-S_e)曲线、锚杆荷载—塑性位移(Q-S_p)曲线表示,如图 5.10 所示。当基本试验所得的总弹性位移超过自由段长度理论弹性伸长的 80%,且小于自由段长度与 1/2 锚固长度之和的理论弹性伸长时,才判断试验结果有效。

表 5.3　土层锚杆基本试验加载等级与监测时间

	初始荷载	—	—	—	10	—	—	—
加载增量（Af_{pt}）	第一循环	10	—	—	30	—	—	10
	第一循环	10	30	30	40	30	20	10
	第一循环	10	30	40	50	40	30	10
	第一循环	10	30	50	60	50	30	10
	第一循环	10	30	50	70	50	30	10
	第一循环	10	30	60	80	60	30	10
监测时间（min）	砂质土、硬黏土	5	5	5	10	5	5	5
	淤泥及淤泥质土	15	15	120	120	120	15	15

注:在每段加载等级监测时间内,测读锚头位移至少 3 次。

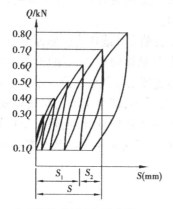

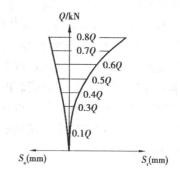

（a）荷载-位移（Q-S）曲线　　　　（b）荷载-弹性位移（Q-S_e）曲线及荷载-塑性位移（Q-S_r）

图 5.10　土层锚杆基本试验成果曲线

2）验收试验及监测

　　验收试验最大试验荷载不应超过预应力筋 Af_{pt} 分值的 0.8 倍,且为锚杆设计轴向拉力的 1.5 倍(永久性锚杆)或 1.2 倍(临时性锚杆)。具体加荷等级与监测时间见表 5.3。最大试验荷载监测 15 min 后,卸载到 0.1 Nt,然后加载到锁定荷载锁定。试验成果整理成如图 5.11 所示的验收试验 Q-S 曲线。当验收试验在最大试验荷载作用下锚头位移趋于稳定,并且实验所得的总弹性位移超过自由段长度理论弹性伸长的 80%,而小于自由段长度与 1/2 锚固长度之和的理论弹性伸长时,锚杆达到验收标准。

3）蠕变试验及监测

锚杆蠕变试验加荷等级与监测时间见表5.4。在监测时间内荷载必须恒定,每级荷载按时间间隔1,2,3,4,10,20,30,45,60,75,90,120,150,180,210,240,270,300,330,360 min记录蠕变量。试验结果绘制成蠕变量—时间对数(S-lg t)曲线,如图5.12所示,并用下式计算蠕变系数:

$$K_0 = \frac{S_2 - S_1}{\lg t_2 - \lg t_1} \tag{5.8}$$

式中　S_1, S_2——t_1, t_2 时所得的蠕变量。

表5.4　土层锚杆验收试验和蠕变试验加载等级与监测时间

加　荷　等　级 Q		0.1 Nt	0.25 Nt	0.5 Nt	0.75 Nt	1.00 Nt	1.20 Nt	1.50 Nt
监测时间（min）	验收试验　临时锚杆	5	5	5	10	10	10	
	验收试验　永久锚杆	5	5	10	10	15	15	15
	蠕变试验　临时锚杆	—		10	30	60	90	120 (1.33 Nt)
	蠕变试验　永久锚杆	—	10	30	60	120	240	360 (1.33 Nt)

注:在每段加载等级监测时间内,测读锚头位移至少3次。

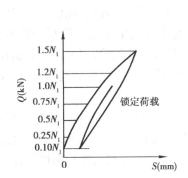

图5.11　土层锚杆验收试验成果曲线(Q-S)

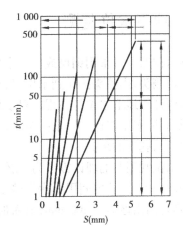

图5.12　土层锚杆蠕变试验的蠕变量—时间对数(S-lg t)曲线

4）锚杆监测

在基坑开挖过程中,锚杆要在受力状态下工作数月,为了检查锚杆在整个施工期间是否按设计预定的方式起作用,有必要选择一定数量的锚杆作长期监测,锚杆监测一般仅监测锚杆轴力的变化。锚杆轴力监测有专用的锚杆轴力计,其结构如图5.13所示,锚杆轴力计安装在承压板与锚头之间。钢筋锚杆可以采用钢筋应力计和应变计,其埋设方法与钢筋混凝土中的埋设方法类似,但当锚杆由几根钢筋组合时,必须每根钢筋上都安装钢筋计,它们的拉力总和才是锚杆总拉力,而不能只测其中几根钢筋的拉力求其平均值,再乘以钢筋的总数来计算锚杆总拉力。因为锚杆由几根钢筋组合时,几根锚杆的初始拉紧程度是不一样的,所受的拉力与初始拉紧程度的关系很大。锚杆钢筋计和锚杆轴力计安装好后,待锚杆施工完成,进行锚杆预应力张拉时,要记录锚杆钢筋计和锚杆轴力计上的初始荷载,同时也可根据张拉千斤顶的读数对锚杆钢筋计和锚杆轴力计的结果进行校核。在整个基坑开挖过程中,每天宜测读数一次,监测次数宜根据开挖进度和监测结果及其变化情况适当增减。当基坑开挖到设计高程时,锚杆上的荷载应试相对稳定的。如果每周荷载的变化量大于5%锚杆所受的荷载,就应当查明原因,采取适当措施。

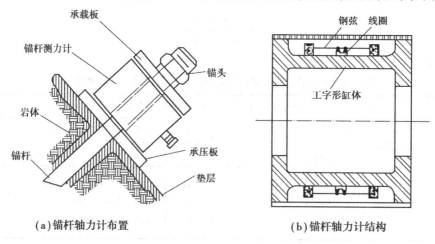

(a)锚杆轴力计布置　　　　　　(b)锚杆轴力计结构

图5.13　专用的锚杆轴力计结构图

5.2.9　地下水位监测

地下水位监测可采用钢尺或钢尺水位计。钢尺水位计的工作原理是,在已埋设好的水管中放入水位计测头,当测头接触到水位时,启动讯响器,此时读取测量钢尺与管顶的距离,根据管顶高程即可计算地下水位的高程。对于地下水位比较高的水位观测井,也可用干的钢尺直接插入水位观测井,记录湿迹与管顶的距离,根据管顶高程即可计算地下水位的高程,钢尺长度需大于地下水位与孔口的距离。

地下水位观测井的埋设方法为:用钻机钻孔到要求的深度后,在孔内埋入滤水塑料套管,管径约90 mm;套管与孔壁间用干净细砂填实,然后用清水冲洗孔底,以防泥浆堵塞测孔,保证水路畅通,测管高出地面约200 mm,上面加盖,不让雨水进入,并做好观测井的保护装置。

5.2.10　相邻环境监测

基坑开挖必定会引起邻近基坑周围土体的变形,过量的变形将影响邻近建筑物和市政管线的正常使用,甚至导致破坏。因此,必须在基坑施工期间对它们的变形进行监测。其目的是:根据监测数据及时调整开挖速度和支护措施,以保护邻近建筑物和管线不因过量变形而影响它们的正常使用功能或破坏;对邻近建筑物和管线的实际变形提供实测数据,对邻近建筑物的安全作出评价,使基坑开挖顺利进行。相邻环境监测的范围宜从基坑边线起到开挖深度2.0~3.0倍的距离;监测周期应从基坑开挖开始,至地下室施工结束为止。

1) 建筑物变形监测

建筑物的变形监测可以分为沉降监侧、倾斜监测、水平位移监测和裂缝监测等内容。监测前必须收集、掌握以下资料：

①建筑物结构和基础设计图纸、建筑物平面布置及其与基坑围护工程的相对位置等；

②工程地质勘查资料、地基处理资料；

③基坑工程围护方案、施工组织设计等。

邻近建筑物变形监测点布设的位置和数量应根据基坑开挖有可能影响到的范围和程度，同时考虑建筑物本身的结构特点和重要性确定。与建筑物的永久沉降观测相比，基坑引起相邻房屋沉降的现场监测点的数量较多，监测频度高（通常每天 1 次），监测总周期较短（一般为数月），相对而言，监测精度要求比永久观测略低，但需根据相邻建筑物的种类和用途区别对待。

沉降监测的基准点必须设置在基坑开挖影响范围之外（至少大于 5 倍基坑开挖深度），同时也需考虑到重复量测、通视等的便利，避免转站引点导致的误差。

在基坑工程施工前，必须对建筑物的现状进行详细调查，调查内容包括建筑物沉降资料，开挖前基准点和各监测点的高程，建筑物裂缝的宽度、长度和走向等裂缝开展情况，同时做好素描和拍照等记录工作。将调查结果整理成正式文件，请业主及施工、建设、监理、监测等有关各方签字或盖章认定，以备发生纠纷时作为仲裁的依据。

2) 相邻地下管线监测

城市地区地下管线网是城市生活的命脉，其安全与人民生活和国民经济紧密相连。城市市政管理部门和煤气、输变电、自来水和电信等与管线有关的公司都对各类地下管线的允许变形量制定了十分严格的规定，基坑开挖施工时必须将地下管线的变形量控制在允许范围内。

相邻地下管线的监测内容包括垂直沉降和水平位移两部分，其测点布置和监测频率应在对管线状况进行充分调查后确定，并与有关管线单位协调认可后实施。调查内容包括：

①管线埋置深度、管线走向、管线及其接头的形式、管线与基坑的相对位置等，可根据城市测绘部门提供的综合管线图并结合现场踏勘确定；

②管线的基础形式、地基处理情况、管线所处场地的工程地质情况；

③管线所在道路的地面人流与交通状况，据此制订合适的测点埋设和监测方案。

地下管线可分为刚性管线和柔性管线两类。煤气管、上水管及预制钢筋混凝土电缆管等通常采用刚性接头，刚性管线在土体移动不大时可正常使用，土体移动幅度超过一定限度时则将发生断裂破坏。采用承插式接头或橡胶垫板加螺栓连接接头的管道，受力后接头可产生近于自由转动的角度，常可视为柔性管线，如常见的下水道等。接头转动的角度 α 及管节中的弯曲应力小于允许值时，管线可正常使用，否则也将产生断裂或泄漏，影响使用。地下管线位于基坑工程施工影响范围以内时，一般在施工前作调查之后，根据基坑工程的设计和施工方案运用有关公式对地下管线可能产生的最大沉降量作出预估，并根据计算结果判断是否需要对地下管线采取主动的保护措施，同时提出经济合理和安全可靠的管线保护方法。地下管线验算方法有：

（1）刚性管线的检验计算

长度较大的刚性管线可按弹性地基梁原理进行计算和分析。管线因随地层变形而产生弯曲应力 σ_w。σ_w 小于管材允许抗拉（压）强度时，一般不必加固。如地层沉降超过预计幅度，管线中的 σ_w 大于允许值时，则需预先埋设注浆管，在监控量测的指导下采用分层注浆法加固管线地基。

将管线视为弹性地基梁时,地层特性的描述如图 5.14 所示。如将管线位移记为 ω_p,则有:

$$\frac{d^4\omega_p}{dx^4} + 4\lambda^4\omega_p = \frac{q}{E_pI_p} \tag{5.9}$$

$$\lambda = \sqrt[4]{\frac{K}{4E_pI_p}} \tag{5.10}$$

式中 K——基床系数;

   E_p——管线材料弹性模量;

   I_p——管线截面惯性矩;

   q——作用在管线上的压力。

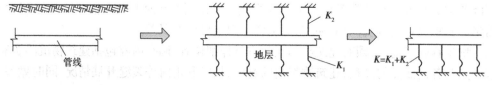

图 5.14 弹性地基梁地层特性

地层无沉陷时 $q = K\omega_p$,地层下沉 ω 时,$q = K(\omega_p - \omega)$,如图 5.15 所示。

盾构与管线轴线正交时,地层沉陷 ω 的表达式可直接由派克公式计算:

$$\omega = \frac{V_1}{\sqrt{2\pi l_0}}e^{-\frac{x^2}{2l_0^2}} \tag{5.11}$$

式中 V_1——地层损失量;

   x——与隧道中心线的距离;

   l_0——沉降槽宽度系数。

$x = l_0$ 处为沉降曲线的反弯点。

图 5.15 弹性地基的变形

将 q 和 ω 的表达式代入弹性地基梁计算方程,即可推导出作用在管线上的弯矩 M 和发生的应变 ε_x 的计算表达式:

$$M = EI\frac{\partial^2\omega_p}{2\partial x^2} \tag{5.12}$$

$$\varepsilon_x = \frac{d\partial^2\omega_p}{2\partial x^2} \tag{5.13}$$

式中 d——管线直径。

求得应变 ε_x 后,可按 $\sigma_w = E_p\varepsilon_x$ 确定管线是否将出现破坏。

管线与盾构斜交时,可将沉降槽宽度系数取为 l_θ,并令 $l_\theta = l_0 = l/\cos\theta$(见图 5.16);管线与盾构平行时,则令 l_0 等于半个沉降槽宽度(见图 5.17)。

(2)管线接头的检验计算

盾构与管线轴线正交时:第一步可根据派克公式预测管线底面的沉降曲线;第二步可按几何关系求取沉降曲线的曲率半径 R_1、R_2;最后计算直径为 D 的管段在曲率最大处接缝的张开值 Δ,如图 5.18 所示。

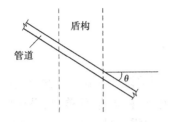

图 5.16　管线与盾构斜变

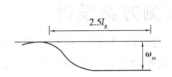

图 5.17　管线与盾构平行

$$\Delta = \frac{Db}{R_1} \text{ 或 } \Delta = \frac{Db}{R_2} \qquad (5.14)$$

如在接头 L 设有由内张圈固定的橡胶止水带,且接头张开 Δ 时仍不漏水和不破坏,则管线接头处于安全状态。

对地下管线本体进行主动保护的方法有跟踪注浆加固和开挖暴露管线后对其进行结构加固等多种方法,本节不作详细介绍。

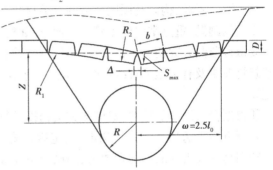

图 5.18　盾构与管线轴线正交时管线接缝的张开值

对地下管线进行监测是对其进行间接保护,在监测中主要采用间接测点和直接测点两种形式。间接测点又称监护测点,常设在管线的窨井盖上,或设在管线轴线相对应的地表,将钢筋直接打入地下,深度与管底一致,作为观测标志。但由于间接测点与管线之间存在着介质,测点数据与管线本身的变形之间有一定的差异,在人员与交通密集不宜开挖的地方或设防标准较低的场合可以采用。直接测点是通过埋设一些装置直接测读管线的沉降,常用方案有以下两种。

①抱箍式:如图 5.19 所示,由扁铁做成的稍大于管线直径的圆环,将测杆与管线连接成整体,测杆伸至地面,地面处布置相应窨井,保证道路正常通行。抱箍式测点监测精度高,能测得管线的沉降和隆起,但埋设时必须凿开路面,并开挖至管线的底面,这在城市主干道路是很难办到的。对于次干道和十分重要的地下管线如高压煤气管线,按此方案设置测点并予以严格监测,是必要和可行的。

②套筒式:基坑开挖对相邻管线的影响主要表现在沉降方面,根据这一特点采用一硬塑料管或金属管打设或埋设于所测管线顶面和地表之间,量测时将测杆放入埋管,再将标尺搁置在测杆顶端。只要测杆放置的位置固定不变,测试结果能够反映出管线的沉降变化。套筒式埋设方案如图 5.20 所示。按套筒方案埋设测点的最大特点是简单易行,特别是对于埋深较浅的管线,通过地面打设金属管至管线顶部,再清除整理,可避免道路开挖,其缺点在于监测精度较低。

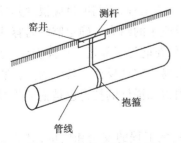

图 5.19　抱箍式埋设方案

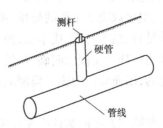

图 5.20　套筒式埋设方案

5.3 监测方案设计

监测方案设计必须建立在对工程场地地质条件、基坑围护设计和施工方案及基坑工程相邻环境详尽地调查的基础之上,同时还需与工程建设单位、施工单位、监理单位、设计单位及管线主管单位和道路监察部门充分地协商。监测方案的制订一般需经过以下几个主要步骤:

①收集和阅读工程地质勘察报告,围护结构和建筑工程主体结构的设计图纸(+0.00 以下部分)及其施工组织设计,较详细的综合平面位置图、综合管线图等,以掌握工程场地工程地质条件、围护与主体结构以及周围环境的有关材料。

②现场踏勘,重点掌握地下管线走向、相邻构筑物状况,以及它们与围护结构的相互关系。

③拟订监测方案初稿,提交委托单位审阅,同意后由建设单位主持有市政道路监察部门、邻近建筑物业主及有关地下管线(煤气、电力、电信、上水、下水等)单位参加的协调会议,形成会议纪要。

④根据会议纪要的精神,对监测方案初稿进行修改,形成正式监测方案。

监测方案需送达有关各方认定,认定后正式监测方案在实施过程中大的原则一般不能更改。特别是埋设组件的种类和数量、测试频率和报表数量等应严格按认定的方案实施。但像某些测点的具体位置、埋设方法等细节问题,则可以根据实际施工情况作适当调整。

基坑工程施工监测方案设计的主要内容是:

①监测内容的确定;

②监测方法和仪器的确定,监测组件量程、监测精度的确定;

③施测部位和测点布置的确定;

④监测周期、预警值及报警制度等实施计划的制订。

监测方案除包括上述内容外,还需将工程场地地质条件、基坑围护设计和施工方案以及基坑工程相邻环境等的调查作明了地叙述。

一份高质量的监测方案是取得项目成功的一半,这不仅提高了项目的竞争力,更重要的是拟订了周密详尽的计划,保证了后续工作有条不紊顺利开展。

5.3.1 监测内容和方法的确定

基坑工程施工现场监测的内容分为 3 大部分,即围护结构、支撑体系以及相邻环境。围护结构主要是围护桩墙和圈梁(压顶);支撑体系包括支撑或土层锚杆、围檩和立柱部分;相邻环境中包括相邻土层、地下管线、相邻房屋 3 部分。对于一个具体工程,监测项目应根据其具体的特点来确定,主要取决于工程的规模、重要程度、地质条件及业主的财力。确定监测内容的原则是监测简单易行、结果可靠、成本低,便于施工实施,监测元件要能尽量靠近工作面安设。此外,所选择的被测物理量要概念明确、量值显著,数据易于分析,易于实现反馈。其中的位移监测是最直接易行的,因而应作为施工监测的重要项目。支撑的内力和锚杆的拉力也是施工监测的重要项目。

基坑工程监测方案的制订应充分满足如下要求:确保基坑工程的安全和质量,对基坑周围的环境进行有效保护,检验设计所采取的各种假设和参数的正确性,并为改进设计,提高工程整体水平提供依据。

上海市工程建设规范《基坑监测规程》(DG/TJ 08—2001—2006)建议基坑工程施工监测项目参照表5.5选择。项目选择时考虑了支护结构的形式和周围环境。

表5.5　基坑工程的施工监测项目表

序号	监测项目	开挖前 围护体系	开挖阶段 重力式围护体系 一级	二级	三级	板式围护体系 一级	二级	三级	放坡开挖
1	围护体系观察		√	√	√	√	√	√	√
2	围护墙(边坡)顶部水平位移		√	√	√	√	√	√	√
3	围护墙(边坡)顶部垂直位移		√	√	√	√	√	√	√
4	围护体系裂缝		√	√	○	√	√	○	
5	围护墙侧向变形(测斜)		√	√	√	√	√	√	
6	围护墙侧向土压力					○	○		
7	围护墙内力					√	○		
8	冠梁或围檩内力					√			
9	支撑内力					√	√	○	
10	锚杆或土钉拉力		○	○		√	√	○	
11	立柱垂直位移					√	√	○	
12	立柱内力					√	√		
13	基坑外地下水位	√	√	√	√	√	√	√	√
14	基坑内地下水位	○				○			
15	孔隙水压力	○				○			
16	土体深层侧向变形(测斜)		○	○	○	○			
17	土体分层位移		○			○			
18	坑底隆起(回弹)		○			○			
19	地表垂直位移		○			○			○
20	邻近建(构)筑物垂直及水平向位移	√	√	√	√	√	√	√	√
21	邻近建(构)筑物倾斜	○	○			○			
22	邻近建(构)筑物裂缝、地表裂缝	√	√	√	√	√	√	√	√
23	邻近地下管线水平及垂直位移	√	√	√	√	√	√	√	√

注:√为应测项目;○为选测项目(视监测工程具体情况和相关方要求确定)。

对于一个具体的基坑工程,可以根据地质、结构、周围环境以及允许的经费投入等有目的、有侧重地选择其中的一部分。表5.4中分"应测项目"和"选测项目"两个监测重要性级别,是参照当前工程界通常做法通过归纳总结而划分的,对工程应用具有一定的指导意义。其中,

"应测项目"表示每个基坑工程的基本监测项目,"选测项目"则可视工程的重要程度和施工难度考虑采用。近年编制颁布的基坑工程设计施工规程一般都按破坏后果和工程复杂程度将工程区分为若干等级,由工程所属的等级来要求和选择相应的监测内容。

基坑支护设计应根据支护结构类型和地下水控制方法,按国家行业标准《建筑基坑支护技术规程》(JGJ120—2012)选择基坑监测项目,见表5.6。并应根据支护结构构件、基坑周边环境的重要性及地质条件的复杂性确定监测点部位及数量。选用的监测项目及其监测部位应能够反映支护结构的安全状态和基坑周边环境受影响的程度。

表5.6　基坑监测项目选择

监测项目	支护结构安全等级		
	一级	二级	三级
支护结构顶部水平位移	应测	应测	应测
基坑周边建(构)筑物、地下管线、道路沉降	应测	应测	应测
坑边地面沉降	应测	应测	宜测
支护结构深部水平位移	应测	应测	选测
锚杆轴力	应测	应测	选测
支撑轴力	应测	宜测	选测
挡土构件内力	应测	宜测	选测
支撑立柱沉降	应测	宜测	选测
支护结构沉降	应测	宜测	选测
地下水位	应测	应测	选测
土压力	应测	选测	选测
孔隙水压力	宜测	选测	选测

注:表内各监测项目中,仅选择实际基坑支护形式所含有的内容。

监测方法和仪表的确定主要取决于场地工程地质条件和力学性质,以及测量的环境条件。通常,在软弱地层中的基坑工程,地层变形和结构内力由于量值较大,可以采用精度稍低的仪器和装置,地层压力和结构变形则量值较小,应采用精度稍高的仪器。而在较硬土层中的基坑工程,情况则相反,即地层变形和结构内力量值较小,应采用精度稍高的仪器,地层压力量值较大,可采用精度稍低的仪器和装置。当基坑干燥无水时,电测仪表往往能工作得很好;在地下水发育的地层中用电阻式电测仪表就较为困难,常采用钢弦频率式传感器。

仪器选择前需首先估算各物理量的变化范围,并根据测试重要性程度确定测试仪器的精度和分辨率。各监测项目的监测仪器和方法的选择详见5.2节。

5.3.2　施测位置与测点布置原则

测点布置涉及各监测内容中组件或探头的埋设位置和数量,应根据基坑工程的受力特点及由基坑开挖引起的基坑结构及周围环境的变形规律来布设。

1) 桩墙顶水平位移和沉降

桩墙顶水平位移和垂直沉降是基坑工程中最直接、最重要的监测内容。测点一般布置在将围护桩墙连接起来的混凝土圈梁上及水泥搅拌桩、土钉墙、放坡开挖时的上部压顶上。采用铆钉枪打入铝钉,或钻孔埋设膨胀螺丝,也有涂红漆等作为标记的。测点的间距一般取 8 ~ 15 m,可以等距离布设,也可根据现场通视条件、地面堆载等具体情况随机布置。测点间距的确定主要是考虑能够据此描绘出基坑围护结构的变形曲线。对于水平位移变化剧烈的区域,测点可以适当加密,有水平支撑时,测点应布置在两根支撑的中间部位。

立柱沉降测点应直接布置在立柱桩上方的支撑面上,对多根支撑交汇受力复杂处的立柱应作重点监测,用做施工栈桥处的立柱也应重点监测。

2) 桩墙深层侧向位移

桩墙深层侧向位移监测,也称桩墙测斜。通常在基坑每边上布设 1 个测点,一般应布设在围护结构每边的跨中处。对于较短的边线也可不布设,而对于较大的边线可增至 2 ~ 3 个。原则上,在长边上应每隔 30 ~ 40 m 布设 1 个测斜孔。监测深度一般与围护桩墙深度一致,并延伸至地表,在深度方向的测点间距为 0.5 ~ 1.0 m。

3) 结构内力

对于设置内支撑的基坑工程,一般可选择部分典型支撑进行轴力变化监测,以掌握支撑系统的受力状况,这对于有预加轴力的钢支撑来说,显得尤为重要。支撑轴力的测点布置主要由平面、立面和断面三方面因素所决定。平面指设置于同一高程即同一道支撑内量测杆件的选择,原则上应参照基坑围护设计方案中各道支撑内力计算结果,选择轴力最大的杆件进行监测。在缺乏计算资料的情况下,通常可选择平面净跨较大的支撑杆件布设测点。立面指基坑竖直方向不同高程处设置各道支撑的监测选择。由于基坑开挖、支撑设置和拆除是一个动态发展过程,各道支撑的轴力存在着量的差异,在各施工阶段都起着不同的作用,因而需对各道支撑都作监测,并且各道支撑的测点应设置在同一平面位置。这样,从轴力—时间曲线上就可很清晰地观察到各道支撑设置—受力—拆除过程中的内在相互关系,对切实掌握水平支撑受力规律有很大的指导意义。轴力监测断面应布设在支撑的跨中部位,对监测轴力的重要支撑,宜同时监测其两端和中部的沉降与位移。采用钢筋应力传感器量测支撑轴力,需要确定量测断面内测试组件的布设数量和位置。实际量测结果表明,由于支撑杆件的自重以及各种施工荷载的作用,水平支撑的受力相当复杂,除轴向压力外,还存在垂直方向和水平方向作用的荷载,就其受力形态而言应为双向压弯扭构件。为了能真实反映出支撑杆件的受力状况,测试断面内一般配置 4 个钢筋计。

围护桩墙的内力监测点应设置在围护结构体系中受力有代表性的钢筋混凝土支护桩或地下连续墙的主受力钢筋上。在监测点的竖向位置布置方面应考虑如下因素:计算的最大弯矩所在的位置和反弯点位置,各土层的分界面、结构变截面或配筋率改变的截面位置,结构内支撑及拉锚所在位置。

采用土层锚杆的围护体系,每道土层锚杆中都必须选择两根以上的锚杆进行监测,选择在围护结构体系中受力有代表性的典型锚杆进行监测。在每道土层锚杆中,若锚杆长度不同、锚杆形式不同、锚杆穿越的土层不同,则通常要在每种不同的情况下布设两个以上的土层锚杆监测点。

4）土体分层沉降和水土压力测点布设

土体分层沉降和水土压力监测应设置在围护结构体系中受力有代表性的位置。土体分层沉降和孔隙水压力计测孔应紧邻围护桩墙埋设，土压力盒应尽量在围护桩墙施工时埋设于土体与围护桩墙的接触面上。在监测点的竖向布置位置主要为：计算的最大弯矩所在位量和反弯点位置，计算水土压力最大的位置，结构变截面或配筋率改变的截面位置，结构内支撑及拉锚所在位置。这与围护桩墙内力测点布设的位置基本相同。对于土体分层沉降，还应在各土层的分界面布设测点，当土层厚度较大时，在上层中部增加测点。孔隙水压力计一般布设在上层中部。

5）土体回弹

回弹测点宜按下列要求在有代表性的位置和方向线上布设。

①在基坑中央和距坑底边缘1/4坑底宽度处及特征变形点处必须设置。方形、圆形基坑可按单向对称布点，矩形基坑可按纵横向布点，复合矩形基坑可多向布点，地质情况复杂时应适当增加点数。

②基坑外的观测点，应在所选坑内方向线上的一定距离（基坑深度的1.5~2.0倍）布设。

③当所选点遇到地下管线或其他建筑物时，可将观测点移到与之对应方向线的空位上。

④在基坑外相对稳定或不受施工影响的地点，选设工作水准点，以及寻找标志用的定位点。

6）坑外地下水位

施筑在高地下水位的基坑工程，围护结构止水能力的优劣对于相邻地层和房屋的沉降控制至关重要。开展基坑降水期间坑外地下水位的下降监测，其目的就在于检验基坑止水帷幕的实际效果，必要时适当采取灌水补给措施，以避免基坑施工对相邻环境的不利影响。坑外地下水位一般通过监测井监测，井内设置带孔塑料管，并用砂石充填管壁外侧。

监测井布设位置较为随意，只要设置在止水帷幕以外即可。监测井不必埋设很深，管底高程一般在常年水位以下4~5 m即可。

7）环境监测

环境监测应包括基坑开挖3倍深度以内的范围，建筑物以沉降监测为主，测点应布设在墙角、柱身（特别是能够反映独立基础及条形基础差异沉降的柱身）、门边等外形凸出部位，除了在靠近基坑一侧要布设测点外，在其他几侧也应设测点，以作比较。测点间距应能充分反映建筑物各部分的不均匀沉降，建筑物上沉降和倾斜监测点的布设原则详见第2章。管线上测点布设的数量和间距应听取管线主管部门的意见，并考虑管线的重要性及其对变形的敏感性。如上水管承接式接头一般应按2~3个节度设置1个监测点，管线越长，在相同位移下产生的变形和附加弯矩就越小，因而测点间距可大；在有弯头和丁字形接头处，对变形比较敏感，测点间距就要小些。

在测点布设时应尽量将桩墙深层侧向位移、支撑轴力、围护结构内力、土体分层沉降和水土压力等测点布置在相近的范围内，形成若干系统监测断面，以使监测结果互相对照、相互检验。

5.3.3　监测期限与频率

基坑工程施工的宗旨在于确保工程快速、安全、顺利地施筑完成。为了完成这一任务,施工监测工作基本上伴随基坑开挖和地下结构施工的全过程,即从基坑开挖第一批土直至地下结构施工到 +0.00 高程。现场施工监测工作一般需连续开展 6~8 个月,基坑越大,监测期限则越长。

在基坑开挖前可以埋设的各监测项目,必须在基坑开挖前埋设并读取初读数。初读数是监测的基点,需复校无误后才能确定,通常是在连续二次测量无明显差异时,取其中一次的测量值作为初始读数,否则应继续测读。埋设在土层中的组件如土压力盒、孔隙水压力计、测斜管和分层沉降环等最好在基坑开挖 1 周前埋设,以使被扰动的土有一定的间歇时间,从而使初读数有足够的稳定过程。混凝土支撑内的钢筋计、钢支撑轴力计、土层锚杆轴力计及锚杆应力计等需要随施工进度而埋设的组件,在埋设后读取初读数。

围护墙顶水平位移和沉降、围护墙深层侧向位移监测贯穿基坑开挖到主体结构施工至 +0.00 高程的全过程,监测频率为:

①从基坑开始开挖到浇筑完主体结构底板,每天监测 1 次;

②浇筑完主体结构底板到主体结构施工至 +0.00 高程,每周监测 2~3 次;

③各道支撑拆除后的 3 d 至 1 周,每天监测 1 次。

内支撑轴力和锚杆拉力的监测期限从支撑和锚杆施工到全部支撑拆除实现换撑,每天监测 1 次。

土体分层沉降及深层沉降、土体回弹、水土压力、围护墙体内力监测一般也贯穿基坑开挖到主体结构作到 +0.00 标高的全过程,监测频率为:

①基坑每开挖其深度的 1/5~1/4,或在每道内支撑(或锚杆)施工间隔的时间内测读 2~3 次,必要时可加密到每周监测 1~2 次;

②基坑开挖的设计深度到浇筑完主体结构底板,每周监测 3~4 次;

③浇筑完主体结构底板到全都支撑拆除实现换撑,每周监测 1 次。

地下水位监测的期限是整个降水期间,或从基坑开挖到浇筑完主体结构底板,每天监测 1 次。当围护结构有渗漏水现象时,要加强监测。

当基坑周围有道路、地下管线和建筑物较近需要监测时,从围护桩墙施工到主体结构做到 +0.00 高程这段期限都需进行监测。周围环境的沉降和水平位移需每天监测 1 次,建筑物倾斜和裂缝的监测频率为每周监测 1~2 次。对周围环境有影响监测项目如孔隙水压力计、土体深层沉降和侧向位移等,在围护桩墙施工时的监测频率为每天 1 次,基坑开挖时的监测频率与围护桩墙内力监测频率一致。

现场施工监测的频率因随监测项目的性质、施工速度和基坑状况而变化。实施过程中尚需根据基坑开挖和围护施筑情况、所测物理量的变化速率等作适当调整。当所监测的物理量的绝对值或增加速率明显增大时,应加密观测次数;反之,则可适当减少观测次数。当有事故征兆时应连续监测。

测读的数据必须在现场整理,对监测数据有疑虑可及时复测,当数据接近或达到报警值时应尽快通知有关单位,以便施工单位尽快采取应急措施。监测日报表最好当天提交,最迟不能超过次日上午,以便施工单位尽快据此安排和调整生产进度。若监测数据不准确,不能及时提供信息反馈以指导施工,就失去了监控的意义。

5.3.4 预警值和预警制度

基坑工程施工监测的预警值就是设定一个定量化指标系统,在其容许的范围之内认为工程是安全的,并对周围环境不产生有害影响,否则认为工程是非稳定或危险的,并将对周围环境产生有害影响。建立合理的基坑工程监测的预警值是一项十分复杂的研究课题,工程的重要性越高,其预警值的建立越困难。预警值的确定应根据下列原则:

①满足现行的相关规范、规程的要求,大多是位移或变形控制值;

②围护结构和支撑内力、锚杆拉力等不超过设计计算预估值;

③根据各保护对象的主管部门提出的要求;

④在满足监控和环境安全的前提下,综合考虑工程质量、施工进度、技术措施和经济等因素。

确定预警值时还要综合考虑基坑的规模、工程地质和水文地质条件、周围环境的重要性程度以及基坑的施工方案等因素。确定预警值主要参照现行的相关规范和规程的规定值、经验类比值以及设计预估值这3个方面的数据。随着基坑工程经验的积累和增多,各地区的工程管理部门陆续以地区规范、规程等形式对基坑工程预警值作了规定,其中大多是最大允许位移或变形值。

上海市、深圳市等基坑设计规程规定将基坑工程按破坏后果和工程复杂程度区分为3个等级,各级基坑变形的设计和控制值见表5.7。确定变形控制标准时,应考虑变形的时空效应,并控制监测值的变化速率,安全等级为一级的基坑工程宜控制在2~3 mm/d之内,安全等级为一级以下的基坑工程在3~5 mm/d之内。当变化速率突然增加或连续保持高速率时,应及时分析原因,采取相应对策。

表5.7 基坑工程等级划分及变形监控允许值

工程复杂程度 \ 安全等级 破坏程度		一级 很严重		二级 严重		三级 不严重
基坑深度(m)		>10		7~10		<7
基坑边缘与邻近已有建筑浅基础或重要管线边缘净距(m)		<1.0 h		1.0~2.0 h		>2.0 h
		变化速率 (mm/d)	监控值 (mm)	变化速率 (mm/d)	监控值 (mm)	
上海市	围护墙顶变形	2~3	25~30	3~5	50~60	宜按二级基坑的标准控制,当条件许可时可适当放宽
	围护墙侧向最大位移		40~50		65~80	
	地面最大沉降		25~30		50~60	
深圳市	支护结构最大水平位移(mm) 排桩、地下连续墙坡率法、土钉墙	0.002 5H		0.005 0H		0.010H
	钢板桩、深层搅拌桩	—		0.010 0H		0.020 0H

注:h为基坑开挖深度;H为支护结构高度。

深圳市建设局对深圳地区建筑深地下连续墙作出了稳定判别标准,见表5.8。表中给出的判别标准有两个特点:首先是各物理量的控制值均为相对量,例如水平位移与开挖深度的几何比值等,采用无量纲数值,不仅易记,同时也不宜搞错;其次是给出了安全、注意、危险3种指标,一种比一种引起重视,符合工地施工技术人员的思维方式。

表5.8　深圳地区深基坑地下连续墙安全判别标准

监测目的	安全或危险的判别	安全性判别			
		判别标准	危险	注意	安全
侧压(水土压)	设计时应用的侧压力	$F_1 = \dfrac{\text{设计用侧压力}}{\text{实际侧压力(或预测值)}}$	$F \leqslant 0.8$	$0.8 \leqslant F_1 \leqslant 1.2$	$F_1 > 1.2$
墙体变位	墙体变位开挖深度之比	$F_2 = \dfrac{\text{实测(或预测)变位}}{\text{开挖深度}}$	$F_2 > 1.2\%$ $F_2 > 0.7\%$	$0.4\% \leqslant F_2 \leqslant 1.2\%$ $0.2\% \leqslant F_2 \leqslant 0.7\%$	$F_2 < 0.4\%$ $F_2 < 0.2\%$
墙体应力	钢筋拉应力	$F_3 = \dfrac{\text{钢筋抗拉强度}}{\text{实测(或预测)拉应力}}$	$F_3 < 0.8$	$0.8 \leqslant F_3 \leqslant 1.0$	$F_3 > 1.0$
	墙体弯矩	$F_4 = \dfrac{\text{墙体容许弯矩}}{\text{实测(或预测)弯矩}}$	$F_4 < 0.8$	$0.8 \leqslant F_4 \leqslant 1.0$	$F_4 > 1.0$
支撑轴力	容许轴力	$F_5 = \dfrac{\text{容许轴力}}{\text{实测(或预测)轴力}}$	$F_5 < 0.8$	$0.8 \leqslant F_5 \leqslant 1.0$	$F_5 > 1.0$
基底隆起	隆起量与开挖深度之比	$F_6 = \dfrac{\text{实测(或预测)隆起值}}{\text{开挖深度}}$	$F_6 > 1.0\%$ $F_6 > 0.5\%$ $F_6 > 0.2\%$	$0.4\% \leqslant F_6 \leqslant 1.0\%$ $0.2\% \leqslant F_6 \leqslant 0.5\%$ $0.04\% \leqslant F_6 \leqslant 0.2\%$	$F_6 < 0.4\%$ $F_6 < 0.2\%$ $F_6 < 0.04\%$
沉降量	沉降量与开挖深度之比	$F_7 = \dfrac{\text{实测(或预测)沉降值}}{\text{开挖深度}}$	$F_7 > 1.2\%$ $F_7 > 0.7\%$ $F_7 > 0.2\%$	$0.4\% \leqslant F_7 \leqslant 1.2\%$ $0.2\% \leqslant F_7 \leqslant 0.7\%$ $0.04\% \leqslant F_7 \leqslant 0.2\%$	$F_7 < 0.4\%$ $F_7 < 0.2\%$ $F_7 < 0.04\%$

注:①F_2 上行适用于基坑旁无建筑物或地下管线的情况,下行适用于基坑近旁有建筑物和地下管线的情况。
　②F_6 及 F_7 上、中行与 F_2 同,下行适用于对变形有特别严格的情况。

重力式挡墙最大水平位移预估值的确定见工程建设行业标准《建筑基坑工程技术规范》(JCJ 120—2012),参见表5.9。

表5.9　重力式挡墙最大水平位移预估值

墙的纵向长度		$\leqslant 30$ m	$30 \sim 50$ m	> 50 m
土层条件	良好地基	$(0.005 \sim 0.01)H$	$(0.010 \sim 0.015)H$	$> 0.015H$
	一般地基	$(0.015 \sim 0.02)H$	$(0.02 \sim 0.025)H$	$> 0.025H$
	软弱地基	$(0.025 \sim 0.035)H$	$(0.035 \sim 0.045)H$	$> 0.045H$

注:H 为监控开挖深度。

相邻房屋的安全与正常使用判别准则应参照国家或地区的房屋检测标准确定。地下管线的允许沉降和水平位移量值由管线主管单位根据管线的性质和使用情况确定。

基坑与周围环境的位移和变形值关系到基坑安全和对周围环境是否产生有害影响,它需要在设计和监测时严格控制。而围护结构和支撑的内力、锚杆拉力等,则是在满足以上基坑和周围环境的位移和变形控制值的前提下由设计计算得到的。因此,围护结构和支撑内力、锚杆拉力等应以设计预估值为确定预警值的依据,一般将预警值确定为设计允许最大值的80%。

表5.10所列为建筑物的基础倾斜允许值。

表5.10 建筑物的基础倾斜允许值

建筑物类别		允许倾斜
多层和高层建筑基础	$H \leq 24$ m	0.004
	24 m $< H \leq 60$ m	0.003
	60 m $< H \leq 100$ m	0.002
	$H > 100$ m	0.001 5
高耸结构基础	$H \leq 20$ m	0.008
	20 m $< H \leq 50$ m	0.006
	50 m $< H \leq 100$ m	0.005
	100 m $< H \leq 150$ m	0.004
	150 m $< H \leq 200$ m	0.003
	200 m $< H \leq 250$ m	0.002

注:①H为建筑物地面以上高度;
　　②倾斜是基础倾斜方向二端点的沉降差与其距离的比值。

经验类比值是根据大量工程实际经验积累而确定的预警值,如下一些经验预警值可以作为参考:

①煤气管线的沉降和水平位移,均不得超过10 mm,每天发展不得超过2 mm;

②自来水管线沉降和水平位移,均不得超过30 mm,每天发展不得超过5 mm;

③基坑内降水或基坑开挖引起的基坑外水位下降不得超过1 000 mm,每天发展不得超过500 mm;

④基坑开挖中引起的立柱桩隆起或沉降不得超过10 mm,每天发展不得超过2 mm。

位移—时间曲线也是判断基坑工程稳定性的重要依据,施工监测到的位移—时间曲线可能呈现出3种形态。对于基坑工程施工后测得的位移—时间曲线,如果始终保持变形加速度小于0,则该工程是稳定的;如果位移曲线随即出现变形加速度等于0的情况,亦即变形速度不再继续下降,则说明工程进入"定常蠕变"状态,须发出警告,及时加强围护和支撑系统;一旦位移出现变形加速度大于0的情况,则表示已进入危险状态,须立即停工,进行加固。此外对于围护场侧向位移曲线和弯矩曲线上发生明显转折点或突变点,也应引起足够的重视。

在施工险情预报中,应同时考虑各项监测内容的量值和变化速度及其相应的实际变化曲线,结合观察到的结构、地层和周围环境状况等综合因素作出预报。从理论上讲,设计合理、可靠的基坑工程,在每一工况的挖土结束后,一切表征基坑工程结构、地层和周围环境力学形态的物理量应该是随时间而渐趋稳定;反之,如果测得表征基坑工程结构地层和周围环境力学形态特点的某一种或某几种物理量,其变化随时间而不是渐趋稳定,则可以断言该工程是不稳定的,必须修改设计参数、调整施工工艺。

报警制度宜分级进行,如深圳地区深基坑地下连续墙安全性判别标准给出了安全、注意、危险3种指标,达到这3类指标时,应采取不同的措施。如:达到报警值的80%时,在监测日报表上作上预警记号,口头报告管理人员;达到报警值的100%时,除在监测日报表上作上报警记号外,写出书面报告和建议,并面交管理人员;应通知主管工程师立即到现场调查,召开现场会议,研究应急措施。

5.4 监测实例与监测报告

5.4.1 监测实例

1）工程概况

国家图书馆是全世界最大的中文文献信息收藏基地,同时也是我国最大的外文文献收藏基地,承担着国家总书库和为中央国家机关、重点科研教育生产单位、社会公众服务的职能。其一期工程于 1987 年落成,日均接待读者 12 000 人次,高峰期时达 18 000 人次,早已超过设计负荷。为此,国家发改委批准了国家图书馆二期工程暨国家数字图书馆工程的建造。该工程包括二期工程和数字图书馆工程两部分,总投资为 12.35 亿元。

国家图书馆二期工程暨国家数字图书馆工程位于海淀区中关村南大街西侧,国家图书馆老馆北侧,占地面积 22 000 m²,总建筑面积 79 899 m²,地下 3 层,地上 5 层,建筑高度 27 m。其内部全部是开放式的阅读空间,读者可以随意落座。3 万册《四库全书》将陈列在中央玻璃展厅,从地下 1 层延伸到地上 1 层。3 层还有露天平台供读者户外小憩。

该工程基坑南北长 105 m,东西宽 132 m,基坑深约为 -15 m。在基坑施工期间,为保证基坑支护工程的质量和安全,从基坑开挖至回填土完工,对基坑东、南、北边坡支护结构进行了连续、系统的变形监测,监测内容包括基坑水平位移测量和沉降测量。

基坑水平位移测量于 2006 年 2 月 20 日开始,至 2006 年 10 月 24 日结束;基坑沉降测量于 2006 年 2 月 23 日开始,至 2006 年 10 月 24 日结束。

2）监测方案

（1）基坑水平位移监测方案

①基准点的布设与监测:在基坑外围变形影响范围以外的稳定地点,埋设两个基准点 A 点、B 点,同时在距离基坑较近,便于变形监测并相对稳定的地点埋设两个工作基准点 C、D;此 4 点构成平面控制网,建立独立坐标系。首次监测,平面控制网(测边网)每边测 4 测回,一测回读数间较差最大 0.6 mm(规范限差 3 mm);单程测回间较差最大 1.7 mm(规范限差 4.0 mm)。外业数据检查合格后,内业由"威远图"平差软件平差计算,平差后各项指标均满足规范要求,平面控制网精度优良。

②变形监测点的布设与监测:在基坑的上边沿布设 14 个变形监测点,监测水平和垂直位移,监测点位置的布设详见图 5.21。监测点由长度约为 300 mm,直径为 20 mm 的钢筋制成,可套入棱镜,埋入坡顶。

变形监测点的施测精度为二级。每次监测时,首先对所用工作基准点进行检测,检测其与基准点的距离,确认是否有变动,确认基准点的实际状况后(工作基点始终没有变动),才进行变形点的监测。在工作基点上设站,以极坐标法测定监测点的平面坐标,同一测站监测 4 次,另一测站测距检核。监测点坐标中误差最大 2.1 mm(规范限差 3.0 mm),作业精度良好。

③监测仪器:监测仪器采用日本 Topcon GTS-601/OP 精密电子全站仪,仪器标称精度:测角精度 ±1″,测边精度 $\pm(2+2\times10^{-6}D)$ mm。

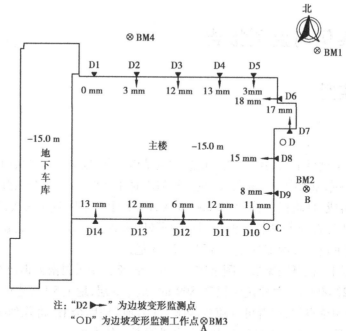

注："D2▶━"为边坡变形监测点

"○D"为边坡变形监测工作点

⊗BM3为边坡变形监测基准点

图5.21　主楼基坑护坡变形监测点分布及水平位移量示意图

（2）基坑沉降监测方案

①水准基点的布设与监测：在基坑外围变形影响范围以外的稳定地点，选定4个水准基点BM1、BM2、BM3、BM4，组成高程控制网，其中，以BM3为控制网的起算点，建立独立高程系统，按一级水准监测。

水准网监测时，视线长度≤30 m，前后视距差≤0.7 m，前后视距累积差≤1.0 m，视线高度≥0.3 m。基辅分划读数差≤0.3 mm。外业数据检查合格后，内业采用"威远图"平差软件进行平差计算，平差后基准点间高差误差最大0.23 mm（限差0.5 mm），控制网精度优良。

②沉降监测点的布设与监测：利用基坑水平变形监测点B1～B14为基坑沉降监测点，各沉降监测点与水准基点连测，构成符合水准路线，按二级水准监测。每次监测，均按规范要求作业：视线长度≤30 m，前后视距差≤2.0 m，前后视距累积差≤3.0 m，视线高度≥0.2 m；基辅分划读数差≤0.3 mm。外业数据检查合格后，内业采用"威远图"平差软件进行平差计算，作业精度优良。

③监测仪器：一、二级水准测量使用德国蔡司DINI12精密电子水准仪及配套条码尺。仪器标称精度：每千米往返测量精度±0.3 mm。

3）监测频率

①控制网复测：平面控制网、高程控制网定期复测，每2～3月监测一次，共计各监测了2次。复测方法与首次监测方法相同，严格按规范作业，各项精度满足规范要求，复测结果与首次结果进行比较，差值很小，都在误差范围之内，所以认为基准点（包括工作基点）均未有变动，以首次监测的平差结果来进行变形量的计算。

②变形点监测周期：基坑水平位移监测及沉降监测的周期随施工进度、变形速度及外界环境等因素确定。基坑开挖时，每开挖一步监测1～2次，即基本1～3 d监测一次；基坑开挖完成

后,每周监测 1～2 次;后期半月左右监测一次。

4)监测成果分析

基坑变形监测点共布设了 14 个(见图 5.24)。在 8 个多月的时间内,对水平位移监测了 27 次,监测点水平位移量最大为东北角 D6 点(18 mm),其次是东部 D7 点(17 mm),北边、南边监测点水平位移量都较小。沉降监测了 22 次,沉降曲线如图 5.22～5.24 所示,沉降量最大处为东部 D7 点(-9.56 mm),其他点都较小,未超过 6 mm,见表 5.11。基坑东部相对沉降较大,南北两边相对沉降较小,基坑的水平、垂直位移量均小于监控值。

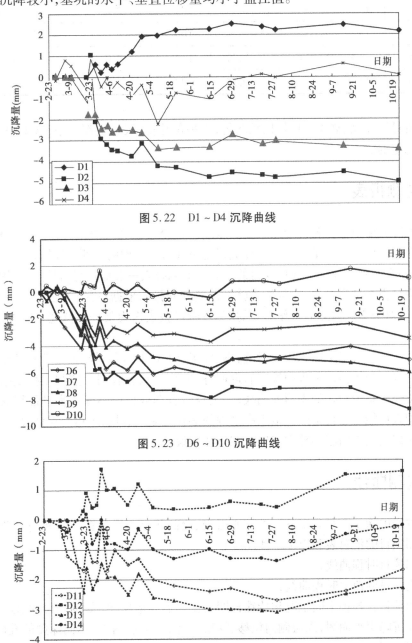

图 5.22　D1～D4 沉降曲线

图 5.23　D6～D10 沉降曲线

图 5.24　D11～D14 沉降曲线

表 5.11　水平位移沉降量最大值(mm)

点　号	水平位移量		沉降量	点　号	水平位移量		沉降量
	ΔX	ΔY	ΔH		ΔX	ΔY	ΔH
D1	0.0	—	2.2	D8	—	−15.0	−5.97
D2	−3.0	—	−4.9	D9	—	−8.0	−4.63
D3	−12.0	—	−3.34	D10	−11.0	—	1.11
D4	−13.0	—	0.11	D11	−12.0	—	−2.60
D5	−3.0	—	−1.84	D12	−6.0	—	1.62
D6	—	−18.0	−5.27	D13	−12.0	—	−2.28
D7	−17.0	—	−9.56	D14	−13.0	—	−0.15

综合分析可知:基坑整体变形量比较均匀,水平位移量、沉降量都较小,这说明经过支护处理的基坑是稳定的。

5.4.2　监测报表

在基坑监测前要设计好各种记录表格和报表。记录表格和报表应分监测项目根据监测点的数量分布合理地设计。记录表格的设计应以记录和数据处理的方便为原则,并留有一定的空间,以对监测中观测到的异常情况作及时的记录。监测报表一般形式有当日报表、周报表、阶段报表。其中当日报表最为重要,通常作为施工调整和安排的依据;周报表通常作为参加工程例会的书面文件,对一周的监测成果作简要的汇总;阶段报表作为某个基坑施工阶段监测数据的小结。

监测日报表应及时提交给工程建设、监理、施工、设计、管线与道路监察等有关单位,并另备一份经工程建设或现场监理工程师签字后返回存档,作为报表收到及监测工程量结算的依据。报表中应尽可能配备形象化的图形或曲线,如测点位置图或桩墙体深层水平位移曲线图等,使工程施工管理人员能够一目了然。报表中呈现的必须是原始数据,不得随意修改、删除,对有疑问或由人为和偶然因素引起的异常点应该在备注中说明。

5.4.3　监测曲线

在监测过程中除了要及时出各种类型的报表、绘制测点布置位置平面和剖面图外,还要及时整理各监测项目的汇总表和以下一些曲线:
①各监测项目时程曲线;
②各监测项目的速率时程曲线;
③备监测项目在各种不同工况和特殊日期变化发展的形象图(如围护墙顶、建筑物和管线的水平位移和沉降用平面图,深层侧向位移、深层沉降、围护墙内力、不同深度的孔隙水压力和土压力可用剖面图)。
在绘制各监测项目时程曲线、速率时程曲线以及在各种不同工况和特殊日期变化发展的形

象图时,应将工况点、特殊日期以及引起变化显着的原因标在各种曲线和图上,以便较直观地看到各监测项目物理量变化的原因。上述这些曲线不是在撰写监测报告时才绘制,而是应该用Excel 等软件或在监测办公室的墙上用坐标纸每天加入新的监测数据,逐渐延伸,并将预警值也画在图上,这样每天都可以看到数据的变化趋势和变化速度,以及接近预警值的程度。

5.4.4　监测报告

在工程结束时应提交完整的监测报告,它是监测工作的回顾和总结,主要包括如下几部分内容:①工程概况;②监测项目和各测点的平面、立面布置图;③所采用的仪器设备和监测方法;④监测数据处理方法、监测结果汇总表和有关汇总、分析曲线;⑤对监测结果的评价。

前 3 部分的格式和内容与监测方案基本相似,可以监测方案为基础,按监测工作实施的具体情况,如实地叙述监测项目、测点布置、测点埋设、监测频率、监测周期等方面的情况,要着重论述与监测方案相比,在监测项目、测点布置的位置和数量上的变化及变化的原因等。同时附上监测工作实施的测点位置平面布置图和必要的监测项目(土压力盒、孔隙水压力计、深层沉降和侧向位移、支撑轴力)剖面图。

第 4 部分是监测报告的核心,主要内容包括:整理各监测项目的汇总表、各监测项目时程曲线、各监测项目的速率时程曲线;在各种不同工况和特殊日期变化发展的形象图的基础上,对基坑及周围环境各监测项目的全过程变化规律和变化趋势进行分析,提出各关键构件或位置的变位或内力的最大值;与原设计预估值和监测预警值进行比较,并简要阐述其产生的原因。在论述时应结合监测日记记录的施工进度、挖土部位、出土量多少、施工工况、天气和降雨等具体情况对数据进行分析。

第 5 部分是监测工作的总结与结论,通过基坑围护结构受力和变形以及对相邻环境的影响程度,对基坑设计的安全性、合理性和经济性进行总体评价,总结设计施工中的经验教训,尤其要总结根据信息反馈对施工工艺和施工方案的调整和改进中所起的作用。

任何一个监测项目从方案拟订、实施到完成后对数据进行分析整理,除积累大量第一手的实测资料外,总能总结出一些经验和规律,对提高监测工作本身的技术水平及提高基坑工程的设计和施工技术水平都有很大地促进。监测报告的撰写是一项认真而仔细的工作,报告撰写者需要对整个监测过程中的重要环节、事件乃至各个细节都比较了解,从而能够理解和准确解释报表中的数据和信息,才能归纳总结出相应的规律和特点。因此报告撰写最好由亲自参与每天监测和数据整理工作的同志结合每天的监测日记写出初稿,再由既有监测工作和基坑设计实际经验,又有较好的岩土力学和地下结构理论功底的专家进行分析、总结和提高。这样的监测总结报告才具有监测成果的价值,不仅对类似工程有较好的借鉴作用,而且对该领域的科学和技术有较大的推动作用。

对于兼作地下结构外墙的围护结构,有关墙体变位、圈梁内力、围护渗漏等方面的实测结果都将作为构筑物永久性资料归档保存,以使日后查阅。这种情况下,基坑监测报告的重要性就提高了。

本章小结

基坑工程施工监控量测是基坑工程施工中的一个重要环节,通过这一技术手段,实现基坑施工的信息化施工,为基坑工程安全、顺利施工提供技术保障。基坑工程施工现场监测的内容可分为围护结构、支撑体系以及相邻环境监测三大部分,其中位移监测是最直接易行的,因而应作为施工监测的重要项目,同时支撑的内力和锚杆的拉力也是施工监测的重要项目。监测数据必须是真实、可靠的,要及时处理分析,并反馈设计与施工。

思考题

5.1 阐述基坑监测的目的和意义。

5.2 基坑监测的主要项目有哪些?分别使用什么测试仪器和测试方法?

5.3 基坑监测项目施测位置和测点布置原则是什么?

5.4 基坑监测数据处理中应绘制哪些曲线?如何根据曲线的形态反馈施工?

5.5 预警值的确定原则是什么?

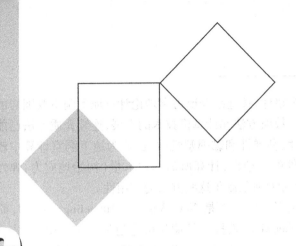

6 地下洞室围岩和支护系统施工监测

本章导读：

地下洞室围岩和支护系统施工监测就是为掌握地下工程施工过程中围岩力学形态的变化和规律、支护结构的工作状态，评价围岩和支护系统的稳定性、安全性，实现地下工程信息化施工，保证隧道施工安全而进行的现场测试工作。本章主要阐述了地下工程监测的目的与意义、监测的内容及各项监测所使用的仪器原理与方法、测点位置及测试断面布置原则、监测频率及预警值、隧道监测工程实例。

- **基本要求**　掌握地下工程监测的目的与意义、监测项目所使用的仪器原理与方法、测点位置及测试断面布置原则、监测频率及预警值和监测报告编制。
- **重点**　地下洞室监测的主要内容及方法，测点布置位置及断面布置原则。
- **难点**　地下洞室监测使用仪器的原理及预警值的确定，量测数据的处理及反馈。

6.1　概　述

地下洞室最早的设计理论是来自俄国的普氏理论。普氏理论认为在山岩中开挖隧洞后，洞顶有一部分岩体将因松动而可能产生塌落，塌落之后形成拱形，然后才能稳定，这种拱形塌落体作用在衬砌上的荷载就是围岩压力，然后按结构上承受这些围岩的压力来设计结构，这种方法与地面结构的设计方法相仿，归类为荷载结构法。经过较长时间的实践，发现这种方法只适合于明挖回填法施工的地下洞室。随后，人们逐渐认识到了围岩对结构受力变形的约束作用，提出了假定抗力法和弹性地基梁法，这类方法对于覆盖层厚度不大的暗挖地下结构的设计计算是较为适合的。把地下洞室与围岩看做一个整体,按连续介质力学理论计算地下洞室及围岩的内力。由于岩体介质本构关系研究的进步与数值方法和计算机技术的发展,连续介质方法已能求解各种洞型、多种支护形式的弹性、弹塑性、黏弹性和黏弹塑性解,已成为地下洞室计算中较为完整的理论。但由于岩体介质和地质条件的复杂性,计算所需的输入量(初始地应力、弹性模量、泊松比等)都有很大的不确定性,因而大大地限制了这些方法的实用性。

新奥法是新奥地利隧道施工方法的简称,原文是 New Austrian Tunneling Method,简写 NATM。它是奥地利拉布西维兹(L. V. Rabcewicz)教授在长期从事隧道施工实践中,从岩石力学的观点出发而提出的一种合理的施工方法,是采用喷锚技术、施工测试等与岩石力学理论构成一个体系而形成的一种新的工程施工方法。在新奥法施工过程中密切监测围岩变形和应力等,通过调整支护措施来控制变形,从而达到最大限度地发挥围岩本身的自承能力。新奥法施工过程中最容易得到而且最直接的监测结果是位移及洞周收敛,而要控制的是隧洞的变形量,因而,人们开始研究用位移监测资料来确定合理的支护结构形式及其设置时间的收敛限制法设计理论。

在以上研究的基础上,近年来又发展出地下洞室的信息化设计和信息化施工方法。它是在施工过程中布置监控测试系统,从现场围岩的开挖及支护过程中获得围岩稳定性及支护设施的工作状态信息,通过分析研究这些信息以间接地描述围岩的稳定性和支护的作用,并反馈于施工决策和支持系统,修正和确定新的开挖方案的支护参数,这个过程随每次开挖掘进和支护的循环进行一次。

图 6.1 是施工监测和信息化设计流程图,以施工监测、力学计算以及经验方法相结合为特点,建立了地下洞室特有的设计施工程序。与地面工程不同,在地下洞室设计施工过程中,勘察、设计、施工等诸环节允许有交叉、反复。在初步地质调查的基础上根据经验方法或通过力学计算进行预设计,初步选定支护参数。然后,还须在施工过程中根据监测所获得的关于围岩稳定性、护系统力学及工作状态的信息,对施工过程和支护参数进行调整。施工实测表明,对于设计所作的这种调整和修改是十分必要和有效的。这种方法并不排斥以往的各种计算、模型实验及经验类比等设计方法,而是把它们最大限度地包容在自己的决策支持系统中去,发挥各种方法特有的长处。

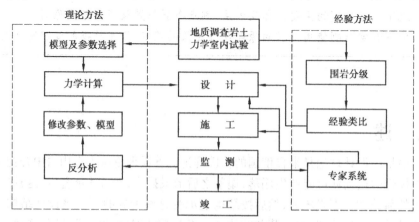

图 6.1　施工监测和信息化设计流程

6.2 地下洞室监测目的与项目

6.2.1 监控量测目的

地下洞室围岩和支护系统监控量测的目的概括起来如下：

①掌握围岩力学形态的变化和规律。

②掌握支护结构的工作状态，评价围岩和支护系统的稳定性、安全性。

③为理论解析、数据分析提供计算数据与对比指标，验证、修改设计参数。

④为隧道工程设计与施工积累资料，为围岩稳定性理论研究提供基础数据。

⑤及时预报围岩险情，以便采取措施，防止事故发生。

⑥指导安全施工，修正施工参数或施工工序。

⑦对隧道未来性态作出预测。依据各类观测曲线的形态特征，可掌握其变化规律，进而对未来性态作出有效预测。

⑧法律及公证的需要。经过计量认证的观测单位，所提供的加盖有 CMA 章的观测结果，具有公证效力。对由于工程事故而引起的责任和赔偿问题，观测资料有助于确定其原因和责任。

6.2.2 监控量测项目与内容

①地质和支护状态现场观察：开挖面附近的围岩稳定性、围岩构造情况、支护变形与稳定情况。

②岩体(岩石)力学参数测试：抗压强度 R_b、变形模量 E、黏聚力 C、内摩擦角 φ、泊松比 μ。

③应力应变测试：岩体原岩应力，围岩应力、应变，支护结构的应力、应变。

④压力测试：支护上的围岩压力，渗水压力。

⑤位移测试：围岩位移(含地表沉降)、支护结构位移。

⑥温度测试：岩体(围岩)温度、洞内温度、洞外温度。

⑦物理探测：弹性波(声波)测试，即纵波速度 v_p、横波速度 v_s、动弹性模量 E_d、动泊松比 μ_{dp}。

以上监测项目，一般分为应测项目和选测项目。应测项目是现场量测的核心，它是设计、施工所必需进行的经常性量测项目；选测项目是由于不同地质、工程性质等具体条件和对现场量测要取得的数据类型而选择的测试项目。由于条件的不同和要取得的信息不同，在不同的隧道工程中往往采用不同的测试项目。但对于一个具体隧道工程来说，对上述列举的项目不会全部应用，只是有目的地选用其中的几项。隧道工程的量测项目如表 6.1 所示，表中 1～4 项为应测项目，5～12 项为选测项目。

表 6.1　隧道现场监控量测项目及量测方法

序号	项目名称	方法及工具	布　　置	量测间隔时间			
				1~15 天	16 天~1 个月	13 个月	3 个月以上
1	地质和支护状态观察	岩性、结构面产状及支护裂缝观察和描述,地质罗盘、地质锤等	开挖后及初期支护后进行	每次爆破后进行			
2	周边位移	各种类型收敛计	每 5~100 m 一个断面,每断面 2~3 对测点	1~2 次/天	1 次/2 天	1~2 次/周	1~3 次/月
3	拱顶下沉	水准仪、水准尺、钢尺或测杆	每 5~100 m 一个断面	1~2 次/天	1 次/2 天	1~2 次/周	1~3 次/月
4	地表下沉	水准仪、水准尺	每 5~100 m 一个断面,每断面至少 11 个测点,每隧道至少 2 个断面。中线每 5~20 m 一个测点	开挖面距量测断面前后 <2B 时,1~2 次/天 开挖面距量测断面前后 <5B 时,1 次/2 天 开挖面距量测断面前后 <2B 时,1 次/周			
5	围岩内部位移(地表设点)	地面钻孔中安设各类位移计	每代表性地段一个断面,每断面 3~5 个钻孔	同上			
6	围岩内部位移(洞内设点)	洞内钻孔中安设单点、多点杆式或钢丝式位移计	每 5~100 m 一个断面,每断面 2~11 个测点	1~2 次/天	1 次/2 天	1~2 次/周	1~3 次/月
7	围岩压力及两层支护间压力	各种类型压力盒	每代表性地段一个断面,每断面宜为 15~20 个钻孔	1 次/天	1 次/2 天	1~2 次/周	1~3 次/月
8	钢支撑内力及外力	支柱压力计或其他测力计	每 10 榀钢拱支撑一对测力计	1 次/天	1 次/2 天	1~2 次/周	1~3 次/月
9	支护、衬砌内应力,表面应力及裂缝测量	各类混凝土内应变计、应力计、测缝计及表面应力解除法	每 5~100 m 一个断面,每断面宜为 11 个测点	1 次/天	1 次/2 天	1~2 次/周	1~3 次/月
10	锚杆或锚索内力及抗拔力	各类电测锚杆、锚杆测力计及拉拔计	必要时进行	—	—	—	—
11	围岩弹性波测试	各种声波仪及配套探头	在代表性地段设置	—	—	—	—
12	掌子面纵向位移	滑动测微计	在代表性地段设置,每段测试长度 30 m 左右,每米 1 个测点	每次开挖后			

注:B 为隧道开挖宽度。

6.3　现场量测计划

　　作为工程监控手段的现场监测,其目的在于了解围岩的动态过程、稳定情况和支护系统的可靠程度,是直接为支护系统的设计和施工决策服务的,这是进行监测方案设计的基本出发点。监测规划是否合理,不仅决定了这种现场监测能否顺利进行,而且关系到监测结果能否反馈于工程的设计和施工,为推动设计理论和方法的进步提供依据。因此合理、周密的监测方案的设计是现场监测的关键,是现场量测的蓝图和依据。它必须在初步调查的基础上,依据隧道所处的地质条件、工程概况、量测目的、施工方法、工期和经济效果而编制。

6.3.1　量测项目的确定及量测手段的选择

　　量测项目的确定主要是依据围岩条件、工程规模及支护方式。量测项目通常分为必测项目A和选测项目B。必测项目指施工时必须进行的常规量测,用来判别围岩稳定及衬砌受力状态,指导设计施工的经常性量测。A类量测主要包括洞内观察、隧道净空变形和拱顶下沉量测等。浅埋隧道尚应作地表沉陷量测。这类量测方法简单、可靠,对修改设计和指导施工起重要作用。选测项目是指在重点和有特殊意义的隧道或区段进行补充的量测,用来判断隧道开挖过程中围岩的应力状态、支护衬砌效果。B类量测主要包括围岩内部变形、地表沉陷、锚杆轴力和拉拔力、衬砌内力、围岩压力和围岩物理力学指标等。这类量测技术较复杂,费用较高,通常根据实际需要,选取部分项目进行量测。量测项目及其要求见表6.2。

　　量测手段的选用,应根据量测项目和国内仪器的现状来进行。一般应选择简单、可靠、耐久、成本低的量测手段,并要求被测的物理量概念明确、量值显著、量测范围大,测试数据便于分析,易于实现对设计、施工的反馈。在通常的情况下,选择机械式手段与电测式手段相结合使用。

表6.2　量测项目及要求

序号	量测项目	类别	要求掌握的主要内容
1	观察	A	1. 开挖面围岩的自立性(无支护时围岩的稳定性); 2. 岩质、断层破碎带、褶皱等情况; 3. 支护衬砌变形、开裂情况; 4. 核对围岩类别; 5. 洞口浅埋段地表建筑物变形、下沉、开裂情况
2	净空变形	A	根据变形值、变形速度、变形收敛情况等判断: 1. 围岩稳定性; 2. 初期支护设计和施工方法的合理性; 3. 模筑二次衬砌时间
3	拱顶下沉	A	监视拱顶的绝对下沉值,了解断面变化情况,判断拱顶的稳定性,防止塌方
4	地表、地层内部沉陷	A、B	判断隧道开挖对地表产生的影响及防止沉陷措施的效果,推测作用在隧道上的荷载范围
5	围岩内部变形	B	了解隧道周边围岩松弛区范围,判断锚杆设计参数的合理性

续表

序号	量测项目	类别	要求掌握的主要内容
6	锚杆轴力	B	根据锚杆应变分布状态,确定锚杆轴力大小,用以判断锚杆长度和直径是否合适
7	围岩压力和两层衬砌间压力	B	了解围岩形变压力和两层衬砌间接触压力的大小和分布规律,检验支护衬砌受力情况
8	衬砌、钢架应力	B	根据衬砌和钢架应力情况,判断衬砌和钢架设计参数是否正确,进一步推求围岩压力大小和分布规律
9	锚杆拉拔试验	B	根据拉拔力确认锚杆锚固方法及其长度的合理性
10	底部鼓起量测	B	判断是否需要仰拱和仰拱的效能
11	围岩弹性波测试	B	1. 校核围岩类别; 2. 了解松弛区范围; 3. 探明岩体强度、节理裂隙和断层情况、岩石变质程度
12	掌子面纵向位移	B	了解隧道掌子面前方的纵向变形,判断掌子面围岩稳定性及超前支护设计参数的合理性

6.3.2　测试断面的确定与测点布置

1)测试断面的确定

进行测试的断面有两种:一是单一的测试断面,二是综合的测试断面。在隧道工程测试中各项量测内容与手段不是随意布设的。把单项或常用的几项量测内容组成一个测试断面,了解围岩和支护在这个断面上各部位的变化情况,这种测试断面即为单一的测试断面。另一种,把几项量测内容有机地组合在一个测试断面里,使各项量测内容、各种量测手段互相校验,综合分析测试断面的变化,这种测试断面称为综合测试断面。

应测项目按一定间隔设置量测断面,常称为一般量测断面。由于各量测项目要求不同,其量测断面间隔亦不相同,在应测项目中,原则上净空位移与拱顶下沉量测应布置在同一断面上。量测断面间距视隧道长度、地质条件和施工方法等确定,具体可参考表6.3。

对土砂、软岩地段的浅埋隧道要进行地表下沉量测,沿隧道纵向布置测点的间距可视地质、覆盖层厚度、施工方法和周围建筑物的情况确定。其量测断面间距也可按表6.3选用。

表 6.3　净空位移、拱顶下沉的测试断面间距

条　件	量测断面间距(m)
洞口附近	10
埋深小于 $2B$	10
施工进展 200 m 前	20(土砂围岩减小到 10 m)
施工进展 200 m 后	30(土砂围岩减小到 10 m)

注:B 为隧道开挖宽度。

2)测点的布置

在测试断面上的测点,主要是依据断面形状、围岩条件、开挖方式、支护类型等因素进行布置。在量测中,可根据具体情况决定布设数量,进行适当地调整。

(1)净空位移量测的测线布置

由于观测断面形状、围岩条件、开挖方式的不同,测线位置、数量也有所不同,没有统一的规定,具体实施中可参考表6.4和图6.2。

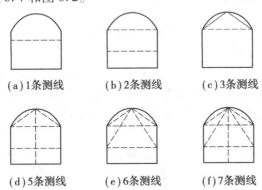

（a）1条测线　　（b）2条测线　　（c）3条测线

（d）5条测线　　（e）6条测线　　（f）7条测线

图6.2　净空位移测线布置

拱顶下沉量测的测点,一般可与净空位移测点共用,这样节省了安设工作量,更重要的是使测点统一,测试结果能够互相校验。

表6.4　净空位移量测的测线数

开挖方法	地　段				
	一般地段	特殊地段			
		洞口附近	埋深小于2B	有膨胀压力或偏压地段	实施B项量测位置
全断面开挖	1条水平测线		3条或5条		3条或5条、7条
短台阶法	2条水平测线	3条或6条	3条或6条	3条或6条	3条或5条、6条
多台阶法	每台阶1条水平测线	每台阶3条	每台阶3条	每台阶3条	每台阶3条

注:B为隧道开挖宽度。

(2)围岩内部位移测孔的布置

围岩内部位移测孔布置,除应考虑地质、隧道断面形状、开挖等因素外,一般应与净空位移测线相应布设,以便使两项测试结果能够相互印证、协同分析与应用。一般每100～500 m设一个量测断面,测孔布置见图6.3。

(3)锚杆轴力量测的布置

量测锚杆要依据具体工程中支护锚杆的安设位置、方式而定,如局部加强锚杆,要在加强区域内有代表性的位置设置测锚杆。全断面系统锚杆(不包括仰拱),量测锚杆在断面上布置可参见图6.3方式进行。若围岩比较均一且无偏压时,测孔可布置在一侧。当洞室规模较大且高宽比大于 2.0 时,则宜选用图 6.3(c)的布置形式(或拱顶 1 个测孔,两侧边墙对称各 3 个测孔的布置形式)。

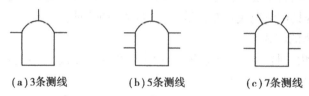

(a)3条测线　　　　(b)5条测线　　　　(c)7条测线

图 6.3　围岩内部位移测孔布置

(4)喷层(衬砌)应力量测布置

喷层应力量测,除应与锚杆受力量测孔相对应布设外,还要在有代表性的部位设测点,如拱顶、拱腰、拱脚、墙腰、墙脚等部位,并应考虑与锚杆应力量测作对应布置。在有偏压、底鼓等特殊情况下,则应视具体情形调整测点位置和数量,以便了解喷层(衬砌)在整个断面上的受力状态和支护作用,见图 6.4。

(a)3条测线　　　　(b)6条测线　　　　(c)9条测线

图 6.4　喷层应力量测点布置

(5)地表、地中沉降测点布置

地表、地中沉降测点的布置,原则上主要测点应布置在隧道中心线上,并在与隧道轴线正交平面的一定范围内布设必要数量的测点,一般至少布置 11 个测点,两测点的距离为 2~5 m。在隧道中线附近测点应布置密些,远离隧道中线应疏些,见图 6.5。同时,在有可能下沉的范围外设置不会下沉的固定测点。

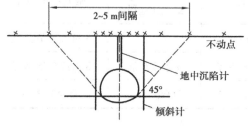

图 6.5　地表下沉量测范围及地中沉降测点布置

由于浅埋隧道距地表较近,地质条件复杂,岩(土)性极差,施工时多用台阶分部开挖,因此,纵向断面布置测点的超前距离为隧道距地表深度 h 与上台阶高度 h_1 之和(即 $h + h_1$)。于是整个纵向测定区间的长度为 $(h + h_1) + (2 \sim 5)D + h'$($h'$ 为上台阶开挖超前下台阶的距离),如图 6.6 所示。如果采用全断面开挖,为了掌握地表下沉规律,应从工作面前方 $2D$(隧道直径)处开始量测地表下沉情况。地表下沉测试断面间距一般按表 6.5 布置。

表 6.5　地表下沉测试断面间距

覆盖层厚度 H	测点间距(m)
$H > 2D$	20~50
$2D > H > D$	10~20
$H < D$	5~10

注:①当施工初期、地质变化大、下沉量大、周围有建筑物时取最低值;

　　②D 为隧道开挖直径。

（6）围岩压力量测测点布置

围岩压力量测的测点一般埋设在拱顶、拱脚和仰拱的中间，其量测断面一般和支护衬砌间压力以及支护、衬砌应力的测点布置在一个断面上，以便量测结果相互印证。

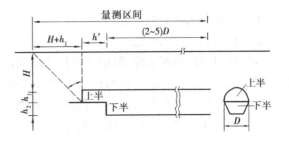

图 6.6 地表沉降量测区间

（7）声波测孔布置

声波测孔宜布置在有代表性的部位（见图 6.7）。还要考虑到围岩层理、节理的方向与测孔方向的关系。可采用单孔、双孔两种测试方法，或在同一部位呈直角相交布置三个测孔，以便充分掌握围岩结构对声波测试结果的影响。

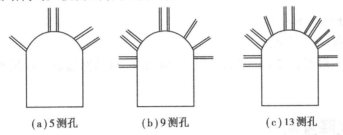

（a）5 测孔 　　　　（b）9 测孔 　　　　（c）13 测孔

图 6.7 声波测试孔布置

（8）掌子面纵向位移测孔布置

掌子面纵向位移测孔布置，全断面法开时宜布置在开挖断面的中下部，布置 1 个测孔，台阶法开挖时宜在上下台阶的中下部各布置 1 个测孔，CD 法或 CRD 法开挖时宜在中隔壁两侧的中台阶中部分别布置 1 个测孔，如图 6.8 所示。

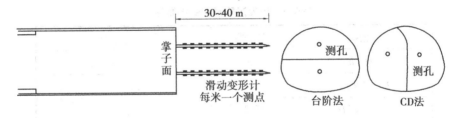

图 6.8 纵向位移测孔布置

6.4 地下洞室监控量测方法

6.4.1 地质素描

与隧道施工进展同步进行的洞内围岩地质（和支护状况）的观察及描述，通常称为地质素描。它是隧道设计和施工过程中不可缺少的一项重要地质详勘工作，是围岩工程地质特性和支护措施合理性的最直观、最简单、最经济的描述和评价。

配合量测工作对代表性断面的地质描述，应详细准确，如实反映情况。一般应包括对以下内容的描述：

①代表性测试断面的位置、形状、尺寸及编号;

②岩石名称、结构、颜色;

③层理、片理、节理裂隙、断层等各种软弱面的产状、宽度、延伸情况、连续性、间距等,各结构面的成因类型、力学属性、粗糙程度、充填的物质成分和泥化、软化情况;

④岩脉穿插情况及其与围岩接触关系,软硬程度及破碎程度;

⑤岩体风化程度、特点、抗风化能力;

⑥地下水的类型、出露位置、水量大小及喷锚支护施工的影响等;

⑦施工开挖方式方法、锚喷支护参数及循环时间;

⑧围岩内鼓、弯折、变形、岩爆、掉块,坍塌的位置、规模、数量和分布情况,围岩的自稳时间等;

⑨溶洞等特殊地质条件描述;

⑩喷层开裂起鼓、剥落情况描述。

以上项目现场一般用表格形式进行填写,表格可参阅《铁路隧道监控量测技术规程》中的附录 A。

6.4.2　地表沉降量测

对于浅埋隧道,地表沉降以及沉降的发展趋势是判断隧道围岩稳定性的一个重要标志。用水准仪在地面量测,简易可行,量测结果能反映浅埋隧道在开挖过程中围岩变形的全过程。如果需要了解地表下沉量的大小,可在地表钻孔埋设单点或多点位移计进行量测。浅埋隧道地表下沉量测的重要性,随埋深变浅而增大,如表 6.6 所示。

表 6.6　地表沉降量测的重要性

埋深	重要性	量测与否
$3D < h$	小	不必要
$2D < h < 3D$	一般	最好量测
$D < h < 2D$	重要	必须量测
$H < d$	非常重要	必须列为主要量测项目

注:D 为隧道直径,h 为隧道埋深。

1)量测频率

地表沉降量测频率:在量测区间内,当开挖面距量测断面前后距离 $d < 2D$ 时,每天 1~2 次;当 $2D < d < 5D$ 时,每两日量测 1 次;当 $d > 5D$ 时,每周量测 1 次。

2)数据整理

将每次的量测数据,经整理绘出以下曲线以便分析研究:①地表纵向下沉量—时间关系曲线;②地表横向下沉量—时间关系曲线。从两曲线图中可以看出地表下沉与时间的关系,以及最大下沉量产生的部位等。

如果地面有建筑物最大下沉量的控制标准,应根据地面结构的类型和质量要求而定,一般为 1 ~ 2 cm, 在反弯点处的地表倾斜应小于结构要求, 一般应小于 1/300。地表下沉量其控制标准可参阅有关标准和规范。根据回归分析, 如果地表下沉量超过规定标准, 应采取措施。

6.4.3　坑道周边相对位移与拱顶下沉量测

1) 量测原理

隧道开挖后, 围岩向坑道方向的位移是围岩动态的最显著表现, 最能反映出围岩(或围岩加支护)的稳定性。因此对坑道周边位移的量测是最直接、最直观、最有意义、最经济和最常用的项目。为方便起见, 除对拱顶、地表下沉及底鼓可以量测绝对位移值外, 坑道周边其他各点, 一般均用收敛计量测其中两点之间的相对位移值, 以反映围岩位移动态。

由已知高程的临时或永久水准点(通常借用隧道高程控制点), 使用较高精度的水准仪, 就可观测出隧道拱顶或隧道上方地表各点的下沉量及其随时间的变化情况。隧道底鼓也可用此法观测。通常这个值是绝对位移值, 也可以用收敛计测拱顶相对于隧道底的相对位移。值得注意的是, 拱顶点是坑道周边上的一个特殊点, 其位移情况具有较强的代表性。

2) 收敛计种类及选择

收敛计按传递位移媒介的不同, 可分为卷尺式收敛计、钢丝式收敛计和杆式收敛计 3 种。它们虽然类型不同, 但组成基本相同, 主要包括: 传递位移部分(钢卷尺、钢丝等), 测力装置(保持卷尺或钢丝等在时恒力, 如弹簧秤), 测读位移设备(如测微百分表、数显收敛计则直接显示测微读数), 测点连接器(单向连接销式及球形铰接式等)。

收敛计的选择, 一般应根据洞室断面大小、围岩类型、变形量大小等情况考虑, 具体选择如下: ①卷尺式收敛计使用操作方便, 体积小、质量轻, 故在大多数情况下, 应优先选择使用; ②当洞室开挖宽度很大(大于 20 m), 或温度变化较大, 或对变形量测精度较高的地下洞室, 则应选择钢丝式收敛计; ③杆式收敛计适用于洞径小、变形大的隧洞。

3) 量测方法及注意事项

①开挖后尽快埋设测点, 并测取初读数, 要求 12 h 内完成;

②测点(测试断面)应尽可能靠近开挖面, 要求在 2 m 以内;

③读数应在重锤稳定或张力调节器指针稳定指示规定的张力值时读取;

④当相对位移值较大时, 要注意消除换孔误差;

⑤测试频率应视围岩条件、工程结构条件及施工情况而定, 一般应按表 6.1 的要求而定。

⑥在整个量测过程中应做好详细记录, 并随时检查有无错误。记录内容应包括断面位置、测点(测线)编号、初始读数、各次测试读数、当时温度以及开挖面距量测断面的距离等。其中两测点的连线称为测线。

4) 数据记录

现场监控量测记录, 记录表格可参阅《铁路隧道监控量测技术规程》中的附录 B。量测组人员在现场量测时逐项认真填写, 并对有关量测数据及时进行处理。

5) 数据整理

量测数据整理包括数据计算、列表或绘图表示各种关系。

①坑道周边相对位移计算式为:

$$u_i = R_i - R_0 \tag{6.1}$$

式中　u_i——第 i 次量测时,两测点之间的相对位移值;

　　　R_i——第 i 次观测值;

　　　R_0——初始观测值;

②测尺为普通钢尺时,要消除温度影响。尤其是当洞径大(测线长)、温度变化大时,应进行温度改正。其计算式为:

$$\Delta u_i^t = \alpha L(t_i - t_0) \tag{6.2}$$

$$u_i = R_i - R_0 - \Delta u_i^t \tag{6.3}$$

式中　α ——钢尺的线膨胀系数(一般取 $\alpha = 12 \times 10^{-6}/℃$);

　　　L ——量测基线长;

　　　t_0, t_i——初始量测时的温度和第 i 次量测时的温度。

③量测时应及时计算出各测线的相对位移值、相对位移速率及其与时间和开挖面距离之间的关系,并列表或绘图,直观表示。常用的几种关系曲线图形式如图 6.9、图 6.10、图 6.11所示。

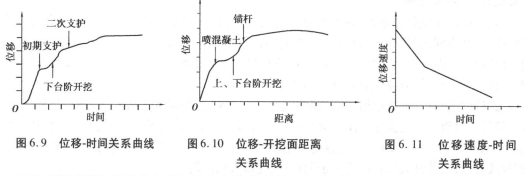

图 6.9　位移-时间关系曲线　　图 6.10　位移-开挖面距离　　图 6.11　位移速度-时间
　　　　　　　　　　　　　　　　　　　　关系曲线　　　　　　　　　　关系曲线

上述监测成果包括收敛变形汇总表和综合表中的内容,作为围岩稳定信息应及时反馈,及时报告给施工和设计单位,以指导施工和修改设计。反馈的形式有:险情预报简报(及时发出),定期简报(通常每隔 15 天发布 1 次),监测总报告(通常在任务完成后 2 个月之内提交)3 种。

观测资料的整理,应特别注意对观测成果的因素的分析。影响收敛观测成果的重要因素有:①收敛计的精度、灵敏度的影响;②收敛测桩安装质量的影响;③收敛测桩保护效果的影响;④环境的影响,如放炮时飞石碰动、震动甚至砸坏测桩,洞室温度变化的影响等;⑤人为读数误差的影响,如不同测读人员操作水平及方法产生的影响。

6) 拱顶下沉量计算

拱顶下沉量(Δh)的大小,根据测线 a、b、c 的实测值并利用三角形面积公式换算求得,如图6.12 所示。

$$\Delta h = h_1 - h_2 \tag{6.4}$$

$$h_1 = \frac{2}{a} \sqrt{S(S-a)(S-b)(S-c)} \tag{6.5}$$

$$S = \frac{1}{2}(a + b + c) \tag{6.6}$$

$$h_2 = \frac{2}{a'}\sqrt{S'(S'-a')(S'-b')(S'-c')} \quad (6.7)$$

$$S' = \frac{1}{2}(a'+b'+c') \quad (6.8)$$

式中 a,b,c ——前次量测 A 线、B 线、C 线所得的实
测值；

a',b',c' ——后次量测 A 线、B 线、C 线所得的实
测值。

这些影响因素应尽量在观测设计及过程中加以解
决。如精心选择收敛仪；保护好测桩；观测人员严格；观
测时，仪器和钢尺处于自重平衡状态；做好仪器的保养，

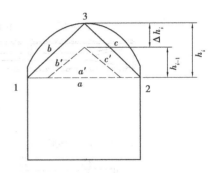

图 6.12　拱顶下沉量计算
布置示意图

同一观测断面调换收敛仪时，应注意两观测仪读数的搭接；在观测断面附近，应严格控制进尺及
爆破药量等。

6.4.4　围岩内部位移

1)量测原理

围岩内部各点的位移(包括掌子面纵向位移)同坑道周边位移一样是围岩的动态表现。它
不仅反映了围岩内部的松弛程度，而且更能反映围岩松弛范围的大小，这也是判断围岩稳定性
的一个重要参考指标。在实际量测工作中，先是对围岩钻孔，然后用位移计量测钻孔内(围岩
内部)各点相对于孔口(岩壁)一点的位移。

2)位移计

①位移计：有机械式、电测式两种类型。其结构由定位装置、位移传递装置、孔口固定装置、
百分表或读数仪等部分组成。

②定位装置：将位移传递装置固定于钻孔中的某一点，故其位移代表围岩内部该点的位移。
定位装置多采用机械式锚头，其形式有楔缝式、支撑式、压缩木式等。

③位移传递装置：将锚固点的位移以某种方式传递至孔口外，以便测取读数。传递的方式
有机械式和电测式两类。其中机械式位移传递构件有直杆式、钢带式、钢丝式；电测式位移传感
器有电磁感应式、差动电阻式、电阻式。

直杆式位移计结构简单、安装方便、稳定可靠、价格低廉，但观测精度较低，观测不太方便，
一般单孔只能观测 1～2 个测点的位移[见图 6.13(a)]。钢带式和钢丝式位移计则可单孔观测
多个测点，如 DWJ-1 型深孔钢丝式位移计可同时观测到单孔中不同深度的 6 个点位[见图 6.13
(b)]。

电测式位移计的传感器须有读数仪来配合输送、接收电信号，并读取读数。电测式位移计
多用于进行深孔多点位移测试，其观测精度较高，测读方便，且能进行遥测，但受外界影响较大，
稳定性较差，费用较高(见图 6.14)。

④孔口固定装置：一般测试的是孔内各点相对于孔口一点的相对位移，故须在孔口设固定
点或基准面。

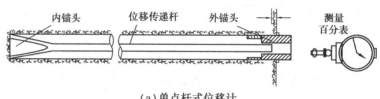

(a)单点杆式位移计

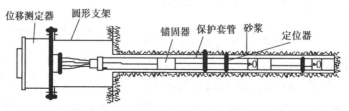

(b)DWJ-1型深孔六点伸长计结构原理示意图

图 6.13　机械式位移计

3)断面与测点布置

围岩内部位移测孔布置,除应考虑地质、隧道断面形状、开挖等因素外,一般应与净空位移测线相应布设,以便使两项测试结果能够相互印证,协同分析与应用。一般每 100 ~ 500 m 设一个量测断面,测孔布置见图 6.3。图 6.3 中若围岩比较均一且无偏压时,位移测孔可布置在一侧;当洞室规模较大,且高宽比大于 2.0 时,则宜选用图 6.3(c)的布置形式(或拱顶 1 个测点,两侧边墙对称各 3 个测点的布置形式)。掌子面纵向位移计的测孔的布置位置按开挖方法不同宜选用图 6.8 的布置形式。

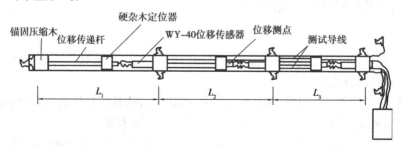

图 6.14　电阻式多点位移计

4)测试方法及注意事项

围岩内部位移测试方法、量测频率及注意事项与坑道周边相对位移测试方法大致相同。

5)数据记录与整理

数据记录和成果整理见表 6.7、表 6.8 和表 6.9。

数据整理方法基本同前,其成果图表主要包括"4 线 2 图",即:

①孔内各测点(L_1,L_2,…)位移(u)与时间(t)的关系曲线;

②不同时间(t_1,t_2,…)位移(u)与深度(L_1,L_2,…)的关系曲线;

③围岩位移与开挖进尺的关系曲线;

④围岩位移速率与时间的关系曲线;

⑤观测断面围岩位移分布图；

⑥钻孔位移计安装竣工图。

表 6.7 位移、收敛观测现场记录表（4 测点）

测 点		观测值	平均值	备 注
深部（测点 4）				
中部（测点 3）				
浅部（测点 2）				
收敛	钢尺读数			
	微读数			

观测地点：　　　　时间：　　　第　次观测　　断面号：　　测点号：　　温度：

表 6.8 位移、收敛观测现场记录表（4 测点）

第 i 次观测 L_i	$\Delta u = L_i - L_{i=1}$	$\Delta t/d$	$dv = \dfrac{\Delta u}{\Delta t}$（mm/d）	备 注

观测地点：　　　　　　断面号：　　　　　　测点号：

表 6.9 相对位移成果表（4 测点）

测 点	第 i 次观测 L_i	第 $i+1$ 次观测 L_{i+1}	$\Delta u = L_i - L_{i=1}$	$\Delta t/d$	$dv = \dfrac{\Delta u}{\Delta t}$	备 注
深部 $\Delta U_{1,4}$（测点 4）						
中部 $\Delta U_{1,3}$（测点 3）						
浅部 $\Delta U_{1,2}$（测点 2）						

观测地点：　　　　　　断面号：　　　　　　测点号：

6.4.5 锚杆应力及锚杆抗拔力

1）量测原理

系统锚杆的主要作用是限制围岩的松弛变形。这个限制作用的强弱，一方面受围岩地质条件的影响，另一方面取决于锚杆的工作状态。锚杆工作状态的好坏主要以其受力后的应力—应变来反映。因此，如果能采用某种手段测试锚杆在工作时的应力—应变值，就可以知道其工作状态的好坏，也可以由此判断其对围岩松弛变形的限制作用的强弱。

在实际量测工作中，采用的是与设计锚杆强度相等且刚度基本相等的各式钢筋计来观测锚杆的应力—应变的。

2）钢筋计

①钢筋计多采用电测式，其传感器有钢弦式、电磁感应式、差动电阻式、电阻片式几种。

②根据测式要求,可将几只传感器连接或粘贴于锚杆不同的区段,以观测出不同区段的应力—应变。

③读数仪可自动率定接收到的电信号,并显示应力—应变值。

3)测试方法及注意事项

①电感式和差动式钢筋计,需用接长钢筋(设计锚杆用钢筋)将其对接于测试部位(区段)制成测试锚杆,并测取空载读数。对接可采用电弧对接,操作中应注意不要烧坏和损伤引出导线,并注意减小焊接温度对钢筋计的影响。

②电阻式钢筋计是取设计锚杆,在测试部位两面对称车切、磨平后,粘贴电阻片,做好防潮处理,制成测试锚杆,并测取空载读数。

③测试锚杆安装及钻孔均按设计锚杆的同等要求进行,但应注意安装过程中不得损坏电阻片、防潮层及引出导线等。

④测试频率及抽样的比例、部位应按表6.1执行。

⑤做好各项记录,并及时整理。

4)数据整理

数据整理应及时进行,主要包括"4线1表",即:

①不同时间锚杆轴力(N或应力σ)-深度(l)关系曲线;

②不同深度各测点锚杆轴力-时间(t)关系曲线;

③锚杆轴力变化率-时间(t)关系曲线;

④锚杆轴力与掌子面距观测断面距离的关系曲线;

⑤锚杆轴力综合汇总表。

5)锚杆抗拔力检测

锚杆抗拔力(亦称锚杆拉拔力)是指锚杆能够承受的最大拉力,它是锚杆材料、加工与施工安装质量优劣的综合反映。其检测目的一是测定锚杆锚固力是否达到设计要求,二是判断所使用的锚杆长度是否适宜,三是检查锚杆的安装质量。

锚杆抗拔力量测方法主要有直接量测法、电阻量测法以及快速量测法等。抽样测试比例应按有关规范执行,但应注意仪器调校,测试过程中应做好各项记录,并及时整理。

6.4.6 压 力

1)量测原理

支护(喷射混凝土或模筑混凝土衬砌)与围岩之间的接触应力大小,既反映了支护的工作状态,又反映了围岩施加于支护的形变压力情况,因此,围岩压力的量测就成为必要。

这种量测可采用盒式压力传感器(称压力盒)进行测试。将压力盒埋设于混凝土内的测试部位及支护—围岩接触面的测试部位,则压力盒所受压力即为该部位(测点)压力。

2)压力盒

压力盒有钢弦式、变磁阻调频式、液压式等多种形式。

①钢弦式压力盒:其工作原理与钢弦式钢筋计相同。钢弦式压力盒构造简单,性能也较稳

定,耐久性较强,经济性较好,是一种在工程中使用比较多的压力盒。

②变磁阻调频式压力盒:其工作原理是当压力作用于承压板上时,通过油层传到传感单元的二次膜上,使之产生变形,改变了磁路的气隙,即改变了磁阻,当输入振荡电信号时,即发生电磁感应,其输出信号的频率发生改变,这种频率改变因压力的大小而变化,据此可测出压力的大小[见图6.15(a)]。

③液压式压力盒:又称格鲁茨尔(Gbozel)压力盒,其传感器为一扁平油腔,通过油压泵加压,由油泵表可直接测读出内应力或接触应力[见图6.15(b)]。液压式压力盒减少了应力集中的影响,其性能比较稳定可靠,是较理想压力盒,国内已有单位研制出机械式油腔压力盒。

④变磁阻调频式压力盒:抗干扰能力强、灵敏度高,适于遥测,但在硬质介质中应用,存在着与介质刚度匹配的问题,效果不太理想。

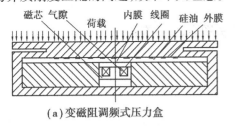

(a)变磁阻调频式压力盒

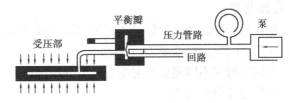

(b)格鲁茨尔压力盒

图6.15 压力盒

3)测试方法及注意事项

①将压力传感器按测试应力的方向埋设于测试部位,在喷射混凝土或模筑混凝土振捣过程中,应注意不要损伤导线或导管。

②液压式压力盒系统还应在适当部位安设管路连接头及阀门。

③测试频率应按表6.1要求执行。

4)数据整理

测试过程中应随时做好各项记录,并及时整理出有关图表,主要有:

①不同时间的压力-时间关系曲线;

②压力变化率-时间关系曲线;

③不同测点压力与掌子面距观测断面距离的关系曲线;

④同一时间不同测点压力分布图;

⑤压力综合汇总表。

6.4.7 混凝土应变

1)量测原理

喷射混凝土或模筑混凝土应变的大小,既反映了混凝土的工作状态,又反映了围岩施加于支护的形变压力情况,因此,混凝土的应变量测是必要的。

这种量测可采用混凝土应变计进行测试。根据量测部位不同,混凝土应变计分为埋入式和表面式两种。埋入式混凝土应变计埋设于混凝土内需测试的部位,按变形方向要求埋设;表面应变计则粘贴在混凝土的表面测试混凝土的变形。

2）混凝土应变计

混凝土应变计目前工程中应用较多的为钢弦式,其工作原理同钢弦式压力盒和钢筋计。钢弦式的混凝土应变计抗干扰能力强,构造简单,性能也较稳定,耐久性较强,经济性较好。

3）测试方法及注意事项

①将混凝土应变计按测试应变的方向埋入(埋入式)或粘贴于(表面式)测试部位,在喷射混凝土或模筑混凝土振捣过程中,应注意不要损伤传感器和导线;

②传感器在安装时,要做好保护工作,防止施工损坏;

③测试频率应按表6.1要求执行。

4）数据整理

测试过程中应随时做好各项记录,并及时整理出有关图表,主要有:

①不同时间的应变-时间关系曲线;

②同一时间不同测点的混凝土应力分布图;

③应变综合汇总表。

6.4.8　围岩的弹性波速度

1）量测原理

声波测试是地球物理探测方法的一种。它是在岩体的一端激发弹性波,而在另一端接收通过岩体传递过来的波,弹性波通过岩体传递后,其波速、波幅、波频均发生改变。对于同一种激发弹性波,穿过不同的岩层后,发生的改变各不相同,这主要是由于岩体的物理力学性质各不相同所致。因此,弹性波在岩体中的传播特征就反映了岩体的物理力学性质,如动弹性模量、岩体强度、完整性或破

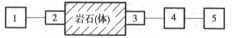

图 6.16　声波测试原理示意图
1—振荡器;2—发射换能器;3—接收换能器;
4—放大器;5—显示器

碎程度、密实度等。据此可以判别围岩的工程性质,如稳定性,并对围岩进行工程分类。其原理见图6.16。

目前,在工程测试中,普遍应用声波在岩体中传播的纵波速度 V_p 来作为评价岩体物理力学性质的指标,一般有以下规律:

①岩体风化、破碎、结构面发育,则波速低、衰减快、频谱复杂;

②岩体充水或应力增加,则波速高、衰减小、频谱简化;

③岩体不均匀和各向异性,则其波速与频谱也相应表现出不均一和各向异性。

2）测试方法及注意事项

声波测试方法较多,从换能器的布置方式、波的传播方式、换能器的组合形式等三个方面分为下述各类。

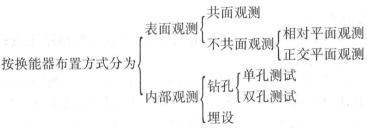

按换能器布置方式分为 $\begin{cases} \text{表面观测} \begin{cases} \text{共面观测} \\ \text{不共面观测} \begin{cases} \text{相对平面观测} \\ \text{正交平面观测} \end{cases} \end{cases} \\ \text{内部观测} \begin{cases} \text{钻孔} \begin{cases} \text{单孔测试} \\ \text{双孔测试} \end{cases} \\ \text{埋设} \end{cases} \end{cases}$

按波的传播方式分为 $\begin{cases} \text{直透法——直达波法} \\ \text{平透法} \begin{cases} \text{折射波法} \\ \text{反射波法} \end{cases} \end{cases}$

按换能器的组合形式分为 $\begin{cases} \text{一发一枚} \\ \text{一发多枚} \\ \text{多发多枚} \end{cases}$

声波测试应注意以下几点：

①探测区域的选择要有典型性和代表性；

②测点、测线、测孔的布置要有明确的目的性，要根据实际工程地质情况、岩体力学特性及建筑形式等进行布设；

③声波测试一般以测纵波速度（V_p）为主，但根据实际要求也可测其横波速度（V_s），同时记录波幅，进行频谱分析。

3）数据整理

隧道工程中多采用单孔平透折射波法测试围岩在拱顶、拱脚、墙腰几个部位的径向纵波速度。根据测试记录应及时整理出每个测孔的 $V_p\text{-}L$ 曲线。常见的曲线形式可以归纳为以下4种类型（见图6.17）。

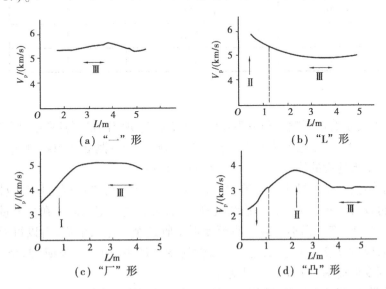

图6.17 波速与孔深关系曲线（$V_p\text{-}L$）的类型

①"一"形，无明显分带，表示围岩较完整；

②"L"形,无松弛带,有应力升高带,表示围岩较坚硬;

③"厂"形,有松弛带,应分析区别是由于爆破引起的松动还是围岩进入塑性后的松动;

④"凸"形,松弛带、应力升高带均有。

以上所述只是一般情形。但有时波速高并不反映岩体完整性好,如有些破碎硬岩的波速就高于完整性较好的软岩。因此,国家标准《锚杆喷射混凝土支护技术规范》中还采用了岩体完整性系数 $K_v = (v_{mp}/v_{rp})^2$ 来反映岩体的完整性(v_{mp} 为岩体的纵波速度,v_{rp} 为岩块的纵波速度)。K_v 越接近1,表示岩体越完整。在软岩与极其破碎的岩体中,有时无法取出原状岩块,不能测出其纵波速度,这时可用相对完整系数 K_x 代替 K_v。

6.4.9　监控量测仪器(测点)的安设与量测频率

各项量测内容的仪器(测点)安设,一要快,二要近。"快"要求在开挖爆破后 24 h(最好 12 h)内,在下一循环爆破前完成全部埋设,并测取初读数。在安设由多项内容、多种手段组成的综合测试断面时,相互干扰大,时间会拖长,对施工与量测结果都有不利影响,这时可把综合量测断面分为几个亚断面分开设置,只要围岩沿隧道轴线方向变化不大,基本不会影响测试结果的综合分析与应用。"近"指仪器(测点)埋设要尽量靠近开挖掌子面,要求不超过 2 m。有的安设在距开挖掌子面 0.5 m 左右的断面上,观测效果更好,不过需要加强仪器(测点)的保护。

仪器(测点)安设后的量测频率,是由变化速度(时间效应)与距工作面距离(空间效应)确定的。表 6.10 给出了净空变形(收敛)与拱顶下沉的量测频率同位移速度、距工作面距离的关系。

表 6.10　收敛与拱顶下沉量测频率

变形速度(mm/天)	距工作面(开挖面)距离	量测频率(次/天)
>10	(0~1)B	1~2
5~10	(1~2)B	1
1~5	(2~5)B	1
<1	>5B	1

注:B 为隧道开挖宽度。

在由位移速度决定的量测频率和由距开挖掌子面距离决定的量测频率中,原则上应采取频率高的。当变形稳定时,可不按表 6.10 的要求。当同一个量测断面内各测线变形速度不同时,要以产生最大变形速度的测线确定全断面的量测频率。

量测期间的确定:在变形量小的隧道中(开挖后一个月内收敛),因变形收敛快,在变形收敛至一定值后,再以每天测一次的频率连续量测一周,观察其稳定状态。在变形量大的隧道中(开挖后经两个月以上,变形仍不收敛),直至变形量收敛至一定数值后,再以每天测一次的频率连续量测两周,以确认变形是否稳定。在塑性流变岩体中,如变形长期(两个月以上)不收敛,量测要进行到变形速率为 1 mm/30 d 为止。

围岩位移量测、锚杆轴力量测、喷层(衬砌)应力量测、围岩压力量测、格栅应力量测等的量测频率,原则上与同一断面内的应测项目量测频率相同。

6.5 量测数据处理与反馈

量测数据反馈于设计、施工是监控设计的重要一环,但目前尚未形成完整的设计体系。当前采用的量测数据反馈设计的方法主要是定性的,即依据经验和理论上的推理来建立一些准则。根据量测的数据和这些准则即可修正设计支护参数和调整施工措施。量测数据反馈设计、施工的理论法,目前正在蓬勃兴起,它是将监控量测与理论计算相结合的反分析计算法。下面简要介绍根据对量测数据的分析来修正设计参数和调整施工措施的一些准则。

6.5.1 地质预报

地质预报就是根据地质素描来预测预报开挖面前方围岩的地质状况。它为选择适当的施工方案,调整各项施工措施提供参考。地质预报内容主要包括:

①在洞内直观评价当前已暴露围岩的稳定状态,检验和修正初步的围岩分类;

②根据修正的围岩分类,检验初步设计的支护参数是否合理,如不恰当,则应予修正;

③直观检验初期支护的实际工作状态;

④根据当前围岩的地质特征,推断前方一定范围内围岩的地质特征,进行地质预报,同时防范不良地质突然出现;

⑤根据地质预报,并结合对已做初期支护实际工作状态的评价,预先确定下一循环的支护参数和施工措施;

⑥配合量测工作进行测试位置选取和量测成果的分析。

6.5.2 净空位移分析与反馈

如前所述,净空位移是围岩动态的最显著表现,所以隧道工程现场量测主要以净空位移作为围岩稳定性评价及围岩稳定状态判断的指标。一般而言,坑道开挖后,若围岩位移量小、持续时间短,其稳定性就好;若位移量大、持续时间长,其稳定性就差。

以围岩位移作为指标来判断其稳定状态,则有赖于对实际工程经验的总结和对位移量测数据的分析。

①用围岩的位移来判断其稳定状态,关键是要确定一个"判断标准"(或称为"收敛标准"),即是判断围岩稳定与否的界限。它包括位移量(绝对或相对)、位移速度、位移加速度三个方面。

②根据以上判断标准,若围岩位移速度不超过允许值,且不出现蠕变趋势,则可以认为围岩是稳定的,初期支护是成功的;若表现出稳定性较好,则可以考虑适当加大循环进尺。

浅埋隧道暗挖法施工时,应特别注意对拱顶下沉及地表下沉量的控制,其控制标准可参见表6.11。如果位移值超过允许值不多,且初期支护中的喷射混凝土未出现明显开裂,一般可不予补强。如果位移与上述情况相反,则应采取处理措施。如在支护参数方面,可以增强锚杆,加钢筋网喷混凝土,加钢支撑,增设临时仰拱等;施工措施方面,可以缩短从开挖到支护的时间,提前打锚杆,提前设仰拱,缩短开挖台阶长度和台阶数,增设超前支护等。

表 6.11　量测数据管理基准参考值

指标内容	日本、法国、德国规范综合值	推荐基准值	
		城市地铁	山岭隧道
地面最大沉陷	50 mm	30 mm	60 mm
地面沉陷槽拐点曲率	1/300	1/500	1/300
地层损失系数	5%	5%	5%
洞内边墙水平收敛	20 ~ 40 mm	20 mm	$(0.1 ~ 0.2)B\%$
洞内拱顶下沉	75 ~ 229 mm	50 mm	$(0.3 ~ 0.4)B\%$

注:B 为开挖洞室最大跨度(单位:m)。

③二次衬砌(内层衬砌)的施作时间:按新奥法施工原则,当围岩或围岩加初期支护基本达稳定后,就可以施作二次衬砌。应当特别指出的是,在流变性和膨胀性强烈的地层中,单靠初期支护不能使围岩位移收敛时,就宜于在位移收敛以前,施作模筑混凝土二次衬砌,做到有效地约束围岩位移。

6.5.3　围岩内位移及松动区分析与反馈

与净空位移同理,如果实测围岩的松动区超过了允许的最大松动区(该允许松动区半径与允许位移量相对应),则表明围岩已出现松动破坏,此时必须加强支护或调整施工措施以控制松动范围。如加强锚杆(加长、加密或加粗等),一般要求锚杆长度大于松动区范围。如果与以上情形相反,甚至锚杆后段的拉应力很小或出现压应力时,则可适当缩短锚杆长度、缩小锚杆直径或减小锚杆数量等。

6.5.4　锚杆轴力分析与反馈

根据量测锚杆测得的应变,即能算出锚杆的轴力:

$$N = \frac{\pi}{8}D^2E(\varepsilon_1 + \varepsilon_2)$$ (6.9)

式中　N——锚杆轴力;

　　　D——锚杆直径;

　　　E——杆的弹性模量;

　　　$\varepsilon_1,\varepsilon_2$——测试部位对称的一组应变片量得的两个应变值。

锚杆轴力是检验锚杆效果与锚杆强度的依据,根据锚杆极限强度与锚杆应力的比值 K(安全系数)即能作出判断。锚杆轴应力越大,则 K 值越小。一般认为锚杆局部段的 K 值稍小于1是允许的,因为钢材有一定的延性。根据实际调查发现,锚杆轴应力在洞室断面各部位是不同的,表现为:

①同一断面内,锚杆轴应力最大者多数在拱部45°附近到起拱线之间;

②拱顶锚杆,不管净空位移值大小如何,出现压应力的情况是不少的。

锚杆的局部段 K 值稍小于 1 的允许程度应该是不超过锚杆的屈服强度。若锚杆轴应力超过屈服强度时,则应优先考虑改变锚杆材料,采用高强钢材。当然,增加锚杆数量或锚杆直径也可获得降低锚杆轴应力的效果。

6.5.5 围岩压力分析与反馈

由围岩压力分布曲线可知围岩压力的大小及分布状况。围岩压力的大小与围岩位移量及支护刚度密切相关。围岩压力大,即作用于初期支护的压力大。这可能有两种情况:一是围岩压力大但变形量不大,这表明支护时间尤其是支护的封底时间可能过早或支护刚度太大,可作适当调整,让围岩释放较多的应力;二是围岩压力大且变形量也很大,此时应加强支护,限制围岩变形,控制围岩压力的增长。当测得的围岩压力很小但变形量很大时,则应考虑可能会出现围岩失稳。

6.5.6 喷层应力分析与反馈

喷层应力是指切向应力,因为喷层的径向应力总是不大的。喷层应力与围岩压力及位移有密切关系。喷层应力大的原因有两点:一是围岩压力和位移大,二是支护不足。

在实际工程中,一般允许喷层有少量局部裂纹,但不能有明显的裂损或剥落、起鼓等。如果喷层应力过大或出现明显裂损,则应适当增加初始喷层足够。如果喷层厚度已足够厚,则不应再增加喷层厚度,而应增强锚杆、调整施工措施、改变封底时间等。

6.5.7 地表下沉分析与反馈

对于浅埋隧道,隧道的开挖可能引起上覆岩体的下沉,致使地面建筑的破坏和地面环境的改变。因此,地表下沉的监控量测对于地面有建筑物的浅埋隧道和城市地下通道尤为重要。

如果量测结果表明地表下沉量不大,能满足限制性要求,则说明支护参数和施工措施是适当的;如果地表下沉量大或出现增加的趋势,则应加强支护和调整施工措施,如适当加喷混凝土、增设锚杆、加钢筋网、加钢支撑、超前支护等,或缩短开挖循环进尺、提前封闭仰拱,甚至预注浆加固围岩等。

另外,还应注意对浅埋隧道的横向地表位移观测。横向地表位移带发生在浅埋偏压隧道工程中,其处理较为复杂,应加强治理偏压的对策研究。

6.5.8 声波速度分析与反馈

围岩的声波速度综合反映了岩体的物理力学特征和动态变化。根据 V_p-L 曲线可以确定围岩松动区的范围,工程施工时应注意将此结果与围岩内位移量测资料相对照,综合分析和判断围岩的松弛情况,以便给修正支护参数和调整施工措施提供依据和指导。

6.6 地下洞室监测实例与监测报告

6.6.1 工程概况

宜万铁路堡镇隧道位于贺家坪至榔坪之间,设计为两条单线隧道,间距 30 m,进出口均位于曲线上,左线长 11 563 m(DK70 + 161 ~ DK81 + 724 段),右线长 11 969 m(DK70 + 182 ~ DK81 + 777 段),纵坡为人字坡,进口高程 850 m、出口高程 806 m,洞身最大埋深 630 m。右线隧道初期为贯通平行导坑,辅助左线隧道施工,后期扩挖呈右线正洞。

为加快施工进度,出口工区左线左侧增长 2 161 m 的迂回导坑。

隧道穿越粉砂质、砂质页岩夹薄层泥质粉砂岩,底部为炭质页岩,局部为灰岩夹页岩,岩层走向与隧道轴线基本一致,地下水以基岩裂隙水为主。

左线 DK72 +834 ~ DK79 +887 段及右线 YDK72 +248 ~ YDK79 +995 段隧道埋深较大,局部地段达到 630 m 左右,地应力测试孔得最大主应力为 16 MPa,隧道横截面内的最大初始应力 σ_{max} 约 14.75 MPa,对应岩体的单轴抗压强度 R_c 为 3.9 ~ 9.1 MPa,$R_c/\sigma_{max} = 0.26 ~ 0.6$,均小于 4。根据《工程岩体分级标准》(GB 50218—1994),该区属极高应力区,隧道可能大的位移和变形,堡镇隧道高地应力段衬砌断面如图 6.18 所示。

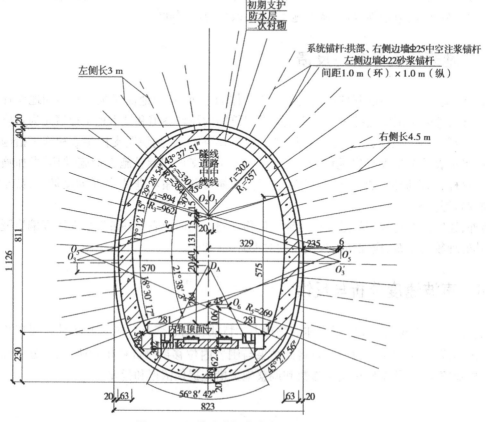

图 6.18 堡镇隧道极高地应力段衬砌断面

6.6.2 监测方案

在此隧道的软弱围岩大变形段根据开挖揭示地质情况,共布设了 14 个测试断面,其中在砂质页岩顺层地段 DK71 + 120、DK73 + 921、DK73 + 960、DK75 + 453、DK75 + 486、YDK74 + 560 布设了 6 个测试断面,在炭质页岩地段 DK79 + 865、DK78 + 980 和 DK77 + 695 布设了 3 个测试断面,在炭质页岩富水地段 DK79 + 052、YDK79 + 160、YDK79 + 106、YDK79 + 016 布设了 4 个测试断面,在灰岩-页岩地段 YDK79 + 262 布设了 1 个测试断面。埋设断面里程及测试项目如表 6.12 和图 6.19 所示。

表 6.12   测试断面及测试项目

岩性区段	位置	断面里程	埋深(m)	锚杆轴力	围岩压力	钢架应力	初支应力	围岩内部位移	接触压力	二衬应力
砂质页岩顺层	正洞	DK71 + 120	55		◎	◎	◎	◎		
		DK73 + 921	330						◎	◎
		DK73 + 960	297	◎	◎	◎	◎			
		DK75 + 453	400		◎	◎	◎			
		DK75 + 486	405						◎	◎
	平导	YDK74 + 560	297		◎	◎				
炭质页岩贫水	正洞	DK78 + 980	390		◎	◎	◎			
		DK77 + 695	473		◎	◎	◎			
		DK79 + 865	260	◎	◎	◎	◎	◎		
炭质页岩富水	正洞	DK79 + 052	360						◎	◎
	平导	YDK79 + 160	350	◎	◎	◎	◎	◎		
		YDK79 + 106	350	◎	◎	◎	◎	◎		
		YDK79 + 016	363		◎	◎	◎			
灰岩-页岩过渡段	正洞	YDK79 + 262	447						◎	◎

锚杆轴力采用振弦式量测锚杆,风枪成孔,砂浆锚固安装,每天量测一次,直至轴力基本稳定为止。

围岩内部位移采用机械式多点位移计,钻机成孔,机械锚固安装,每天量测一次,直至位移基本稳定为止。围岩压力和二衬接触压力采用振弦式双膜压力盒,频率接收仪进行监测,每天量测一次,直至压力基本稳定。钢架应力采用振弦式钢筋计,频率接收仪进行监测,每天量测一次,直至压力基本稳定。支护喷混凝土应力采用埋入式混凝土应变计,频率接收仪进行监测,每天量测一次,直至应力基本稳定。

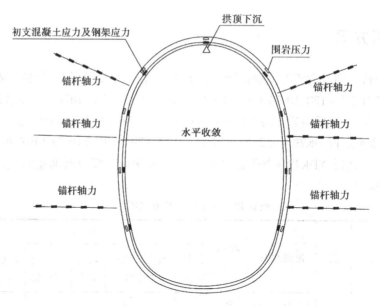

图 6.19   断面上测点布置图

洞室收敛变形监测,结合隧道施工要求,每 20 m 左右设置收敛变形监测断面,每断面分别在拱顶设置沉降观测点,在拱脚及内轨顶面以上 2.5 m 各设一条收敛测线,采用收敛计进行量测。开挖完成后立即布设测点,并在 12 h 内读取出读数。

6.6.3   监测成果与分析

1)初支围岩压力

某断面初支围岩压力共埋设 9 个测点,最大围岩压力发生在右侧拱脚和右墙腰处,分别为 0.116 MPa 和 0.059 MPa,右侧围岩压力大于左侧。围岩压力已基本趋于稳定。围岩压力沿横断面的分布如图 6.20 所示,各测点围岩压力随时间变化曲线如图 6.21 所示。

2)初支钢架应力

某断面初支钢架应力共布置 9 个钢架应力测点,所测钢架应力横断面分布如图 6.22 所示,各测点钢架应力随时间变化曲线如图 6.23 所示。所测钢架应力较小,最大值出现在右拱脚处,其值为 76.98 MPa,且右侧大于左侧,这与所测围岩压力规律相同,钢架应力已基本趋于稳定。

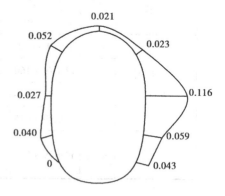

图 6.20 围岩压力在横断面上的分布(MPa)

3)初支混凝土应力

某断面初支混凝土应力共埋设 9 个测点,所测初支混凝土应力沿横断面分布如图 6.24 所示,初支混凝土应力随时间的变化曲线如图 6.25 所示。最大应力为拱顶 5.323 MPa,其次为右侧拱腰 3.589 MPa。

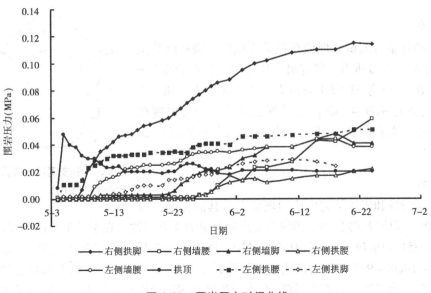

图 6.21　围岩压力时间曲线

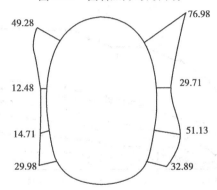

图 6.22　钢架压力在横断面上的分布（MPa）

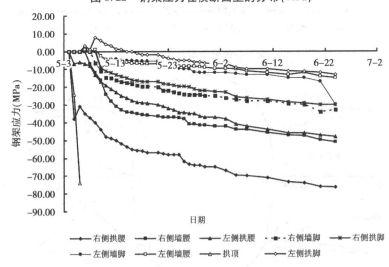

图 6.23　钢架应力时间曲线

4) 锚杆轴力

某断面锚杆轴力测试共埋设6根量测锚杆。锚杆以受拉为主,只有个别测点受压力。锚杆最大拉力发生在右墙脚1.9 m 深度测点处,其值为67.93 kN;最大压力发生在右墙脚3.7 m 测点处,其值为 - 59.46 kN。各量测锚杆最大拉力出现在0.9 ~ 2.7 m 处,锚杆轴力已经稳定。锚杆轴力分布如图6.26所示。

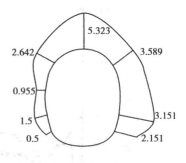

图6.24 初支混凝土应力在横断面上的分布(MPa)

5) 洞内变形

围岩力学特性和岩体结构中应力场状态及其演化过程的不同,导致在不同位置,隧道围岩的收敛变形具有显著不均匀性。在不同里程段,左线的隧道分别在 DK79 + 851 ~ DK79 + 700 和 DK79 + 170 ~ DK78 + 977 段遇到了灰质页岩,变形严重地段 DK79 + 170 ~ DK78 + 977 工作面岩性变为灰质页岩夹泥质炭岩,岩层产状为 350°∠54°,节理发育,无渗水,强风化,稳定差,石质破碎,在拱腰位置有褶皱和岩心饼化现象。围岩开挖后长时间

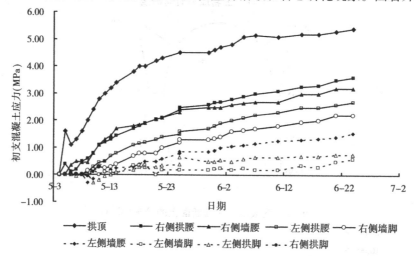

图6.25 初支混凝土应力时间曲线

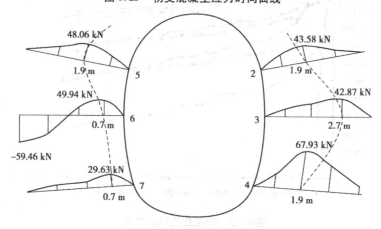

图6.26 锚杆轴力分布

持续较大的变形速率,最大变形速率达到 61.03 mm/d,较长时间的变形速率在 10 mm/d 以上,当累计变形量达到 270 mm 左右时混凝土开始脱落、开裂。边墙开挖以后,变形速率有变大的趋势,由于断面岩质为灰质页岩,整体性差,围岩变形达到稳定需要较长时间,约 40 d 后累计收敛值最大为 1 259.95 mm。在内轨顶上 2.5m 处,变形达到稳定时间约为 54 d,累计总收敛值为 56.48 mm/d,较长时间拱顶下沉速率持续在 5 mm/d 左右,达到稳定所需要时间为 53 d,累计变形最大值为 233.48 mm,左线隧道右墙混凝土有开裂和脱落现象,并且型钢有变形现象,拱顶混凝土有脱落现象。

DK80 + 240 ~ DK80 + 260、DK79 + 770 ~ DK79 + 850 和 DK78 + 310 ~ DK78 + 690 段工作面岩性均为灰岩,岩层产状为 357°∠56°,节理发育,层理明显,无渗水,弱风化,稳定性好,开挖面有掉块现象,累计总收敛值最大为 319.29 mm,左线隧道右墙混凝土有开裂和脱落现象,并且型钢有变形现象。拱顶下沉速率相对水平收敛变形速率小,在围岩开挖后的 10 d 内下沉速率在 3 mm/d 以上,最大变形速率为 13.95 mm/d,这段时间的下沉值占总下沉值的 87%,变形达到稳定时间约为 25 d,总下沉值最大为 93.30 mm。拱顶混凝土没有脱落现象。

典型断面隧道围岩水平收敛监测时间曲线如图 6.27 所示,速率曲线如图 6.28 所示。

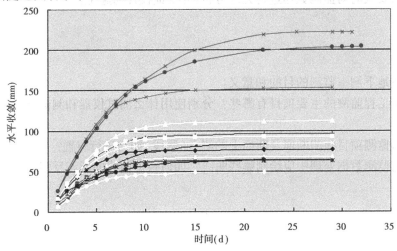

图 6.27 典型断面围岩水平收敛监测时间曲线

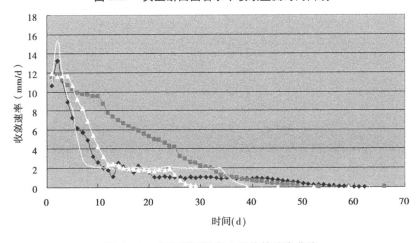

图 6.28 典型断面围岩水平收敛速率曲线

6.6.4　数据分析与反馈

为确保监测结果的质量,加快信息反馈速度,全部监测数据均由计算机管理,每次监测必须有监测结果,应及时上报监测周报表,定期汇报相应的测点位移时态曲线图,并对当前施工情况进行评价并提出施工建议。同时,要及时根据当前的施工方法修改监测方案,提高监测数据的可靠性和及时性。

本章小结

地下洞室围岩及支护结构监控量测是地下工程施工中的一个重要环节,通过这一技术手段,实现地下工程的信息化施工,为地下工程安全、顺利施工提供技术保障。监控量测分为必测项目和选测项目两大类。其中位移监测是最直接易行的,反馈设计最直接,因而应作为施工监测的重要项目,要及时对监测数据进行处理分析,并反馈设计与施工。

思考题

6.1　阐述地下洞室监测的目的和意义。

6.2　隧道工程监测的主要项目有哪些?分别使用什么测试仪器和测试方法?了解各使用仪器的原理。

6.3　隧道监测项目施测断面及断面上的测点(测线)如何进行布置?

6.4　隧道监测数据处理中应绘制哪些曲线?如何根据曲线的形态反馈施工?

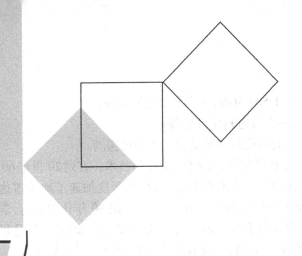

地质雷达检测技术

本章导读：

地质雷达是近年来发展较快的浅层探测技术，在结构质量检测方面应用较为广泛，地质雷达的基础理论和软、硬件系统可参阅相关专业文献。本章对地质雷达的原理只作简单介绍，主要介绍其在岩土工程中的应用，特别是在隧道衬砌质量检测方面的应用。

- **基本要求**　掌握地质雷达的原理、仪器操作、隧道检测时测线布置、现场检测方法、隧道衬砌缺陷的典型雷达图像和检测报告编制。
- **重点**　现场检测方法、隧道衬砌缺陷的典型雷达图像和检测报告编制。
- **难点**　地质雷达采集软件和处理软件使用。

7.1　概　述

7.1.1　地质雷达特点

地质雷达(Ground Penetrating Radar，简称 GPR)方法是一种用于探测地下介质分布的广谱电磁技术。一套完整的探地雷达通常由雷达主机、超宽带收发天线、毫微秒脉冲源和接收机以及信号显示、存贮和处理设备等组成。经由发射天线耦合到地下的电磁波在地下介质传播过程中，当遇到存在电性差异的地下目标体后，产生反射波，接收机将接收到的回波信号送到信号显存设备，通过显示的波形或图像可以判断地下目标体的深度、大小和特性等。与其他地球物理方法(如浅层地震勘探、电阻率法、激发极化法)相比，具有以下特点：

①探测效率高：地质雷达仪器轻便，可以连续测量，从数据采集到处理成像一体化，操作简便，采样迅速，所需人员少，对结构无破坏；

②分辨率高:地质雷达中心频率为 10～1 500 MHz,分辨率可达厘米级;

③结果直观:采集图像可实时显示,可在野外进行定性解释;

④探测目标的种类多:对地下或结构中存有电性差异的目标体均可探测。

该项技术起源于德国科学家 Hulsmeyer 在研究埋地特性时的专利技术。直到 20 世纪 60 年代末、70 年代初,等效采样技术和亚纳秒脉冲产生技术的发展,从技术角度加速了地质雷达的发展。到 20 世纪 80 年代,地质雷达系统作为产品得以应用。自 20 世纪 90 年代中期起,学术界对地质雷达的研究产生了较大的兴趣,每年都有大量的研究论文发表,但总的来看只是得益于数字信号处理技术的发展和电子元件水平的提高,而没有理论上的突破。尽管如此,但地质雷达目前已进入工程实用化阶段。近几年来,地质雷达在硬件方面的发展已趋于平稳,仪器开发商的重点放在如何提高数据采集速率和信噪比、数据处理算法和解释软件的智能化等方面。

7.1.2 地质雷达与探空雷达的主要差异

相对于探空雷达而言,地质雷达的最大差异在于系统性能的不可预见性。主要原因包括:

①传播损耗:探空雷达的传播媒质是空气或真空介质。地质雷达的传播媒质多样,实际工作中常常无法定量地对探测介质进行标定,因而地质雷达性能的预测通常是经验性的,远非精确的。

②目标特性:探空雷达的目标与空气和真空环境的差别大。地质雷达的目标与其环境的电磁差异别相对较小,而且不确定,且目标特性依赖所处的环境。探空雷达的探测目标由于远距离,系统工作通常满足远场条件。而地质雷达通常在浅表层工作,属近场工作条件。即使是深层探测,由于地下介质的非均匀性,多次辐射的结果也使得系统不能认为是远场工作

③工作频率:地质雷达工作频率在较低频段,多数高分辨率的应用要求需要大的带宽,因此地质雷达属于超宽带系统。适于窄带系统的经典雷达方程对其不再有效。目前尚难以建立有效的超宽带电磁反射信号模型,由此影响了地质雷达系统解释的准确性。作为非自由空间的目标探测环境,地表的介电特性是一个非常关键的参数或者本身就是探测目标,但是介电特性是与频率有关的,而且常常是一个随深度变化的量。

④杂波特性:低频超宽带环境杂波比对空探测雷达的杂波更复杂。

鉴于上述基本原因,地质雷达的雷达方程差异涉及以下方面:发射天线的宽频带增益、方向图特性,向地面的耦合特性(效率、频率特性),几何扩散损失,介质的指数衰减(包括与频率有关的由电导、电介和磁质材料的弛豫引起的耗散),传播过程中介质或目标性质(对比度、方向、极化),发射—接收天线的耦合与接收天线性能,以及多径效应影响等。

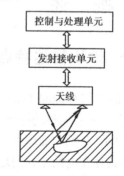

图 7.1 雷达系统组成示意图

7.1.3 探测设备

地质雷达系统主要由以下几部分组成(见图 7.1):

①控制与处理单元:控制单元是整个雷达系统的管理器,计算机对如何给出详细的指令。系统由控制单元控制着发射机和接收机,跟踪当前的位置和时间,并对接收机接收到的信号进

行存贮和处理。

②发射接收单元:包括发射机和接收机两部分组成,发射机根据控制单元的指令,产生相应频率的电信号并由发射天线将一定频率的电信号转换为电磁波信号向地下发射,其中电磁信号主要能量集中于被研究的介质方向传播,接收机把接收天线接收到的电磁波信号转换成电信号。

③辅助元件:电源、光缆、通信电缆、触发盒、测量轮等辅助元件。

7.1.4 国内常用的地质雷达

目前国内常用的地质雷达主要有美国 GSSI 公司的 SIR 系列、瑞典 MALA 公司的 RAMAC/GPR 系列、加拿大 Sensors&Software 公司的 Pulse-EKKO 系列、拉脱维亚 Zond 公司的 Zond 系列等;国内生产的地质雷达主要有中国矿业大学(北京)生产的 GR 系列、中国电波传播研究所(青岛)生产的 LTD 系列、骄鹏公司的 GEOPEN 系列、航天部爱迪尔公司(北京)研制的 CIDRC 雷达系列和长春地质仪器厂生产的"桑德 12-C 型"等地质雷达。国内和国际地质雷达的厂商及各型号地质雷达的详细信息可上网查询,在此不再介绍。图 7.2 ~ 图 7.7 为一些地质雷达产品。

图 7.2 SIR-20 型雷达主机   图 7.3 SIR-3000 型雷达主机   图 7.4 RAMAC X3M 型雷达主机

图 7.5 LTD-2200 型   图 7.6 GR-Ⅳ便携式   图 7.7 GEOPEN 型雷达主机
     雷达主机   雷达主机

7.1.5 地质雷达的应用

(1)在地质工程和岩土工程勘察中的应用

主要用于建筑物地基勘察、边坡稳定性调查、基岩面探测、冻土层探测、地基夯实加固检测、地质结构灾害监测、地下水探测和地下环境监测等。

(2)在隧道工程中的应用

主要用于隧道衬砌质量检测(隧道衬砌厚度、拱架、钢筋及衬砌缺陷),隧道底部岩溶、采空区探测。近年来随着隧道建设的发展和安全施工的要求,地质雷达在围岩松动圈探测和隧道地质超前预报方面也得到了广泛的应用。

（3）在机场跑道和公路工程中的应用

主要用于机场跑道和高速公路检测,其优点在于对工程可进行无损连续检测、精度高、速度快。它不仅能准确检测面层和基层厚度的变化,而且可以检测基层以下的基础和原状土中存在的病害隐患。

（4）在水利水电工程中的应用

主要用于探测堤坝工程隐患(如堤坝裂缝、渗漏、动物洞穴等)和坝基选址调查,另外还可应用于江岸边坡调查。

（5）在采矿工程中的应用

主要用于探测采空区、陷落柱、渗水裂隙、断层破碎带、瓦斯突出、巷道围岩松动圈以及采场充填等方面。

（6）在环境工程及考古中的应用

地质雷达可用来进行地下掩埋垃圾场的调查,以确定年代久远的垃圾场的确切位置以及评价有害物质对周围介质或地下水的污染程度。考古方面地质雷达可用于古墓探测。

（7）在铁道工程中的应用

主要用于道碴厚度、道碴陷槽、翻浆冒泥、道碴下沉外挤和桥头下沉等病害的探测。

7.2　地质雷达探测原理

地质雷达利用主频为 106～109 Hz 波段的电磁波,以宽频带短脉冲的形式,由介质表面通过发射机发送至介质中,经介质中的目的体或介质中的界面反射后返回介质表面,被接收机所接收（见图7.8）,通过对接收到的反射波进行分析就可推断地下地质情况。

地质雷达是研究超高频短脉冲电磁波在地下介质中传播规律的一门学科。根据波的合成原理,任何脉冲电磁波都可以分解成不同频率的正弦电磁波。因此,正弦电磁波的传播特征是地质雷达的工作基础。关于地质雷达反射波的合成记录、电磁波在岩土介质中传播的基本理论、地质雷达硬件结构等可参阅相关专业文献。对于地质雷达数据采集、资料分析等所涉及的一些基本概念将在相关节次中分别讲述。

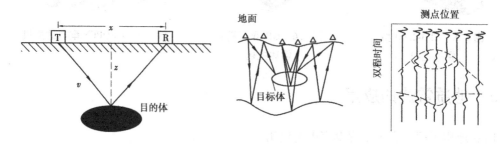

图 7.8　地质雷达反射剖面示意图

7.3　地质雷达现场工作设计

7.3.1　雷达采集参数的设置

探测参数选择合适与否直接关系到测量结果的合适性和正确性,雷达参数的调试可通过在调试界面上修改参数设置或载入雷达参数文件来实现。不同厂商的地质雷达参数设置方式可能不同,可上网查询相关资料或通过厂商实地培训进行学习。下面仅对参数的含义进行介绍。

(1)地质雷达天线

目前可供选择的天线类型主要有微带蝶形天线和振子天线两种,这两种天线具有较宽的频带。屏蔽天线常采用微带蝶形天线,主要应用于 100～2 000 MHz 天线。非屏蔽天线常以拉杆振子天线为主,主要应用于 20～500 MHz 天线。空气耦合天线主要应用于 1 000～2 600 MHz 天线。具体探测时可根据实际需要选用天线,并在相应参数栏中输入天线的主频。

(2)采样点数 N

采样点数是指单道雷达记录包含的数据点数,采样点数的选择要兼顾垂向分辨率(一般要求有 10～20 个数据点经过探测目标)、天线主频和记录数据量等因素,一般选 512 或 1 024。

仅考虑垂向分辨率时,若已知目标尺度 l(单位:m)和电磁波传播速度 v,可得到雷达记录的时间采样间隔(单位:ns)

$$\Delta t = \frac{l}{20v} \tag{7.1}$$

由此可大致估计采样点数:

$$N_r = \frac{W}{\Delta t} \tag{7.2}$$

考虑选用的天线型号时,已知天线主频 f_0(单位:MHz),雷达记录的时间采样间隔应该满足:

$$\Delta t < \frac{10^3}{2f_0} \tag{7.3}$$

由此得到的采样点数为:

$$N_f = \frac{w}{\Delta t} \tag{7.4}$$

最终取 $N_{max} = \max(N_r, N_f)$(习惯上,N 取大于 N_{max} 并且与 2 的幂值系列最接近的值)。

(3)扫描速度

扫描速度是指水平方向上每秒记录的道数。扫描速度的选择除了要考虑水平分辨率(一般要求有 10～20 个数据点经过探测目标)和记录数据量两个因素外,还要受到采样点数参数选择的影响,一般选 32 或 64。实测时,一直采用高速扫频可能会影响仪器的使用寿命,再者考虑模数转换速度和数据量大小的因素,采样点数确定后,在满足水平分辨率要求的前提下,可根据表 7.1 对扫描频率适当限制。

表 7.1　采样点数与扫描速度的关系

采样点数/道	可选道数/s
256	16,32,64
512	16,32,64
1 024	16,32
2 048	16,32

（4）时窗的选择

时窗的选择限定了记录信号的双程走时长度，进而决定了探测深度。针对实际探测目的，天线选定后，可按照表 7.2 设置时窗大小。

表 7.2　时窗大小与天线主频之间的关联关系

天线主频	时窗选择	天线主频	时窗选择
1.5 GHz	12 ns	1 GHz	20 ns
900 MHz	15 ns	400 MHz	50 ns
200 MHz	100 ns	100 MHz	300 ns
80 MHz	500 ns	40 MHz	800 ns

另外，可按照下面介绍的方法确定时窗：时窗 W（单位：ns）的选择主要取决于最大探测深度 h_{max}（单位：m）与地层电磁波速度 v（单位：m/ns）：

$$W = \frac{2h_{max}}{v} \times 1.5 \tag{7.5}$$

式（7.5）中的电磁波传播速度 v 可由介质的介电常数 ε 和电磁波在空气中的传播速度 C 求得：

$$v = \frac{c}{\sqrt{\varepsilon}} \tag{7.6}$$

常见介质的电磁波传播速度和介电常数见表 7.3。

有时，出于记录数据量（存储空间）的考虑，直接给出雷达记录的采样点数 N（N 常选 512），这时可用下式初步估算时窗：

$$W_{max} = N \times \frac{100}{f_0} \tag{7.7}$$

式中　f_0——选用的天线中心频率，MHz。

（5）介电常数

介电常数是一个无量纲的物理量，表征一种物质在外加电场情况下，储存极化电荷的能力，由被探测的地下介质电性特征确定。了解地下介质特性参数，对于正确设置仪器检测参数、准确探测地下目标是非常重要的。可由实验室测定得到或按照表 7.3 对应输入。介电常数的测定详见 7.3.4。

（6）深度范围

深度范围对应在上述参数设置下，记录的探地雷达剖面所包含的地下介质深度范围（单位：m）。此项参数由时窗大小和介电常数决定。

表7.3　常见介质的电性特征

介　质	电导率 σ(S/m)	相对介电常数 ε_r
空　气	0	1
纯　水	$10^{-4} \sim 3 \times 10^{-2}$	81
新鲜水	5×10^{-4}	81
海　水	4	81
淡水冰	10^{-3}	3.2
海水冰	$10^{-2} \sim 10^{-1}$	$4 \sim 8$
花岗岩(干)	10^{-8}	5
花岗岩(湿)	10^{-3}	7
玄武岩(湿)	10^{-2}	8
灰岩(干)	10^{-9}	7
灰岩(湿)	2.5×10^{-2}	8
砂(干)	$10^{-7} \sim 10^{-3}$	$4 \sim 6$
砂(湿)	$10^{-4} \sim 10^{-2}$	30
饱水淤泥	$10^{-3} \sim 10^{-2}$	10
粘土(湿)	$10^{-1} \sim 1$	$8 \sim 12$
粘土土壤(干)	2.7×10^{-4}	3
干砂土壤	1.4×10^{-4}	2.6
湿砂土壤	6.9×10^{-3}	25
页岩(湿)	10^{-1}	7
砂岩(湿)	4×10^{-2}	6
湿沃土	2.1×10^{-4}	19
永久冻土	$10^{-5} \sim 10^{-3}$	$4 \sim 8$
混凝土(干燥)	$10^{-3} \sim 10^{-2}$	$4 \sim 10$
混凝土(潮湿)	$10^{-2} \sim 10^{-1}$	$10 \sim 20$
沥青(干燥)	$10^{-3} \sim 10^{-2}$	$2 \sim 4$
沥青(潮湿)	$10^{-2} \sim 10^{-1}$	$10 \sim 20$

(7)波速

波速是指电磁波在地下介质种的传播速度(单位:cm/ns),此项参数由介电常数决定。

(8)硬件增益调节方式

硬件增益调节有整体调节和单点调节两种方式可供选择。整体调节通过鼠标左键拖动增益曲线任意一点左/右移动,达到对整个波形幅度减小/增大的目的;单点调节应该与可变点的选择配合使用。

(9)带通低截止频率

此项对应由硬件实现的带通滤波的低截止频率。

(10)带通高截止频率

此项对应由硬件实现的带通滤波的高截止频率。

高截止频率和低截止频率用来设置带通滤波的带宽(针对等效采样后的信号频率范围),以直达波和目标反射信号清晰可见为准;所有参数设置完毕,并经检验符合现场要求后,可将此种情形下的参数存为文件(菜单文件中的保存雷达参数可实现此项功能),供以后遇到类似探测任务时使用(利用菜单文件中的装载雷达参数可实现此项功能)。

7.3.2 采集参数文件的载人

即使是对经验丰富的地质雷达专家,在短时间内正确设置所有的采集参数,也不是件容易的事情。为此,有些地质雷达采集系统提供了菜单文件中的装载雷达参数的功能,同时在相应目录下提供了对应不同天线的参数文件,可以针对具体的探测任务,利用菜单文件中的装载雷达参数载入系统提供的这些参数文件,以直接使用。使用者可以进一步将每一次满意的探测参数存到相应目录下,供以后方便地使用。

7.3.3 探测方式的选择

采集参数正确设置后,可根据实际需要选择探测方式。雷达的采集系统通常都有 3 种采集方式:连续测量、人工点测和测量轮控制,下面分别予以简单介绍。

(1)连续测量方式

此种方式按照扫描速度的设定,连续记录雷达波形。即便处于静止状态,只要采集状态开关是开着的,天线就会不断进行采集。其数据记录量较大,具有较高的水平分辨率,主要用于不适合使用测量轮的场地下目标的探测。

(2)人工点测

主要用于事先已知的或通过普查圈定目标的大致范围后,可利用点测方式精确确定地下目标的空间位置。地形不平坦无法进行连续测量时,也可使用点测。人工点测扫描数是被单个收集的,可随着选择叠加次数进行叠加。

(3)测量轮控制方式

数据是基于测量轮的旋转而采集的,测量轮的旋转是根据设置的采样率而变化,测量轮不旋转就不采集。此种方式一般用于公路施工质量检测、隧道衬砌厚度检测、铁路路基及道碴厚度检测等。

7.3.4 现场探测过程

参数设置完毕,并选定探测方式和显示方式后,便可点击采集按钮进入数据采集和显示界面,以下针对不同探测方式逐一进行说明。

1)选择连续探测方式时的采集过程

选择连续探测方式后,只需拖动天线,系统将依据扫描速度的设定自动采集数据,此种方式过程简单,不用人工干预。探测时,进入图形显示和采集界面,将看到相应的伪彩色图或堆积波形的滚动显示。如果雷达剖面能够很好地反映要探测的地下目标的性质,说明仪器配置选择得当,参数设置正确,按下采集按钮,可以开始采集雷达探测数据了。随着天线的移动,系统将显示雷达剖面、波形。完成该段探测任务后,点击存盘按钮,系统存储数据。若想继续下一段的数据采集和存储任务,只需重复上述步骤即可。

2）人工点测

人工点测前，对探测范围进行测线布置。探测时，将天线放置在圈定范围的一个点不动，正确设置参数，选择此种采集方式，进入图形显示和采集界面，选择叠加次数。采集时按采集键将触发一次，系统将记录一道波形。此后逐点移动天线，直至所有测线完成。采集过程中的其他操作可参照连续探测方式的探测过程。

3）选择轮控制方式时的采集过程

与连续探测方式过程有所不同，测量轮控制方式必须通过测量轮的不断转动进行触发并传送一个信号，系统才会进行数据采集。采集过程中的其他操作可参照连续探测方式的探测过程。

4）地下媒质介电常数的测量

对于一些典型的媒质，在含水量已知的情况下，可以初步估计出介电常数和电导率，从而预测探地雷达的性能。

关于对土壤或其他介质介电参数的测量，除了实验室进行样品精确测量外，还可以通过探地雷达实验的方法对介质的介电常数进行初步估计，如用已知目标深度法、点源反射体法以及层状反射体法等。这些方法虽然不能够对介质的介电常数进行精确估计，但其误差一般在工程应用的允许范围之内，更因为其快速简单而得到更好的应用。

（1）已知目标深度法

如果已知埋地目标的深度为 z，收发天线间距为 b，电磁波在空气中的传播速度为 $c = 0.3$ m/ns。将雷达移至目标上方使得收/发天线的中心位于目标正上方，测量双程时间 t_0，然后根据下式：

$$\varepsilon_{\mathrm{r}} = \frac{c^2 t_0^2}{4z^2 + b^2} \tag{7.8}$$

可得到土壤的相对介电常数。这种方法测得的 ε_{r} 为地面与目标路径上的相对介电常数平均值，可以代表测量点周围的局部区域情况，但前提是必须知道该目标的埋地深度。对于收发一体的天线，可近似认为 $b = 0$。

（2）电源反射体法

如图 7.9 所示，地下单个细长目标的雷达剖面图呈明显的双曲线形状。假设雷达位于目标正上方（即双曲线顶点对应的地面位置）时测量的双程进行时间为 t_0，然后将雷达移至目标水平距离 x 处测量双程进行时间 t_1，则土壤中的波速为

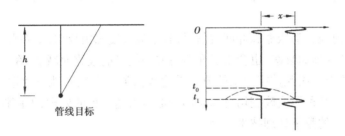

图 7.9　点源反射体法原理图

$$v = \frac{h}{t_0} = \frac{x}{\sqrt{t_1^2 - t_0^2}} \qquad (7.9)$$

从而可以得到土壤的相对介电常数 ε_r 为

$$\varepsilon_r = \frac{c^2}{v^2} = \frac{c^2(t_1^2 - t_0^2)}{x^2} \qquad (7.10)$$

(3)层状反射体法

如图 7.10 所示,层状媒质在雷达剖面图中呈水平层状反射特性。假设两次测量中发射、接收天线的水平间距分别为 x_1 和 $x_2 (x_1 \neq x_2)$,测量相应的双程进行时间分别为 t_1 和 t_2。土壤中的电磁波速可表示为

$$v = \frac{\sqrt{4h^2 + x_1^2}}{t_1} = \frac{\sqrt{4h^2 + x_2^2}}{t_2} = \sqrt{\frac{x_2^2 - x_1^2}{t_2^2 - t_1^2}} \qquad (7.11)$$

因此,可以得到土壤媒质的相对介电常数为

$$\varepsilon_r = \frac{c^2(t_2^2 - t_1^2)}{x_2^2 - x_1^2} \qquad (7.12)$$

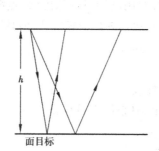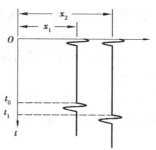

图 7.10　层状反射体法原理图

7.4　雷达资料数字处理与地质解释

7.4.1　雷达资料数字处理

地质雷达数据处理的目的是压制随机的和规则的干扰,以最大的可能的分辨率在地质雷达图像剖面上显示反射波,提取反射波的各种有用的参数(包括电磁波速度,振幅和波形等)来帮助解释。

地质雷达与反射地震都依靠脉冲回波信号,其子波长度都由反射源控制。脉冲在地下传播过程中,能量均会产生球面衰减,也会由于介质对波的能量的吸收而减弱,在地下介质不均匀时还会散射、反射与透射。因此数字记录的地质雷达数据类似于反射地震数据,反射地震数据处理许多有效技术通过某种形式改变均可以应用于地质雷达资料的处理,下面将结合地质雷达资料特点简单介绍常用的数字处理技术。

(1)数字滤波

在雷达探测中,为了保持更多的反射波特征,通常利用宽频带进行记录,于是在记录各种有

效波的同时,也记录了各种干扰波。数字滤波技术就是利用频谱特征的不同来压制干扰波,以突出有效波。

数字滤波是运用数学运算的方式对离散后的信号进行滤波,滤波分为有限脉冲滤波(FIR)和无限脉冲滤波(IIR)。为了保持探地雷达最高有效频率 f_{max},探地雷达测量时,采样间隔必须满足采样定律: $\Delta t \leqslant 1/2f_{max}$。

在分析处理过程中,首先对探地雷达记录进行频谱分析,确定频带中心频率以及其他干扰频率。为了确定其他干扰频率,可在探地雷达振幅谱显示模式下,确定任一扫描点在竖向波形的变化,找出周期最小的波形,即可确定最大频率的范围。

FIR 和 IIR 滤波对于地质雷达信号来讲,两种滤波效果没有很明显的差别,主要是因为地质雷达采用宽频带信号,所以信号过渡带对信号影响较小。在具体应用过程中,使用者可选用其中一种滤波方式即可。

探地雷达测量的是来自地下介质交界面的反射波。偏离测点的地下介质交界面的反射点只要其法平面通过测点,都可以被记录下来。在资料处理中需要把雷达记录中的每个反射点移到其本来位置,这种处理方法称为偏移归位处理。经过偏移处理的雷达剖面可反映地下介质的真实位置。绕射扫描偏移叠加是建立在射线理论基础上,使反射波自动偏移归位到其空间真实位置上的一种方法。

进行偏移绕射叠加得到的深度剖面,在有反射界面或绕射点的地方,由于各记录道的振幅值接近同相叠加,叠加后总振幅值自然增大;反之,在没有反射界面或绕射点的地方,由于各记录道的随机振幅非同相叠加,它们彼此部分地相互抵消,叠加后的总振幅值自然相对减小。这样就使反射波自动偏移到其空间真实位置,绕射波自动归位到绕射点上。

(2)频谱补偿处理

地质雷达发射宽频带信号,雷达信号在地层传播过程中,不同频率信号由于吸收系数不同,其能量损耗不同,尤其是在深层传播的信号。为了弥补这些损失的频谱信号,通过人为方式把这些频谱信号补偿进去,通过信号补偿,也可以拓宽信号的频谱,频带越宽,时间脉冲越窄,从而时间剖面的分辨率越高,所以频谱补偿可以提高地质雷达剖面的分辨率,提高资料解释的精度。

由于补偿信号是人为增加的信号,因此在补偿过程中也容易出现边缘干扰和假频干扰。频谱补偿处理时要选择好补偿的起始频率和终止频率,且一定要在发射信号频率区域内进行补偿,补偿频率选取不当会增加干扰信号。另外,频谱补偿完成后可再对信号进行带通滤波处理,其有效信号的信噪比可明显提高。

(3)雷达图像的增强处理

探地雷达图像由于干扰及地下介质的复杂性等问题,使得我们有时难以从图像剖面识别地下介质的分布。因此,需要对图像信息进行增强处理,改善图像质量以便进行图像识别。

探地雷达图像的地质解释是探地雷达探测的目的。然而探地雷达图像反映的是地下介质的电性分布,要把地下介电的电性分布转化为地下介质体分布,必须结合已知的资料(地质、钻探、岩土工程设计等参数)。综合运用探地雷达波的运动力学、动力学和物性特征进行综合分析。

探地雷达原始剖面图纪录的是有效波的运动学特点和动力学特点来识别和追踪同一介质的波形。反射法的探地雷达解释中,反射波和干扰波都是有效波。由于有效波总是在干扰背景下记录下来的,所以解释工作的首要任务就是在剖面上识别和追踪反射波。

（4）雷达资料的其他处理方法

雷达资料的二维滤波处理、希尔伯特变换、反卷积运算、小波变换、水平预测滤波、子波相关加强、背景消除、道间平衡加强和自动增益等方面的知识可参阅数字信号处理或雷达方面的相关专业书籍。

7.4.2　探地雷达剖面上识别各种波的标志

探地雷达剖面上识别各种波的 4 个标志是：同向性、振幅显著增强、波形特征和时差变化规律。

（1）同向性

只要在地下介质中存在电性差异，就可以在雷达图像剖面中找到相应的反射波与之对应。根据相邻道上反射波的对比，把不同道上同一反射波同相位连接起来的对比线称之为同向轴。同一波组的相位特征即波峰，波谷的位置在时间剖面上几乎没有变化。

（2）振幅显著增强

一个反射波的振幅增强，还与界面的反射系数（界面两边的电性差异）和界面形状等因数有关。如果沿界面无构造或岩性突变，则波的振幅沿测线也应当是渐变的。

（3）波形特征

这是反射波的主要力学特点，由于雷达主机发射的是同一雷达子波，同一界面反射波的传播路程相近，传播过程中所经过的地层吸收等因素的影响也相近，所以同一反射波在相邻道上的波形特征（包括主周期、相位数、振幅包络形状等）是相近的。

（4）时差变化规律

由于探地雷达发射与接收距离非常相近，可以认为是自激自收方式，所以在探地雷达剖面上，反射波的同向轴是直线，绕射波的同向轴是曲线。这是探地雷达剖面识别的类型的重要依据。

7.4.3　探地雷达图像的物性解释依据

探地雷达图像的物性解释是把注意力放在单个反射层或一个小的反射层组上，利用各种雷达技术（加各种数据处理），提取探地雷达参数（主要是速度、振幅等），并紧密结合地质、工程资料研究目标体的物性。

影响探地雷达速度的因素：弹性常数、密度、空隙率以及含水量。因此，研究探地雷达速度可以确定目的体的含水量等。

影响探地雷达振幅的因素：波前扩散、介质吸收、界面的反射系数与界面反射形态等。因此，研究探地雷达波振幅的变化，可用来识别防空洞等特殊目标体。

知道上述探地雷达剖面上电磁波的标志以及雷达图像的物性解释后，再根据波速 v、波长 λ、频率 f 之间的关系 $\lambda = v/f$，可知：当反射信号频率一定时，随地层介质波速增加，接受天线所接受到的反射波波长加大；反之，当地层介质的波速降低时，反射波的波长变小。一些特征反映在探地雷达记录的剖面图上表现为，波速低的介质层，雷达反射波形的脉宽小，呈细密齿状；当地层波速加大时，雷达反射波形的脉宽亦相应加大。

7.5 地质雷达在隧道工程中的应用

地质雷达在工程领域的应用比较广泛,在本章 7.1.5 中已经作了介绍,隧道工程方面应用与其他领域的应用差别在于现场测线布置和检测方法不同,其资料分析基本相同。因此本节主要是介绍其在隧道衬砌质量检测中的应用。

地质雷达适应于检测隧道衬砌厚度、衬砌背后的回填密实度和衬砌内部钢架、钢筋等分布,检测以《铁路隧道衬砌质量无损检测规程》(TB 10223—2004)为依据。天线的技术指标应符合下列要求:①具有屏蔽功能;②最大探测深度应大于 2 m;③垂直分辨率应高于 2 cm。地质雷达主机技术指标一般均满足隧道检测要求。

7.5.1 现场检测

1)测线布置

①隧道施工过程质量检测应以纵向布线为主,横向布线为辅。纵向布线的位置应在隧道拱顶、左右拱腰、左右边墙和隧底各布置一条;横向布线可按检测内容和要求布设线距,一般情况线距 8 ~ 12 m;采用点测时每断面不少于 6 个点。检测中发现不合格地段应加密测线或测点。

②隧道竣工验收时质量检测应以纵向布线为主,必要时可横向布线。纵向布线的位置应在隧道拱顶、左右拱腰和左右边墙各布置一条;横向布线线距 8 ~ 12 m;采用点测时每断面不少于 5 个点。需确定回填空洞规模和范围时,应加密测线或测点。

③三线隧道应在隧道拱顶部位增加 2 条测线。

④测线每 5 ~ 10 m 应有一里程标记。

2)介质参数标定

(1)检测前现场标定

检测前应对衬砌混凝土的介电常数或电磁波速做现场标定,且每座隧道应不少于 1 处,每处实测不少于 3 次,取平均值为该隧道的介电常数或电磁波速。当隧道长度大于 3 km、衬砌材料或含水量变化较大时,应适当增加标定点数。

(2)标定方法

①在已知厚度部位或材料与隧道相同的其他预制件上测量;

②在洞口或洞内避车洞处使用双天线直达波法测量;

③钻孔实测。

(3)求取参数时应具备的条件

①标定目标体的厚度一般不小于 15 cm,且厚度已知;

②标定记录中界面反射信号应清晰、准确。

(4)标定结果计算

相对介电常数:

$$\varepsilon_r = \left(\frac{0.3t}{2d}\right)^2 \tag{7.13}$$

电磁波速：

$$v = \frac{2d}{t} \times 10^9 \qquad (7.14)$$

式中　ε_r——相对介电常数；

　　　v——电磁波速，m/s；

　　　t——双程旅行时间，ns；

　　　d——标定目标体厚度或距离，m。

3)测量时窗

$$\Delta T = \frac{2d\sqrt{\varepsilon_r}}{0.3}\alpha \qquad (7.15)$$

式中　ΔT——时窗长度，ns；

　　　α——时窗调整系数，一般取 1.5～2.0。

4)扫描样点数

$$S = 2 \cdot \Delta T \cdot f \cdot K \times 10^{-3} \qquad (7.16)$$

式中　S——扫描样点数；

　　　ΔT——时窗长度，ns；

　　　f——天线中心频率，MHz；

　　　K——系数，一般取 6～10。

5)纵向布线要求

纵向布线应采用连续测量方式,扫描速度不得小于 40 道(线)/s;特殊地段或条件不允许时可采用点测方式,测量点距不得大于 20 cm。

6)检测注意事项

①测量前应检查主机、天线以及运行设备,使之均处于正常状态;

②测量时应确保天线与表面密贴(空气耦合天线除外);

③检测天线应移动平稳、速度均匀,移动速度宜为 3～5 km/h;

④记录应包括记录测线号、方向、标记间隔以及天线类型等;

⑤当需要分段测量时,相邻测量段接头重复长度不应小于 1 m;

⑥应随时记录可能对测量产生电磁影响的物体(如渗水、电缆、铁架等)及位置;

⑦应准确标记测量位置。

7.5.2　现场检测方法

现场检测要保证雷达天线与衬砌表面密贴且能匀速运动,现场一般采用以下检测方法:检测车、轨道车、市政工程车、装载机等,图 7.11～图 7.18 为常见的检测方法,在具体选用时可根据现场条件依次选择。

图7.11　检测车

图7.12　轨道车

图7.13　市政工程车

图7.14　装载机

图7.15　出碴车

图7.16　施工台车

图7.17　挖掘机

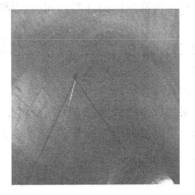

图7.18　自制支架

7.5.3　数据处理与解释

原始数据处理前回收检验,数据记录应完整、信号清晰,里程标记准确。不合格的原始数据不得进行处理与解释。

数据处理与解释软件应使用正式认证的软件或经鉴定合格的软件。数据处理与解释流程如图7.19所示。

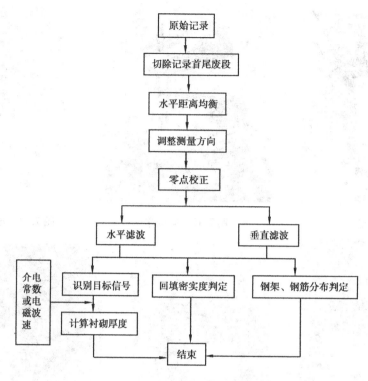

图 7.19 数据处理与解释流程

（1）数据处理要求

确保位置标记准确、无误；确保信号不失真，有利于提高信噪比。

（2）解释要求

①解释应在掌握测区内物性参数和衬砌结构的基础上，按由已知到未知和定性指导定量的原则进行；

②根据现场记录，分析可能存在的干扰体位置与雷达记录中异常的关系，准确区分有效异常与干扰异常；

③应准确读取双程旅行时间；

④解释结果和成果图件应符合衬砌质量检测要求。

衬砌界面应根据反射信号的强弱、频率变化及延伸情况确定。

衬砌厚度的计算：

$$d = \frac{0.3t}{2\sqrt{\varepsilon_r}}$$ (7.17)

或 $$d = \frac{1}{2}vt \cdot 10^{-9}$$ (7.18)

式中 d——衬砌厚度，m；

ε_r——相对介电常数；

v——电磁波速，m/s；

t——双程旅行时间，ns。

衬砌背后回填密实度的主要判定特征应符合下列要求：

①密实：信号幅度较弱，甚至没有界面反射信号；

②不密实:衬砌界面的强反射信号同相轴呈绕射弧形,且不连续,较分散;

③空洞:衬砌界面反射信号强,三振相明显,在其下部仍有强界面反射信号,两组信号时程差较大。

衬砌内部钢架、钢筋位置分布的主要判定特征应符合下列要求:

①钢架:分散的月牙形强反射信号;

②钢筋:连续的小双曲线形强反射信号。

7.5.4　检测质量的检查及评定

采集数据检查应为总工作量的5%,检查资料与被检查资料的雷达图像应具有良好的重复性、波形基本一致、异常没有明显位移。若采集数据检查满足不了上述要求时,检查工作量应增加至总工作量的20%;仍不合格时,则整个检测工作必须重新进行,检测资料与检测报告一起提交。厚度检测成果表如表7.4～表7.7所示。

表 7.4　隧道衬砌厚度检测结果

序号	里程范围	长度（m）	拱顶衬砌厚度(cm)		左拱腰衬砌厚度(cm)		右拱腰衬砌厚度(cm)		左边墙衬砌厚度(cm)		右边墙衬砌厚度(cm)		仰拱衬砌厚度(cm)	
			设计	实测	设计	实测	设计	实测	设计	实测	设计	实测	设计	实测

检测日期:　　　　　　　　　　检测人:　　　　　　　　　　复核人:

注:1.里程范围可以隧道进口为零;

　　2.三线隧道可根据测线数量增加相应的栏目。

表 7.5　隧道衬砌钢架、钢筋分布

序号	里程范围	衬砌钢架、钢筋分布					备注
		拱顶	左边墙	左拱腰	右边墙	右拱腰	

检测日期:　　　　　　　　　　检测人:　　　　　　　　　　复核人:

注:1.里程范围可以隧道进口为零;

　　2.三线隧道可根据测线数量增加相应的栏目。

表 7.6　隧道衬砌背后回填情况统计

序号	里程范围	位置	回填情况			备注
			密实	不密实	空洞	
		拱　顶				
		左边墙				
		左拱腰				
		右边墙				
		右拱腰				

检测日期:　　　　　　　　　　检测人:　　　　　　　　　　复核人:

注:1.里程范围可以隧道进口为零;

　　2.三线隧道可根据测线数量增加相应的栏目。

表 7.7　隧道衬砌质量汇总

序号	里程范围	位置	衬砌质量描述					备注
			厚　度	强度等级	回填密实度	内部缺陷	钢筋分布	

检测日期：　　　　　　　　　检测人：　　　　　　　　　　　　　　复核人：

注：1. 里程范围可以隧道进口为零；

　　2. 三线隧道可根据测线数量增加相应的栏目。

7.6　隧道衬砌检测与探测的典型图像

　　地质雷达的探测图像是雷达扫描道在屏幕上形成连续剖面,雷达图像有色阶显示和波形显示两种模型,有色阶显示信息更丰富一些。在各种显示中,横坐标是测试距离,即探测剖面的地面位置,纵坐标是电磁波在介质中的双程走时(ns)。在隧道检测与探测中,由于解译人员的知识结构和经验的差异,有时对雷达图像的解译存在一些差异和分歧,现根据作者多年的经验,选取几幅典型的雷达图像进行简要解译说明,并供参考。

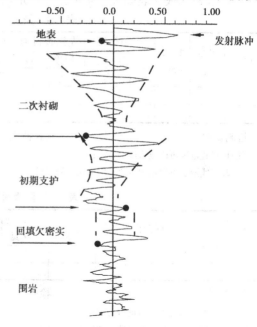

图 7.20　雷达实测扫描波形图

7.6.1　衬砌结构

　　混凝土衬砌厚度计算处理时,首先应确定衬砌表面的零点,然后进行层位追踪。因此应先对电磁波所反映出的衬砌结构有一明确的认识。图 7.20 是隧道衬砌结构雷达实测扫描波形图。根据电磁波的传播规律反射系数 R_i 与分界面两侧介质的介电常数有以下关系：

$$R_i = \frac{\sqrt{\varepsilon_1} - \sqrt{\varepsilon_2}}{\sqrt{\varepsilon_1} + \sqrt{\varepsilon_2}} \tag{7.19}$$

式中　ε_1——分界面上层介质的介电常数;

　　　ε_2——分界面下层介质的介电常数;

　　对图 7.20 进行分析:空气的介电常数为1,二衬混凝土的介电常数经标定为6,由此可计算出反射系数 R_i 为负,因此将衬砌表面零点的反射界面定在负相位上;同样初期支护混凝土的介电常数经标定为8,因此其介质反射界面也定在负相位上;空腔或回填欠密实的特点是孔隙大,电磁波可看作为在空气中传播,反射系数 R_i 为正,反射界面定在正相位上;电磁波由空腔或回填欠密实区进入围岩,其情况刚好相反,其反射界面定在负相位上。

7.6.2　层位追踪

图7.21为一典型的隧道衬砌雷达扫描图像,根据7.6.1所介绍的界面电磁波正、负相位选择原则,从图中可以清晰地分辨出各个不同介质的波形特征:二次衬砌混凝土介质均匀,反映其电磁波频率单一、对电磁波波幅有较强的吸收,二次衬砌混凝土与初支混凝土由于存在施工工艺差异以及两者之间存有防水材料,亦产生出明显的反射界面;初支混凝土与围岩之间由于施工超挖回填的块石,在回波波形上表现为较单一的低频特征,反映出其孔隙度大,密实程度较差的电性特点;围岩介质相对复杂,其波形反映出较为繁杂的多频率和波幅变化的复合特征。

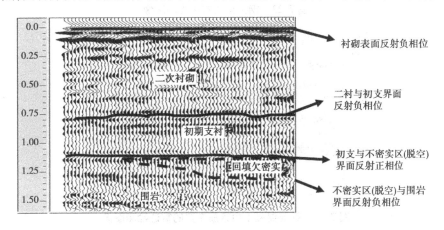

图7.21　隧道衬砌结构层雷达扫描图像

7.6.3　初期支护检测中钢拱架的雷达图像

初期支护中钢拱架为的检测,主要是检测钢拱架的数量和拱架间距是否满足隧道验收标准的要求,图7.22是工字钢拱架的雷达图像。初期支护设计喷射混凝土厚度26 cm,拱架间距50 cm/榀。从图中可以看出,45～55 m,拱架数量19根,比设计数量缺1根,平均间距52.6 cm。若天线移动速率均匀,则根据拱架间隔可以判断拱架各榀间的距离。若天线移动速率不均匀,根据雷达图像判断拱架各榀间的距离存在偏差,因此在实际检测时,应尽量保持天线移动速率均匀。

7.6.4　模筑混凝土衬砌钢筋的雷达图像

图7.23是模筑混凝土中钢筋布置的雷达检测图像。由于电磁波遇到金属时发生全反射,部分能量被接收天线接收,部分能量又被反射到钢筋处,没有遇到第一层钢筋的电磁波传导至第二层钢筋,同样发生上述现象,从而形成了电磁波在钢筋和电磁波之间的多次反射,造成第二层钢筋较难识别,必须根据时间剖面并结合合适的滤波方式确定第二层钢筋的位置。若要精确检测二层钢筋的布置,可采用三维采集和分析模式进行探测和分析。

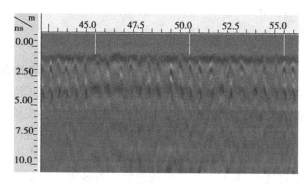

图 7.22　钢拱架的雷达检测图像

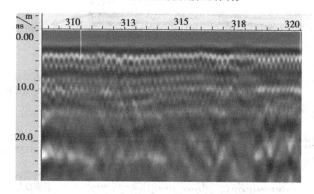

图 7.23　钢筋混凝土中钢筋布置的雷达检测图像

7.6.5　钢筋混凝土与初期支护背后脱空的雷达图像

图 7.24 和图 7.25 分别为钢筋混凝土与初期支护背后脱空的雷达图像,由于脱空,混凝土背后或初期支护背后充填空气或水,这二者与围岩或混凝土的介电常数差别很大,由此在分界面处形成强反射,很容易判定出脱空的位置和距衬砌表面的深度,若脱空区内的介质已知,可大概判断出空区的高度。

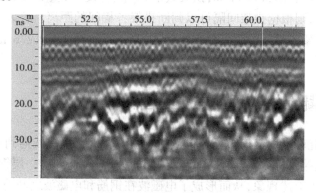

图 7.24　钢筋混凝土衬砌背后脱空雷达检测图像

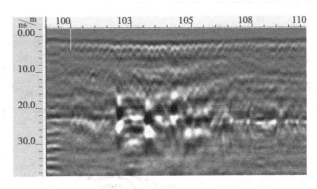

图 7.25 初期支护拱架后脱空雷达检测图像

7.6.6 拱顶施工缝楔形脱空

目前隧道二衬混凝土施工一般采用模板台车泵送混凝土施工工艺,此工艺若控制不当,易在其模板接缝处形成楔形脱空,如图 7.26 所示。图 7.27 为雷达探测出的楔形脱空雷达图像。

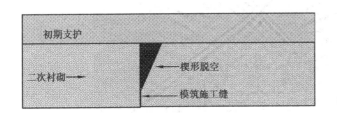

图 7.26 模板接缝处楔形脱空示意图

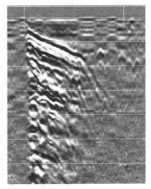

图 7.27 楔形脱空雷达图像

7.6.7 仰拱底部空洞(溶洞)的雷达图像

隧道仰拱在进行混凝土施工前,对其底部进行探测,探明一定范围内有无采空区和岩溶、洞穴等不良地质构造,对保障运营安全有重要意义,底部探测一般要求可探测深度为 10 ~ 15 m,可选择 100 MHz 天线。图 7.28 为仰拱底部溶洞雷达图像。

7.6.8 典型外界干扰的雷达图像

天线通过避车洞时,天线离开混凝土表面,中间探测的是空气介质,避车洞两侧壁形成斜向交叉波组,如图 7.29 所示。

隧底探测时,天线移至下锚段时,由于天线背部空间范围突然变化,造成信号干扰,引起类似底部存在空洞的雷达图像,如图 7.30 所示。

大型机械为金属性介质,相对周围介质如混凝土、围岩来说,介电常数差异很大。因此天线

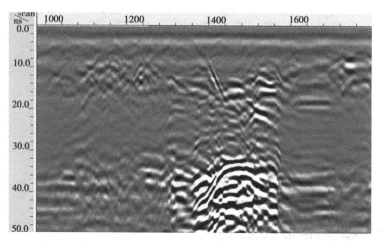

图 7.28　仰拱底部空洞(溶洞)雷达图像

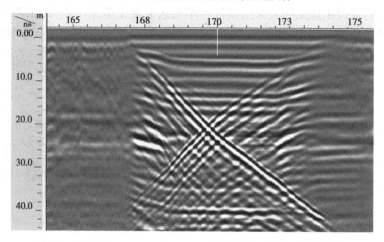

图 7.29　避车洞的雷达图像

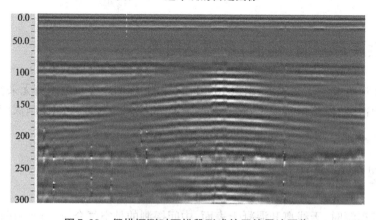

图 7.30　仰拱探测时下锚段形成的干扰雷达图像

移至大型机械附近时,随着天线逐渐向它们靠近,雷达图像中会出现斜向波组,并且能量逐渐增强,天线逐渐远离它们时,雷达图像与靠近时相反,形成类似梯形的雷达图像。图 7.31 为仰拱探测时,施工台车形成的干扰雷达图像。

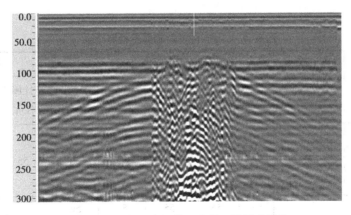

图 7.31　施工台车仰拱形成的干扰雷达图像

由于隧道施工环境复杂,施工机械、电缆、风管等都可能造成雷达信号的干扰,因此在检测时,对于信号异常部位可进行多次测试,确定或排除干扰,确保采集信号的真实性。

7.7　隧道检测实例与检测报告

前面几节分别介绍了地质雷达的原理、隧道检测方法、资料分析和信号识别,本节主要结合工程实例,介绍检测报告的编写,供具体应用时参考。

某隧道全长 3 650 m,根据业主和监理要求抽检其中 100 m(DK70 + 050 ~ DK70 + 150),现根据现场检测情况和资料分析结果编写检测报告。

第一部分,工程概况:内容主要包括工程名称、隧道名称、施工单位、监理单位和委托检测单位、检测日期、检测人、复核人等相关信息。

第二部分,检测依据:介绍检测依据的规范、规程、施工设计图等相关信息。

第三部分,仪器设备:介绍所采用的雷达型号、电线频率等相关信息。

第四部分,测线布置与测试方法:按相应规范(程)或按委托方要求进行布线,绘出测线布置图和现场采用辅助的检测车辆,检测工作量。必要时可列出采集数据文件的名称、测线位置、检测方向、数据存贮位置等相关信息以备复核和检查。

第五部分,检测原理:主要介绍地质雷达检测原理,介电常数的标定,资料处理过程、处理方法等,必要时可简单列出典型的雷达信号图像。

第六部分,检测结果,其内容见相应检测结果表。

附表 1:× × × 隧道(DK70 + 050 ~ DK70 + 150)施工参数表

序号	起点里程	终点里程	长度(m)	衬砌类型	二衬环向钢筋	衬砌厚度(cm)	仰拱厚度(cm)	拱架间距(cm)
1	DK70 + 050	DK70 + 110	60	IVa	无筋	45	55	全环格栅钢架,间距100
2	DK70 + 110	DK70 + 150	40	Vc	φ22mm@ 200	55	65	I18 工字钢架,间距60

附表2：×××隧道衬砌厚度检测结果

| 里　程 | 设计厚度（cm） | 实测衬砌厚度(cm) | | | | | 仰拱 | |
		拱顶	左拱腰	右拱腰	左边墙	右边墙	设计厚度（cm）	实测厚度（cm）
DK70＋050	50	52	51	51	55	56	55	55
DK70＋051		52	50	51	55	56		55
⋮		⋮	⋮	⋮	⋮	⋮		⋮
DK70＋111	55	55	55	55	55	56	65	65
⋮		⋮	⋮	⋮	⋮	⋮		⋮
DK70＋150		55	56	57	56	55		68

附表3：×××隧道初期支护衬砌钢架检测结果

序号	里程范围	长度（m）	设计间距（cm）	设计数量（榀）	实测数量（榀）	实测间距（cm）	备注
1	DK70＋050～DK70＋090	40	100	40	38	105	合格
2	DK70＋090～DK70＋100	10	100	10	8	125	不合格
3	DK70＋100～DK70＋110	10	100	10	10	100	合格
4	DK70＋111～DK70＋150	40	60	67	—		二衬为钢筋混凝土,钢筋对初期支护钢拱架映射特别明显,因此对此区段拱架结果不做判释。

注:备注内容填写是否合格、是否全环布设钢架等信息。

附表4：×××隧道衬砌钢筋检测结果

序号	里程范围	长度（m）	设计间距（cm）	设计数量（根）	实测数量（根）	实测间距（cm）	备　注
1	DK70＋050～DK70＋110	60	二衬设计无筋	—	—		合格
2	DK70＋110～DK70＋150	40	20	200	195	0.205	合格

注:备注内容填写是否合格等信息。

附表5：隧道衬砌质量情况表

序号	缺陷位置	缺陷里程范围	衬砌质量描述
1	拱顶	DK70 + 85 ~ DK70 + 87	模板接缝处存在楔形脱空
		DK70 + 107 ~ DK70 + 109	二衬与初支间轻微脱空
2	左拱腰	DK70 + 078 ~ DK70 + 080	拱架背后脱空
3	右拱腰	DK70 + 092 ~ DK70 + 095	初支背后回填不密实
4	左边墙	检测段没有发现衬砌缺陷	
5	右边墙	检测段没有发现衬砌缺陷	
6	仰拱	检测段没有发现衬砌缺陷	

注：衬砌质量描述内容包括混凝土是否密实、二衬与初支间是否存在脱空、初支与围岩间是否存在脱空等。

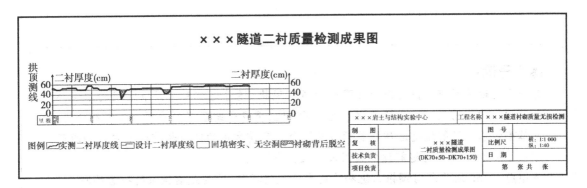

注：利用绘图软件和图形绘制的相关要求，绘制厚度及缺陷成果图。拱腰、边墙和仰拱的衬砌质量图与此类似，在此不再列出，具体出检测报告时，可将其他几条测线绘制在同一图框内。

附图1　隧道衬砌质量图

本章小结

　　隧道衬砌质量检测是隧道施工过程和质量验收必须进行的工作，了解地质雷达的检测原理，才能对检测参数的设置、雷达资料处理与解释等有系统的认识。本章提出的几种检测方法，在具体工作中，应结合施工现场情况，尽量选用安全、快速的检测方法。典型的雷达图像的识别和检测报告的编写可为今后从事此项工作提供参考。

思考题

　　7.1　简述地质雷达的工作原理和隧道衬砌质量检测中测线的布置方式和检测方法。

　　7.2　隧道检测前应对衬砌混凝土的介电常数或电磁波速做现场标定，请说明标定要求、标定方法和注意事项。

　　7.3　列出雷达检测衬砌厚度的计算公式并指出各参数的含义。

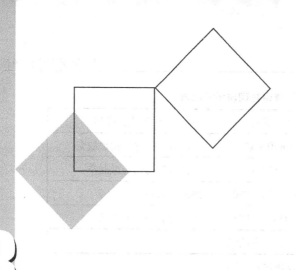

8 隧道地质超前预报

本章导读:

介绍隧道地质超前预报的概念及国内外研究现状、隧道地质超前预报常用的方法,对各种预报方法的原理和资料处理等进行了阐述,重点介绍了 TSP 在隧道工程的应用。

● **基本要求** 了解隧道地质超前预报的概念和目前常用的地质超前预报方法和原理,掌握 TSP 和地质雷达超前预报数据采集及报告编制。

● **重点** TSP 地质超前预报系统和地质雷达现场操作,地质超前预报的报告编写。

● **难点** TSP 地质超前预报系统信号采集与分析软件的使用。

8.1 概 述

隧道洞身地质超前预报分为长期(长距离)和短期(短距离)两类,它们各有不同的预报距离,承担不同的任务,也有不同的工作方法。长期(长距离)地质超前预报的预报距离,可达掌子面前方 100~150 m,其主要任务是基本查明掌子面前方 100~150 m 范围内的不良地质体的性质、位置和影响隧道的长度,并根据各类不良地质体的性质、影响范围和理论上对隧道围岩稳定性的影响程度,结合地下水特征、地应力特征,以及隧道宽度等因素,粗略地确定预报范围内的围岩级别。长期(长距离)地质超前预报是在已有的地面地质勘察的基础上,并结合已开挖段洞体的工程地质特征进行的。其预报方法主要有地质前兆定量预测法和地球物理探测方法两种。

地质前兆定量预测法是预报断层等及与其相关的不良地质体(溶洞、暗河、淤泥带等)的地质学方法。断层形成的力学机制和地应力能量释放形式的基本理论表明:断层断距和断层破碎带的宽度(统称断层规模)必然与断层影响带和其所有组分的宽度、强度有本质上的联系,这决定了所有断层的存在是有一定规律可循,这也就为地质超前预报工作提供了地质上的理论支持。

　　理论和实践表明:在断层影响带中,有一组特殊的节理,称为 l_1 节理(见图 8.1)。它的产状与断层产状一致或相近。它的分布范围很宽,其始见点离断层很远。它常常集中成带分布,一般可出现 3~4 个集中带,各带的节理强度和密度不同,总的趋势是向着断层方向增加。其第Ⅰ带和第Ⅲ带始见点到达主断层面 F5 的法向距离(B_I—F_5 和 $B_Ⅲ$—F_5),以及第Ⅰ带和第Ⅲ带始见点之间的法向距离(B_I—$B_Ⅲ$)均与断层地层断距(N)有一定的数学联系;其第Ⅰ带和第Ⅲ带始见点到达主断层面的单壁隧道宽度(B'_{I-F5} 和 $B'_{Ⅲ-F5}$),以及第Ⅰ带和第Ⅲ带始见点之间的单壁隧道宽度($B'_{I-Ⅲ}$)与断层破碎带的单壁隧道宽度(B'_{F5})也有固定比例关系;它们作为断层影响带内的几个参数,可以用数学公式来表达彼此之间的函数关系。上述断层影响带中的 l_1 节理分布特征,及这种特征基本不受地域和岩石、岩层组成影响的优点,是应用地质前兆定量预测法预报隧道断层的理论基础。由于隧道中的大多数不良地质体(溶洞、暗河、岩溶陷落柱、淤泥带等)与断层破碎带有密切的关系,所以,预报了断层破碎带,依据地质学原理,就可以推断其他不良地质体的位置和规模。

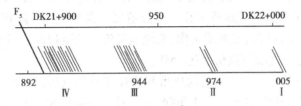

图 8.1　某隧道 F5 断层上盘 l_1 节理分布

　　目前,长期超前预报方法中的地球物理探测方法主要有地震反射波法、地下全空间瞬变电磁法等。

　　短期地质超前预报是在长期地质预报基础上进行的一种更精确的预报技术,可分为地质前兆预测法和地球物理探测法。其中地质前兆预报法主要是利用不良地质体出露特征进行预报和推测;地球物理方法主要有地质雷达、声波探测、红外探测技术等。

8.1.1　地质超前预报在国内外研究现状

　　岩体成因及构造运动的复杂性使准确的定量地质预报成为国内外隧道施工地质的技术难题。尽管预报方法、手段很多,各有特点,但都存在一定局限性。

　　(1)隧道地质超前预报技术在国外的研究应用情况

　　在隧道施工技术比较发达的国家,如瑞士、日本等,在进行隧道(特别是铁路、公路隧道)修建过程中,隧道施工地质工作,特别是其中的地质超前预报工作,被认为是一项十分重要、不可缺少的工序。重视隧道施工地质工作已成为广大工程技术人员的共识。

　　1972 年,在美国芝加哥首次召开快速掘进与隧道工程会议至今,隧道施工地质超前预报工作一直都受到重视。准确预报掌子面前方地质条件已成为隧道建设的迫切要求。20 世纪 80 年代以来,世界各国都将这类问题列为重点研究课题。日本列题研究掌子面前方地质预报;澳大利亚研究隧道施工前方地层状况预报;德国研究掌子面附近地层动态的详细调查;法国则把不降低掘进速度的勘探方法作为重点研究课题。

　　但是,目前在隧道地质超前预报方面的研究,国外也没有形成统一的系统化的理论,准确的定量预报也是国外隧道施工的技术难题。在国外,地质超前预报,特别是长距离地质超前预报,主要依赖物探仪器,如 TSP、地质雷达和瑞雷波探测仪和超前地质钻探等。

(2)隧道地质超前预报技术在国内的研究应用情况

20 世纪 70 年代建设成昆线期间曾成立过一个施工地质超前预报组,研究施工过程中掌子面前方地质条件的预报方法和预报技术问题。

大秦线军都山隧道施工过程中,中科院地质研究所与中铁隧道集团从 1985 年始,合作进行了比较系统的短距离的超前预报研究,主要采用以隧道地质素描为主,配合地面、地下地质构造相关性调查,超前钻孔钻速测试,声波测试的方法,并于 1987 年始,将隧道施工地质超前预报正式纳入施工程序。军都山隧道的地质超前预报经过后期实践的检验,取得了良好的效果,预报准确率达到 71.5%。

1996—1998 年,铁道部第一勘测设计院西安分院在秦岭特长隧道开展了施工地质综合测试工作及超前预报工作,并将地质工作贯穿隧道建设全过程。

1999—2000 年,石家庄铁道大学桥隧施工地质技术研究所与中铁十四局合作,在株六复线新倮纳隧道正式开展了全面施工地质工作。该隧道属于典型的"烂洞子"隧道,不良地质灾害很多,但由于全面开展了隧道施工地质工作,系统地实施了地质超前预报工作,不良地质灾害预报精度达 80%,不良地质规模预报精度达 75%。

2008 年,铁道部根据地质预报的前期成果和物探仪器的发展,编制了"铁路隧道超前地质预报技术指南[铁建设(2008)105]"并于 2008 年 8 月 1 日起实施。目前铁路隧道地质超前预报均按此指南实施,这是国内第一部专门关于超前地质预报的标准,体现了国内在超前地质预报方面的发展水平,填补了国内在该领域无规范、无规程可依的空白。

近年来,随着与国外隧道工程技术交流与合作的广泛开展,我国的隧道工程技术人员开始逐渐认识到地质工作特别是隧道地质超前预报工作在隧道施工中的重要作用,并为此做了积极的,卓有成效的探索。

纵观近年来国内隧道施工的实践表明:地质灾害的发生与地质条件有联系,但绝不是必然的联系。就目前的技术条件,只要作好施工期间的地质超前预报工作,并结合恰当的不良地质辅助工法,在复杂地质条件的隧道也可以做到不发生地质灾害,至少可以保证不发生大的地质灾害;相反,地质条件并不复杂的隧道,如果不做施工期间的地质超前预报工作或是做得不到位,并且当有不良地质条件时不能有必要的施工辅助工法与之相配合,也会造成地质灾害的发生,甚至是大的地质灾害的发生。

8.1.2 隧道地质超前预报工作的重要性和迫切性

(1)大量复杂地质条件下隧道工程的安全、快速施工迫切需要地质超前预报

随着经济和社会的发展,我国铁路、公路、水电建设的重心将向四川、云南、贵州、西藏等西部多山省区转移,这样不可避免地要修建大量的山岭隧道,包括各种长大、复杂地质条件的山岭隧道。因此,快速、安全施工将是隧道修建的主攻方向。

要保证隧道施工的顺利进行,关键是要消除和降低隧道施工中地质灾害的影响。而要降低地质灾害影响的关键是对不良地质的准确掌握,制订对应的处理方案,视地质情况再适时调整。在所有不良地质体中,断层破碎带是施工中最常见的不良地质。由断层及断层破碎带引起的隧

道塌方占塌方总数的90%以上,赋存于断层及破碎带中的地下水更是隧道突泥突水等地质灾害的最主要源头。

隧道施工对地质条件的变化非常敏感,如果能对隧道开挖面前方不良地质体的性质和规模进行准确定位和评价,可有效地防止隧道地质灾害的发生。

不良地质对隧道施工的影响是巨大的。所以当前进行隧道地质灾害超前预报技术的研究具有重要意义。准确而有效的确定不良地质体的性质、规模和位置,不仅可以减少隧道灾害的发生、加快施工进度,而且可以节约大量成本,具有巨大的经济效益和广泛的社会效益。

(2)勘察的阶段性迫切需要地质超前预报

由于勘察的阶段性和勘察的精度所限,目前设计阶段的地质勘察工作不可能把施工中所有可能的地质情况都搞清楚,施工地质勘察(主要是地质超前预报)是地下工程勘察中必不可少的阶段。

施工实践显示:在设计院提交给施工单位的隧道地质平面图和纵断面图中,有相当数量的隧道,设计的围岩地质条件,特别是断层及其破碎带和与之相关的围岩级别与施工实际情况比较,常常相差甚远,由此造成的施工变更屡见不鲜,有的工程变更量甚至达到工程总量的70%。如×××隧道,设计中无一条断层,但施工中陆续出现了十几条大断层,多次造成塌方,严重影响了施工。再如×××隧道,在已开挖的1 200 m区段内,就新发现了破碎带(断层角砾带)厚度大于5 m,足以造成塌方的较大断层5条,涉及隧道长度达100多米;其中,隧道DⅡK175 + 920～945段,集中出现了4条规模较大的富水断层,断层破碎带中的炭质泥岩已全部泥化,只能按Ⅴ级支护、衬砌紧跟方法才能通过;然而,设计图中仅出现一条破碎带很窄的F6断层,围岩级别也设计为Ⅳ级。有的将断层位置搞错、甚至地层倾向搞反。如,×××隧道,F4断层的位置与实际位置相差百余米,实际地层倾向恰好与设计相反。再如×××隧道,F12断层及F51断层位置也分别与实际相差137 m和50 m。有的在原本很完整的岩层中,人为地、错误地设计出很多断层。以×××隧道进口为例,原设计图纸上出现100 m左右的由断层破碎带组成的Ⅴ级围岩,实际发现的只是涌水量较大的、完整的、呈中薄层状、陡倾的大理岩层,其围岩级别最高也就是Ⅳ级。因勘察不当造成重大不良地质灾害体的遗漏的案例也不在少数。

8.1.3　隧道地质超前预报工作的任务

隧道地质超前预报工作的主要任务可概括为以下3个方面:

(1)进一步掌握掌子面前方围岩级别的分布情况

在设计勘察所掌握隧道地质情况的基础上,根据已开挖段岩体的工程地质特征,利用地质理论方法和各种物探手段,甚至包括钻探手段,准确查明工作面前方100～150 m范围内的岩体的工程地质特征(有利和不利的方面)。这有利于施工工期的安排和施工物资的准备,特别是对可能引发重大地质灾害的不良地质体的出现,使施工决策者对下一步的施工作好思想准备,防患于未然。

(2)准确辨认可能造成塌方、突水突泥等重大地质灾害的不良地质体并提出防治对策

隧道施工中,塌方、突泥突水、煤与瓦斯突出等地质灾害的发生,与施工中没有成熟的施工地质人员参与、缺少施工地质这道工序有关。也就是说,如果有成熟的施工地质技术人员对隧道开挖中出现的各种不良地质现象(地质体)给以准确的识别,对不良地质体的规模、涉及隧道

的长度及对应的围岩级别给予准确的判定,在对隧道所属地区地应力状态有一定了解的基础上,能提出与之相匹配的施工支护方案,或在对地质灾害有效监测的基础上提出有效的防治措施。而且这些支护方案、防治措施为施工决策人所采纳,各类地质灾害是可以避免或消除的,至少可以减少重大施工地质灾害的发生。

(3)隧道围岩级别的准确鉴别并提出与之相匹配的施工方案

这项工作是伴随隧道掘进不间断进行的。它是通过对隧道洞体围岩工程地质特征(包括软硬岩划分、受地质构造影响程度、节理发育状况、有无软弱夹层和夹层的地质状态)、围岩结构及完整状态、地下水和地应力情况,以及毛洞初步开挖后的稳定状态等资料的观测、整理、综合分析,依据隧道围岩级别的划分标准,准确判定围岩级别。

它的目标是在原设计的基础上,进一步准确判定观测段的围岩级别,提出相匹配的施工方案。

8.2　隧道地质超前预报的方法

隧道地质超前预报的主要方法有:地质方法、地球物理方法、钻探方法。

8.2.1　地质方法

地质法是地质超前预报最基本的方法,不管物探法还是钻孔探测法,都是地质分析方法向前方延伸的手段。同时对物探和钻孔超前探测资料的解释和应用,都离不开施工过程中观测和收集的地质资料,缺少了这一基础环节,采用任何超前探测方法都很难取得好的效果。

在实施地质方法的过程中,使用的方法主要有:地质投影法、地层层序法、工程地质类比法和地质编录法。

(1)地质投影法

主要是利用地表和地下地层、地质构造的相关性,同时结合已开挖掌子面的地质特征,对原设计纵剖面图的修正编制。它也是隧道(洞)工程预报中最主要的图件之一,与工程区的地形地质图相辅相成,涵盖的内容丰富、直观,对施工具有重要的指导意义,亦是地下工程宏观分析预测基础图件。

(2)地层层序法

地层层序是确定地质历史的根据和地质构造的基础,掌握了隧道(洞)地表的地层层序,岩性组合及特殊的岩层(标志层)。在隧道施工中当遇到某一时代的地层时,按地层层序上下迭置关系和岩性组合特征、厚度,结合施工中揭露的地层产状关系,就能预测相关地层在隧道前方出现的位置,以及可能遇到的岩溶含水层和构造带等不良地质体。

若前期地质勘察有地层柱状图,且经复查基本属实时,可不另行实测地质剖面建立地层层序;若工程区地层、构造复杂,原勘察成果不能满足要求时,应补测全部或某一段地层剖面,重新建立地层层序,为地层、岩性和地质构造的预测、修改补充提供地质依据。

(3)工程地质类比法

地下工程尽管所处地质环境各不相同,但构成各工程的地质因素和工程地质问题还是有诸多共同之处。地质类比法就是依据工程地质学分析方法按不良地质作用地质灾害形成的工程地质条件,水文地质条件和其他条件的共性之处进行类比,对诸如塌方、突水、突泥、岩爆、瓦斯等类型的定性判断。并根据工程地质条件对可能出现的破坏模式,以及已出现的变形迹象,对洞室、掌子面、边墙、拱顶的稳定状态做出判断,并对其发展趋势做出评估。

地下工程建设中,地质类比法是极为重要的方法之一,它的基础资料是地勘部门、设计单位提交的工程地质平面图、工程地质纵剖面图以及相应的物探成果(主要是地面地震、电磁法)、钻探资料等,对这些资料都应该系统地分析,在此基础上应用地质类比法,对隧道开挖中可能出现的突水、突泥、塌方、岩爆等做出较为确切的宏观预测。

(4)地质编录法

地质编录是施工地质最基本的工作方法,也是地质综合分析技术取得第一手资料的重要手段,它既反映开挖段的地质变化特征,又预示着未开挖段一定范围的地质问题。因为不论何种不良地质灾害的发生和发展,它总是有其特殊前兆特征。通过地质编录掌握了这些变化规律和地质特征,则是地质综合分析和对物探资料解释的依据,同时也是编写工程基础资料的证据。

8.2.2　地球物理勘探方法

常用的地球物理勘探方法有:弹性波反射法、电磁波反射法、红外探测、高分辨直流电法等。其中,弹性波反射系列的方法,已投入应用的如地震反射负视速度法(隧道垂直地震剖面VSP)、陆地声纳法(极小偏移距超宽频带弹性波反射单道连续剖面)、水平声波法、TSP、美国提出的 TRT 等,它们或在隧道边墙钻孔设检波器和用炸药爆炸激振,接收反射波来探查,或在掌子面上用锤击激振并设检波器接收反射波(陆地声纳法),在探查断层、破碎带、岩脉等方面,都基本上能作为可投入实用的方法。

物理探测技术是地质综合分析中极为重要的手段之一,它的优点是快捷、直观,探测的距离大,对施工干扰相对小,可以多种方法组合应用。但由于物探是利用岩石的物理性质进行地质判断的间接方法,且不同方法受限于不同场地和地质条件,每种方法都有各自的使用条件和局限性。

8.2.3　超前探孔法——钻探法

超前探孔是地质综合分析最直接的手段,它通过钻探取心编录,对掌子面前方探孔揭露出的地层岩性、构造、含水性、岩溶洞穴等的位置、规模能做出较准确的判断。

钻孔布孔位置带有一些偶然性,不能保证每孔都能达到预测目的(如溶洞等),同时钻孔成本高、对施工干扰大,不宜广泛采用。但是,在特殊复杂地质洞段,特别是物探揭示掌子面前方某一深度内存在重大异常时必须进行超前探孔,并合理纳入预报措施及施工组织中。

8.3　地震反射波法地质超前预报技术

利用地下介质弹性和密度的差异,通过观测和分析大地对人工激发地震波的响应,推断地下岩层的性质和形态的地球物理勘探方法叫地震勘探。地震勘探始于 19 世纪中叶,1845 年R.马利特曾用人工激发的地震波来弹性波在地壳中的传播速度,这可以说是地震勘探方法的萌芽。反射法地震勘探是地震勘探的一种方法,最早起源于 1913 年前后 R. 费森登的工作,但当时的技术尚未达到能够实际应用的水平。1921 年,J. C. 卡彻将反射法地震勘探投入实际应用,在美国俄克拉荷马州首次记录到人工地震产生的清晰的反射波。1930 年,通过反射法地震勘探工作,在该地区发现了 3 个油田。从此,反射法进入了工业应用的阶段。中国于 1951 年开始进行地震勘探,并将其应用于石油和天然气资源勘查、煤田勘查、工程地质勘查及某些金属矿的勘查。

我国隧道地震波超前预报技术的研究起始于 20 世纪的 90 年代,铁道部第一勘测设计院物探队提出"负视速度方法"。我国铁道部第一勘测设计院是较早研究隧道地震超前预报的单位,他们在 1992 年 7 月,利用地震反射波方法对云台山隧道进行隧道超前预报,预报成果与开挖后的隧道左壁"破碎带"和"断层"的位置基本一致。从 20 世纪 90 年代初开始,我国物探技术人员一直没有停止对隧道地震超前预报技术的深入研究。曾昭璜(1994)研究利用多波进行反演的"负视速度法",这种方法利用来自掌子面前方的纵波、横波、转换波的反射震相在隧道垂直地震剖面上所产生的负视速度同相轴来反演反射界面的空间位置与产状。北方交通大学的陈立成等人(1994)从全波震相分析理论和技术的角度研究隧道前方界面多波层析成像问题,进行隧道超前预报。他们的研究成果在颉河隧道、老爷岭隧道地质预报的数据处理和推断解释中应用,取得预期的效果。1995 年铁路系统引进瑞士安伯格公司推出的 TSP202。后来,安伯格公司又陆续推出 TSP203、TSP203 +、TSP200 等系列产品,并在我国地质下工程行业广泛应用。随着我国基本建设规模的扩大,隧道工程应用的增多,对隧道地质超前预报技术提出迫切要求。北京水电物探研究所 2003 年研究隧道地震波预报技术,于 2005 年推出第一款隧道地质超前预报仪器——TGP12,又于第二年推出 TGP206 型隧道地质超前预报系统。

隧道地震反射法在隧道地质超前预报中的广泛运用,推动了我国隧道地质超前预报水平的提高。下面以安伯格公司的 TSP 产品为例说明地震反射波法地质预报技术。

8.3.1　TSP 超前预报系统的原理

1)理论基础

由微型爆破引发的地震信号分别沿不同的途径,以直达波和反射波的形式到达传感器,与直达波相比,反射波需要的传播时间较长。TSP 地震波的反射界面实际上是指地质界面,主要包括大型节理面、断层破碎带界面、岩性变化界面和溶洞、暗河、岩溶陷落柱、淤泥带等。这些不良地质界面的存在对于隧道施工能否正常进行往往起着决定性的作用,因此准确地预测其规模、位置具有重要的意义。TSP 系统由测得的从震源直接到达传感器的纵波传播时间换算成地震波传播速度:

$$V_p = \frac{X_1}{T_1} \tag{8.1}$$

式中　X_1——震源孔到传感器的距离,m;

　　　T_1——直达波的传播时间。

在已知地震波的传播速度情况下,就可以通过测得的反射波传播时间推导出反射界面与接收传感器的距离,其理论公式为:

$$T_2 = \frac{(X_2 + X_3)}{V_p} = \frac{(2X_2 + X_1)}{V_p} \tag{8.2}$$

式中　T_2——反射波传播时间；

X_2——震源孔与反射界面的距离；

X_3——传感器与反射界面的距离。

地震反射波的振幅与反射界面的反射系数有关。在简单情况下，当平面简谐波垂直入射到平面反射面上时（见图 8.2），其上的反射波振幅和透射波振幅分别为：

$$\frac{A_r}{A_i} = \frac{\rho_2 v_2 - \rho_1 v_1}{\rho_2 v_2 + \rho_1 v_1} = \gamma \tag{8.3}$$

$$\frac{A_t}{A_i} = \frac{2\rho_1 v_1}{\rho_2 v_2 + \rho_1 v_1} = 1 - \gamma \tag{8.4}$$

式中　A_i——入射波振幅；

A_r, A_t——反射波和透射波振幅；

v_1, v_2——反射界面两侧介质的速度；

ρ_1, ρ_2——反射界面两侧介质的密度；

γ——界面的反射系数。

假设 $\rho_1 \approx \rho_2$，$v_1 = 5\ 000$ m/s，$v_2 = 4\ 000$ m/s，$X_1 = 50$ m，$X_2 = 100$ m，$X_3 = 150$ m。由上式得出 $\gamma = -11\%$。也就是说 89% 的入射波经过界面后继续向前传播，只有 11% 的入射波反射回来。反射系数前面的负号表示入射波与反射波之间有 180° 的相位差，产生相位差的条件是地震波在传播过程中遇到由硬变软的岩石界面。

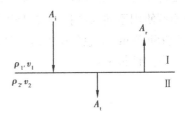

图 8.2　地震波的垂直入射

将其他数据代入，得到反射波与入射波振幅的比值为 0.222，表明反射波的振幅只有入射波振幅的 22%。由于 TSP203 探测系统中采用了高灵敏度的、具有良好三维动态响应特性的传感器和 24 位的 A/D 转换器，可以保证该探测系统具有很宽的地震波的记录范围，这正是 TSP 探测系统能够在很大范围内预报地质条件变化的根本原因。

由图 8.2 可知，当入射波振幅 A_i 一定时，反射波振幅 A_r 与反射系数 γ 成正比；而反射系数与反射界面两侧介质的波阻抗（Pr）有关，且主要由界面两侧介质的波阻抗差决定。波阻抗差的绝对值越大，则反射波振幅 A_r 就越大。当介质 Ⅱ 的波阻抗大于介质 Ⅰ 的波阻抗，即地震波从较为疏松的介质传播到较为致密的介质时，反射系数 $\gamma > 0$，此时，反射波振幅和入射波振幅的符号相同，反射波和入射波具有相同的极性；反之，如果地震波从较为致密的介质传播到较为疏松的介质，此时反射系数 $\gamma < 0$，则反射波振幅和入射波振幅符号相反，因此反射波和入射波的极性是相反的。从而可清楚地判断地质体性质的变化。

2）TSP 探测的基本原理

反射界面及不良地质体规模的确定，其原理（图 8.3）为：在点 A_1、A_2、A_3 等位置激发震源。α 为不良地质体的俯角，即真倾角；β 为不良地质体的走向与隧道前进方向的夹角；γ 为空间角，即隧道轴线与不良地质体界面的夹角。产生的地震波遇到不良地质体界面（波阻抗面），发生发射而被 Q_1 位置的传感器接收。在计算时，利用波的可逆性，可以认为 Q_1 位置发出的地震波经过不良地质界面反射而传到 A_1、A_2、A_3 等点,即可认为波是从像点 IP(Q_1) 发出而直接传到 A_1、A_2、A_3 等点的。此时的 Q_1 和 IP(Q_1) 是关于不良地质界面(波阻抗面)对称的。因 Q_1、A_1、A_2、A_3 各点的空间坐标已知,由联立方程可得像点 IP(Q_1) 的空间坐标,再由 Q_1 和 IP(Q_1) 的空间坐标求出两点所在直线的空间方程。由于不良地质界面是线段 Q_1、IP(Q_1) 的中垂面,所以可以求出该不良地质界面相对于坐标原点 Q_1 的空间方程,进一步可以求出不良地质界面与隧道轴线的交点和隧道轴线与不良地质界面的交角。通过

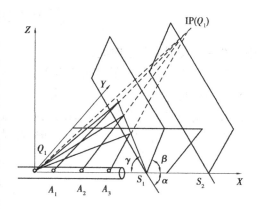

图 8.3　TSP 探测原理图

求出的不良地质体两个反射面在隧道中轴线上的坐标 S_1 和 S_2,从而求出不良地质体的规模:

$$S = |S_2 - S_1|$$

3)岩石力学参数的获得

通过测得的纵波波速 v_p 和横波波速 v_s,利用针对变质岩、火山岩、侵入岩和沉积岩四类岩石类型所使用不同的经验公式,TSP 软件可以获得岩石密度 ρ,然后根据下列公式求出各个动态参数(《TSP Win1.1 版数据处理及计算软件手册版本 1.0》)。

动态弹性模量:

$$E = \rho V_s^2 \left(\frac{3V_p^2 - 2V_s^2}{V_p^2 - \frac{1}{3}V_s^2} \right) \tag{8.5}$$

泊松比:

$$\sigma = \frac{V_p^2 - 2V_s^2}{2(V_p^2 - V_s^2)} \tag{8.6}$$

体积模量:

$$K = \rho \left(V_p^2 - \frac{4}{3}V_s^2 \right) \tag{8.7}$$

拉梅常数:

$$\lambda = \rho(V_p^2 - V_s^2) \tag{8.8}$$

剪切模量:

$$\mu = \rho V_s^2 \tag{8.9}$$

静态弹性模量可由经验公式计算。

TSP 探测结束后,探测数据可用相应 TSPwin 软件处理,数据经过处理后,关于此隧道的一些地质结构将会通过随后的评估子程序以图表的形式呈现出来。

评估结果包括预报范围内反射界面的二维或三维图形显示,同时以图表的形式描述该区域内岩石性质的变化情况。尤其重要的是那些没有反射事件的区域,在该区域,岩石的力学特性将没有或仅有极为细微的改变,因此,可维持已经采用的隧道开挖方式。

8.3.2 TSP203 超前预报系统组成

TSP203 超前预报系统组成见图 8.4。

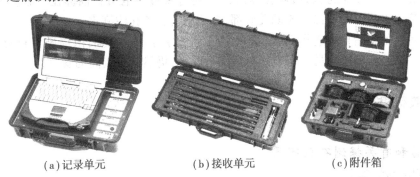

（a）记录单元　　　　　（b）接收单元　　　　　（c）附件箱

图 8.4 TSP203 系统主要组成

1）记录单元

记录单元的作用是对地震信号记录和信号质量控制。其基本组成为完成地震信号 A/D 转换的电子元件和一台便携式电脑，便携式电脑控制记录单元和地震数据记录、存储以及评估。此设备可以有 12 个采样接收通道，用户可设置 4 个接收器。

TSP203 超前探测系统探测的可靠性主要取决于所接收到的信号质量。探测范围和探测精度与系统的动态响应范围和记录频带宽度有极大的关系。TSP203 使用 4 位 A/D 转换器，其动态响应范围最小为 120 dB，所接收到信号的频率范围为 10~8 000 Hz。

记录设备的内置电源可以保证系统的安全操作时间为 3~4 h（最长可达 5~6 h），足够完成 3 次 TSP 探测。同时，这套设备使用了外接充电器对内置电池进行充电。

2）信号接收器（传感器）

信号接收器是用来接收地震信号的，它安置在一个特殊金属套管中，套管与岩石之间采用灌注水泥或者双组分环氧树脂牢固结合。接收单元由一个灵敏的三分量地震加速度检波器（X—Y—Z）组成，频带宽度为 10~5 000 Hz，包含了所需的动态范围，能够将地震信号转换成电信号。TSP203 的传感器总长为 2 m，分三段组合而成，但传感器的安装仍然非常简单和快速。

由于采用了三分量加速度传感器，因此，可以确保三维空间范围的全波记录，并能分辨出不同类型的地震波信号，如 P 波和 S 波。此外，这三个组件互相正交，由此可以计算出地震波的入射角。

接收器的设计适合不同性质的岩层，使用范围为软岩层到坚硬的花岗岩岩层。接收器套管的直径为 43 mm，可以通过一台手持式钻机钻凿接收器安装孔。

接收单元具有防尘防水密封，可以保证接收系统在恶劣环境下正常工作。

3）附件和引爆设备

起爆器、触发器、信号电缆、角度量测器、角度校正器，长度为 2 m 的精密钢质套管和专用锚固剂等。如前所述，在安装传感器以前，必须把套管锚固在接收器安装孔上。接收单元安装后会通过接收电缆与记录单元相连。

引爆设备是由一个与触发盒相联的起爆器组成。触发器分别通过两根电缆线与电雷管相连,通过信号电缆线与记录单元的连接,以确保雷管触发时记录单元采集开始时间和雷管起爆时间的同步。

激发地震信号所需炸药(岩石乳化炸药),可通过胶带与电雷管捆绑在一起。雷管和炸药通过一填充竿送入到 1.5 m 深的震源孔底部,爆破前将震源孔注满水。

记录单元准备就绪允许起爆后,起爆盒上将有一绿灯显示,然后由爆破工自行决定引爆。这样可保证在爆破工和操作员没有直接对话的情况下,仍然具有较高的安全性。

8.3.3　数据采集过程

1)探测剖面和有关探测孔的布置

（1）探测剖面的确定

通常情况下,通过地质分析,可掌握岩体中主要结构面的优势方位,在地质条件简单时,可在隧道的左侧或者右侧壁上布置一系列的微型震源,进行单壁探测。当主要结构面的优势方位不清楚时,可在隧道壁左、右两侧各安装一个接收器,这样可提供一些附加信息。

对于地质状况非常复杂的情况,建议使用两个接收器、两侧爆破剖面探测。上述布置的好处是将所获得的地震数据加以对比和相互印证。

（2）接收孔和震源孔位置的确定

根据所测地质情况和隧道方位的关系确定探测布设图后,接收器和震源孔的位置必须明确。除了特殊情况外,标准探测剖面的布置应遵循以下操作步骤:

①估计进行 TSP 探测时隧道掌子面所在的位置。

②标定接收器孔的位置:接收器的位置离掌子面的距离大约为 55 m,如果是两个接收器,则两个传感器应尽可能在垂直隧道轴的同一断面,否则应对其位置进行准确。

③标定震源孔的位置:对于第一接收器来说,第一个震源孔和接收器孔的距离应控制在15～20 m,在任何情况下都不允许小于 15 m。出于实际操作方便的考虑,各炮眼间距大约为1.5 m,但如果所选择的探测剖面比较短,此距离可缩小,无论如何此距离都不允许超过 2 m。探测时必须布置 TSP 探测所需的炮眼数,一般为 24 个,最少不得少于 20 个。

如果相对坐标系在隧道右侧壁,则主接收器和炮点的位置就应布置在右壁,否则就应布置在左壁。值得说明的是,接收器和所有炮眼应在同一条直线上,且该直线平行于隧道轴线,即,各个孔的位置在垂直方向不允许有较大的偏差。对于可控高差,必须进行测量并记录。

（3）震源孔和接收器孔参数

①传感器孔(图 8.5):

数量:1 个或 2 个;

直径:43～45 mm/孔深 2 m;

角度:用环氧树脂固结时,垂直隧道轴,向上倾斜 5°～10°;用灰泥固结时,向下倾斜 10°;

高度:离地面标高约 1 m;

位置:距离掌子面大约 55 m。

②震源孔:

数量:24 个,根据实际情况,可适当减少,但不可少于 20 个;

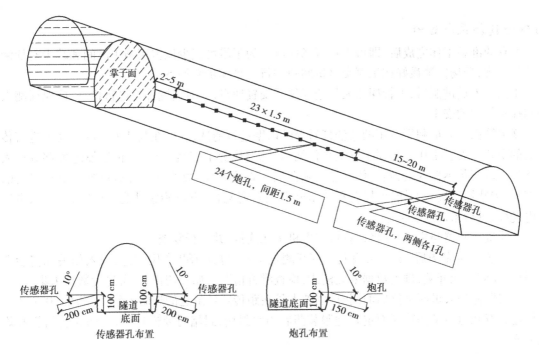

图 8.5 震源孔和接收器孔布置图

直径:38 mm(便于放置震源即可)/孔深 1.5 m;

布置:沿轴径向,向下倾斜 10°～20°(水封炮孔);

高度:离地面标高约 1 m;

位置:第一个震源孔距接收器 15～20 m,炮孔间距 1.5 m。

当传感器孔和震源孔全部钻好后,由测量人员提供每个孔口的三维坐标,同时用水平角度尺和钢尺测量每个孔的角度和深度,并记录下来。

(4)接收器套管的埋置

接收器套管的埋置关系到接收器所收集的地震波信息的准确性。有 2 种不同方法可以将接收器套管固定在岩体中。

①灌注灰泥:钻好接收器孔以后,应尽可能快地安装接收器套管。钻孔必须用一种特殊的双组分非收缩灰泥进行填充,灰泥由颗粒很细的砂浆组成。灌注时,可以用一种管壁很薄的PVC 管和漏斗来填充。将接收器套管推进事先填充过灰泥的接收器孔中,多余的灰泥就会沿着管溢出。安装完毕后,注意校正套管方位。经过 12～16 h 的硬化,岩石与套管就可以牢固地结合。

②灌注环氧树脂:接收器套管使用的固结材料是环氧树脂,钻好接收器钻孔以后,应马上安装接收器套管。必须保证将足够多的环氧树脂药卷塞入到钻孔内。如果使用小型钻机,而且孔径小于 45 mm,用 3 根环氧树脂药卷就足够了。如果使用大型钻机,每个孔要用 4 根环氧树脂药卷。

以上两种方法,在套管进位、锚固剂硬化之前,立即将套管旋转正向,同时,测量人员进行隧道几何参数的测量和记录。

以上 4 步准备工作可以与隧道施工平行作业,不占用隧道施工时间。

2）现场数据采集过程

所有的准备工作完成后，即可进行现场探测。为了尽可能少地占用施工时间和减少对探测工作的干扰，现场探测最好在工序交接班间隙进行。具体步骤如下：

①探测人员进洞后，主管探测人员选择仪器安置地点，并对周围环境进行检查，确保探测人员和探测仪器的安全。

②主管探测人员利用专用的清洁杆对套管内壁进行清洗，然后在其他人员的协助下进行传感器的安装。安装工作务必要十分认真仔细，传感器应分节安装，前一节传感器绝大部分进入套管后方进行传感器连接，两节传感器必须在同一直线上，轻微的弯曲都有可能造成连接处的不密贴，传感器连接处的插针、插孔和凸凹槽必须紧密配合，方可旋紧外套。同时，工作人员展开电缆线，进行系统连线工作。

③连接接收器与主机，并将计算机与主机单元连接，并进行复查。

④系统连接完毕后，主管探测人员打开测控电脑，打开 TSP 专用软件，输入相关几何参数后，打开存储单元开关，进入数据采集模式，检查噪音情况。如一切正常，可进行数据采集。

⑤仪器操作人员测试仪器的同时，爆破人员在距传感器最近的炮眼内装药（药量 20 ~ 30 g，具体由岩石和岩体结构特征而定），炮眼装药后用水封堵，封堵时要慢速倒水，防止将雷管和炸药冲开。

⑥起爆线连接好后，并确认所有人员撤离到安全位置，起爆人员放炮采集数据，观察波形和信号最大值（信号最大值在 5 000 mV 内尽可能大），根据信号最大值对药量进行调整。一般随炮眼和传感器之间距离的增大，药量可适当加大。及时检查数据采集情况，在几何参数中输入传感器和炮眼参数，可看到采集信号。理论上来讲，传感器接收信号的初至时间与炮眼和传感器距离二者成线性关系，如果线性关系不明显，应排除雷管非正常延期的影响。

对震源孔的起爆顺序没有特别的要求，只要记录下每次爆破时爆破孔的序号即可。为了避免出错，建议起爆和记录逐孔有次序进行（升序或降序），也就是说爆破和记录的孔位与接收器的距离是递增或递减的。

⑦传感器所有工作通道数据全部上传后，可显示出地震数据的轨迹特性，数据控制是通过检验显示的地震轨迹的特性来完成。移动光标到任一信号点，相应的时间将显示在下面的标题栏上，将光标移动到直达波初至点上，可以确定直达波 P 波的通行时间。通过逐一对距离接收器位置（开始端）由近至远的震源点进行爆破发射，所测得的通行时间提供了一个很有效的数据控制方法，以检测所记录的地震数据是否有效。

⑧完成所有的记录后，点击主菜单上的"文件"并选择"退出"TSPwin 程序。

⑨在以上探测过程中，所有几何参数和其他相关住处一定要记录下来，不得事后靠回忆来填写。

⑩数据采集完毕，在探测现场进行仪器组件整理。整理过程需要遵循如下步骤：

关掉记录单元和笔记本电脑；断开触发器装置（电缆和装置）；断开（接收器）电缆；小心地从套管中取出接收器，旋开三个组件并装载到接收器盒内；如果需要，可以检查和清点系统其他组件。

以上操作一般需要 45 ~ 60 min。

3）现场探测时信号质量控制

每个数据采集后，应进行数据检查，信号比较好的地震数据被记录下来，因为地震法预报在

很大的程度上取决于原始数据的质量,以下列出了数据质量控制的一些原则:

(1)信号电平

为了避免放大器的非线性和过载失真,第一震源孔的信号电平应该低于所有信号轨迹的80%,如果第一震源孔的装药量过高,建议将最近的3个震源孔的装药量减少。如果由于某些原因,如装药量已提前装好,则应检查第二震源孔信号的情况,如果没有失真,可以继续记录,在后续的处理中,删除第一震源孔记录即可。

(2)信号特征

TSP地震法地质预报的原理是基于处理反射信号。从发射点发出的信号必须是一个尖脉冲信号(即峰信号),而且接收器单元必须不失真地将其记录下来。

完成第一个震源孔的爆破并记录数据后,可以根据直达波的波形检查信号质量,直达波首先到达,其信号也是最强的。接收器指向震源孔的分量(通常是1X或2X指向掌子面),能清晰显示一串波列,包括一个正振幅和一个更强的负振幅。该波列的特征形状应该不随震源孔距离接收器位置的改变而变化。随着发射孔与接收器之间距离的增加,信号振幅会明显减弱,而且脉冲带宽会有所增加,这是因为地震波是以球面的形式进行传播,同时高频信号在岩石中传播信号会衰减吸收。

如果最先到达的波形具有震动性,这说明接收器套管和岩层之间没有足够的粘结或者是套管内部不干净。在这种情况下,应重新记录2次或3次发射,若信号形状还没有得到改善,应清洗接收器套管,将接收器重新插入接收器套管。若效果依然不佳,则应在新的位置重新安装接收器套管并重复所有的。

4)现场探测时安全注意事项

①TSP探测人员应严格执行隧道施工安全操作有关规定。

②TSP探测组每次进入隧道探测前,应得到施工单位主管工程师认可。

③每次探测之前,探测人员应掌握掌子面施工进展情况,TSP探测安排在掌子面爆破且清理完危石后进行;危石未清理结束,严禁TSP探测作业。

④探测钻孔、装药等各工序严禁与掌子面装药、起爆等工序同时作业。

⑤现场探测时严禁无关人员围观,特别是震源作业区,应设置警戒线。

5)数据采集过程中的关键技术

(1)接收器的放置问题

接收器是把波的振动信号转换为电信号的装置,能否接收到信号,接收信号质量的好坏与接收器直接相关。放置接收器时我们应最大可能的力求使波在最短的时间内传至接收器,所以当应用地质力学和构造地质的理论能确定掌子面前方主要构造破碎带和不良地质体的主要产状时,可用一个接收器接收,此时应把接收器放在隧道的前进方向和构造线的走向夹角成钝角(本质上是空间角而非平面角)的一侧。因这样会使接收器在最短的时间内接收到最多的有用信息。如果不能用地质力学的理论推测出前方不良地质体的产状,则应在两侧分别放置一个接收器才能能接收到较好的信号。

(2)震源炸药的选择和填装问题

在TSP探测中,炸药是人工激发地震信号的来源。震源炸药的选择应保证炸药有较高的爆速和与待测的岩石介质有相匹配的波阻抗,同时,炸药的用量应严格控制以避免产生不必要的噪声信号和对高频信号的抑制,应力求获得强有力脉冲信号。

填装炸药力求与钻孔紧密接触,必要时向孔内注水,一则保证炸药密实,二则保证炸药与钻孔有良好的耦合,减少能量的损耗。

（3）线圈的放置问题

数据的采集过程就是把机械的波动信号转换为电压信号的过程,所以波动信号的改变意味着电压信号的改变。如果采集数据时传输电缆仍缠在线圈上则会由于线圈的感抗作用产生较大阻抗,使电压信号发生变化而在成图和地质解释时误认为是地质条件的变化,故采集数据时应把线圈放开,避免产生较大的阻抗电压。

（4）雷管性能的选择问题

在数据采集时,触发器的功能是保证炸药的引爆和主机的采集信息能同步,这里有个前提条件是炸药的引爆不需要时间,但实际并非如此。电雷管的工作原理是电流的热效应,据焦耳定律,达到一定的温度需要有一定的时间,这个时间就是比主机开始采集数据的滞后时间,这会造成主机采集数据与引爆的不同步,或者说是主机用于真正采集数据的时间减少,即相应的有效的探测距离低、数据的质量差。因此,在雷管的选用上应尽量选用瞬发电雷管,一则延期微小,二则延期误差小。

（5）接收器和震源的位置问题

接收器有效接收段的中点位置应与所有爆破点的中心位置在同一条直线上,其误差不应过大,而且此直线应与隧道的轴线平行。如该连线不是水平直线而是倾斜的,此时的成果图是以此直线为假定水平直线的平面图和剖面图,图中不良地质的产状,如倾角等,是相对隧道轴线的而非真实的,在这一点上用 TSP 方法和用其他地质方法相比较时应注意。如果隧道的轴线不是直线而是折线（指有坡度）此时应通过坐标 Z 值的改变加以调整,但沿整个爆破点断面的高差（Z 值）不应多于 3 m。

仪器的计算原理是:每一炮点到接收器的距离是确定的,每一炮点的直达波到达接收器的时间可以测出,这样就可以计算出岩体的平均波速,利用它和波到达波阻抗面的时间就可以计算出波阻抗面的位置和产状。如果实际炮点到接收器的距离与输入值有偏差,则会造成波速有误,进而造成计算出的波阻抗面位置和产状的错误。因此在布点时,力求实际位置与输入的坐标相一致。

（6）套管的埋设问题

套管是为了节省接收器但不降低接收器的接收效果而设置的,因此套管的埋设应力求与周围的介质紧密接触,且锚固剂的波阻抗应与岩石介质的波阻抗尽可能相近,这样就可预防套管不正当的震颤和降低波动能量在套管周围界面上的能量损失。为防止灌锚剂时钻孔底部出现未灌实的现象,锚固时应设排气管。

（7）对拒爆震源的处置问题

如果说引爆时仅仅是雷管起爆或只有一部分炸药起爆,那么可输入正确的爆破点序号重复引爆。如果数据质量不好,如振幅超限或是第一次转折后出现低频振荡数据,则应删除记录后重新采集。

（8）仪器参数的选择问题

不同的采样间隔和采样数目可影响仪器的探测距离、探测精度。当采用最大采样数目时,如采用较大的采样间隔可加大采样时间,也就相对增加探测距离,但此时的探测精度会降低,漏掉小的不良地质体。TSP 探测时可选用 40 μs 或 80 μs 的间隔,如果岩石较软,则采用 80 μs 的间隔。这样,一则节约时间,二则避免由于高频信号的衰减而产生过高精细数字化的浪费。

8.3.4 数据处理及解译过程

1)数据处理过程

在现场数据采集完成后,在室内对地震数据进行处理。TSP Win 系统对于地震波数据的处理和计算共有 11 个主要步骤,并且是依次进行:

①建立数据:设置数据长度,在时间上把地震波数据控制在一个合适的长度,以便在满足探测目的的情况下减少计算时间和存储空间;然后进行部分数据充零,以清除一些系统干扰和其他噪声;最后计算平均振幅谱,它反映了地震波的主频特征,利用它可设置适当的带通滤波器参数。

②带通滤波:带通滤波的作用是删除有效频率范围以外的噪音信号,其主要以上一步确定的平均振幅波谱作为依据,运用巴特沃滋带通滤波器进行滤波,从而确定有效频率范围。

③初至拾取:目的是利用每道地震数据的纵波初至时间来确定地震波的纵波波速值。

④拾取处理:主要是通过变换和校直处理,确定横波的初至时间,从而确定横波的波速值,该值是个经验值。

⑤爆破能量平衡:作用是补偿每次爆破中弹性能量的损失。

⑥Q 估算:以直达波决定衰减指数。

⑦反射波提取:通过拉冬变换和 Q 滤波提取出反射波。前者是为了倾斜过滤以提取反射波。后者是由信号带通内的高频率衰减而引起能量丢失,从而减弱了地震波的分辨率。在已知岩石质量因子 Q 时,丢失振幅逆向 Q 滤波可以部分恢复。

⑧P 波和 S 波的分离:系统通过旋转坐标系统将记录的反射波分离成 P,SH,SV 波。

⑨速度分析:首先产生一种速度模式,然后计算通过该模式时的传递时间,再将地震波数据限制在解释的距离内,最后再从这些实验偏移中得到新模式。

⑩深度偏移:利用地震波从震源孔出发到潜在反射层再到接收器的传递时间,以最终两种位移—速度模式计算最终 P、S 波速值。

⑪反射层提取:设置反射层的提取条件,分别提取出 P,SH,SV 波的反射界面,供技术人员进行地质解释。

2)数据解释过程

TSP 地震数据解译过程是 TSP 超前预报系统有效工作的关键,也是地质超前预报过程中需要重点研究和掌握的核心部分。对 TSP 数据的准确解译,一方面要求解译人员深刻掌握地震勘探的原理,参照 TSP203 工作手册中有关原则进行解译,在实践中积累解释经验。另一方面,要求解译人员具有丰富的地质工作经验,掌握各类地质现象的特征以及这些地质现象在 TSP 图像中的表现形式。总之,对 TSP 图像的地质解释要以地质存在为基础,不能脱离地质实际。

在对 TSP 探测结果进行数据解译处理时,应该遵循以下几方面原则:

①正反射振幅表明硬岩层,负反射振幅表明软岩层。

②若 S 波反射较 P 波强,则表明岩层饱含水。

③vp/vs 增加或泊松比突然增大,常常由于流体的存在而引起。

④若 vp 下降,则表明裂隙或孔隙度增加。

⑤反射振幅越高,反射系数和波阻抗的差别越大。

8.3.5　数据处理和解释过程中的关键技术

在理解 TSP 超前预报系统工作原理的基础上,研究如何提高探测精度,可以切实做到更好地为施工服务,并扩大 TSP 超前预报系统的应用范围。以下关键点应注意。

(1)数据处理阶段

①必须对所采数据的频率分布范围有所了解,绝不能仅仅依靠仪器利用统计方法得到的结论。当所采数据信噪比较高时,这个方法还可以;当现场噪音大时,这个方法就不适合了。

②信号的增益一定要小心,不能人为制造出地质结构面。

③对仪器自动拾取的结构面,应根据偏移剖面特征有所取舍;对没有被选取的关键结构面一定要人为选取,一切以地质存在为基础。

④对仪器所给出的有关力学参数,其值仅供参考。

(2)室内解释阶段

①尽可能把数据处理的每个步骤的参数设置,调整为最符合探测段地质条件的参数。

②根据开挖面到最近炮孔之间已经开挖的隧道地质情况与探测结果进行对比分析,作为开挖面前方地质体解释的基础和参考。

③在解释的时候,必须对本地区的地质条件和已开挖隧道的实际地质状况非常清楚地了解和掌握。

④在判断地质体的性质时,不能单纯地以某个岩性指标作为判据,必须综合各指标以及实际开挖面的岩性进行预报。

此外,对于解释的成果,通过在施工过程中采用跟踪地质超前预报技术不断对比分析,并积累经验。

8.3.6　TSP 的预报能力问题

新仪器的出现使地质超前预报的水平有了长足的进展,使地质预报的水平从定性到达了基本的定量。但新仪器也有其局限性。就目前常用的地质超前预报仪器——TSP 中就存在一些问题,列举如下。

1)TSP 对围岩分极的能力

TSP 作为一种地震反射波法是可以导出掌子面前方岩体的纵、横波速度值。其纵波的波速值是基于直达波初至时间和相应偏移距的基础上导出的。而横波的波速值是基于已开挖段岩体纵横波速比值的假定的基础上导出的,它并没有根据横波的初至导出(直达横波的初至因直达纵波和反射波的干扰而不能从图上识别,另外横波的激发需要特殊的条件)。在已开挖段横波速度值都不确切的基础上而导出的未开挖段的横波波速值的精度值得商榷。

在《铁路隧道设计规范》TB 10003—2005 中,把岩(土)体特征和围岩的弹性纵波波速值作为围岩基本分级的依据。如表 8.1 所示,表中围岩的级别与波速值不是一一对应的,而是在波速上有重叠,这种作法充分考虑了采集波速值时影响因素的多样性和波速值与围岩级别的对应关系,是合理的。但在实际操作时,有些技术人员生搬硬套,把围岩的级别与波速值看成一一对应的,而没有关注最主要的岩土体结构特征。

总之,用 TSP 的波速值去预报掌子面前方围岩的级别仅供参考。准确的围岩分级须依据施工阶段隧道围岩级别判定卡的有关内容来判定。

表 8.1 围岩的基本分级与围岩弹性纵波波速关系

围岩级别	Ⅰ	Ⅱ	Ⅲ	Ⅳ	Ⅴ	Ⅵ
围岩弹性纵波波速(km/s)	>4.5	3.5~4.5	2.5~4.0	1.5~3.0	1.0~2.0	<1(饱合状态的土<1.5)

2)TSP 对水的直接探测能力

TSP 对掌子面前方岩体的含水性的探测能力问题一直备受关注,有的地质专家兼物探仪器使用者认为"TSP 可以探测出掌子面前方岩体的含水性",且有成功的实例为证;而有的物探专家兼地质爱好者则从理论上认为"TSP 能探测出掌子面前方岩体的含水性是不可能的",其也有 TSP 探测失败的例子。笔者个人认为从地震波在岩体土体中的传播规律来看,在 TSP 成果图的图像上直观看出掌子面前方岩体的含水性值得怀疑,但 TSP 可探测掌子面前方的结构面或断层却是可能的,而地质专家利用结构面或断层的地质特征结合其他因素判断(或推测)出其含水性也却是可能的。

所以 TSP 能探测出掌子面前方的含水性,不是 TSP 的直接功劳,而是地质专家在 TSP 探测成果基础上依据地质理论的合理推测。

3)TSP 的探测距离和探测精度问题

TSP 的探测距离和震源的能量相关:小的药量尽管可以有较高的频率,但传播距离短;大的药量尽管在某一范围内可以提高震源的能量,但却降低了震源的频率,在实际探测中破碎围岩中大的药量会对初期支护造成破坏。另外,地震波能否有效传出去是受围岩条件限制的(能量和频率的损失)。理论和实践表明,TSP 的探测距离在一定程度上是客观的,只有满足精度要求的距离才是有意义的。

同理,探测精度也由地震波的频率决定,没有高频率的地震波,TSP 无论如何也探测不出小尺度的地质体。在极硬岩和极软岩中对地质体的分辨率要求一样高是不可能的。

8.4 红外探测地质超前预报技术

红外探测地质超前预报技术是一种广泛用于煤矿生产的成熟技术,它主要是利用地质体的不同红外辐射特征来判定煤矿井下是否存在突水、瓦斯突出构造等。从 2001 年圆梁山隧道运用红外探测进行地质超前预报以来,红外探测技术广泛运用于我国隧道工程施工地质超前预报当中。

8.4.1　红外探测(水)工作原理

红外探测是利用一种辐射能转换器,将接收到的红外辐射能转换为便于或观察的电能、热能等其他形式的能量,利用红外辐射特征与某些地质体特征的相关性,进而判定探测目标地质特征的一种方法。自然界中任何介质都因其分子的振动和转动每时每刻都在向外辐射红外电磁波,从而形成红外辐射场,而地质体向外辐射的红外电磁场必然会把地质体内的地质信息以场的变化的形式表现出来。

当隧道外围介质正常时,沿隧道走向,按一定间距分别对四壁逐点进行探测时,此时所获得的探测曲线是略有起伏且平行于坐标横轴的曲线,此探测曲线称为红外正常场。其物理意义是表示隧道外围没有灾害源。

当隧道外围某一空间存在灾害源时(含水裂隙、含水构造和含水体),灾害源自身的红外辐射场就要叠加在正常场上,使获得的探测曲线上某一段发生畸变,其畸变段称为红外异常场,由于到场源的距离不同,畸变后的场强亦不同。其物理意义是隧道外围存在灾害源。值得说明的是:由于地下水的来源不同,异常场可高于正常场也可低于正常场。

8.4.2　红外探测在隧道工程中能解决的问题

①由于灾害源和其相应灾害场的存在,通过探测曲线的变化可探测出掌子面前方灾害源的存在,如含水断层及其破碎带、含水或含泥的溶洞、含水的岩溶陷落柱等。

②红外探测能探测出隧道底部和拱顶以外范围的隐伏水体和含水构造,避免因卸压造成地下水突出,引发灾害。

③红外探测能探测隧道侧壁外围的含水构造,避免在施工期间和使用期间造成灾害事故。

8.4.3　现场工作方法

红外探测属非接触探测,探测时用红外探测仪自带的指示激光对准探测点,扣动扳机读数即可。具体过程如下:

①探测一般在放炮、清碴完毕后的测量放线时间进行。

②进入探测地段时,首先沿隧道一个侧壁,以 5 m 间距用粉笔或油漆标好探测顺序号,一直标到掌子面处。

③在掌子面处,首先对掌子面前方进行探测。测完掌子面后,返回时,每遇到一个标号,就站到隧道中央,用红外探测仪分别对标号所在断面的隧道左壁中线位置、顶部中线位置、右壁中线位置和底部中线位置进行探测,并记录所测值,然后进行下一测点断面的探测,直至所有标号所在的断面测完为止。

8.4.4　探测时的注意事项

①开始探测前,先自选一个目标重复探测几下,看探测的结果是否一致,当读数一致时,说

明仪器运转正常。

②当发现探测值突然变化时,应重复探测,且应在该点外围多探测几个点,以确定该异常非人为异常。

③当洞外处于零下若干度,而隧道中温度又较高时,从很冷处把仪器拿到很暖处不得立即工作,应停留 25 min。

④不同来路的水有不同的场强,为此,在探测过程中应该对已知水体进行探测,并记录在备注栏内,这样便于对未知水进行探测。

⑤扣动扳机读数后须松开食指,特别是使用平均读数档时更是如此,如不松开,则会得到错误的结果。

⑥探测时的起点位置、终点位置和中间所经过的隧道特征点都应记录在备注栏内,以备解释用。

⑦如果初期支护已施作且没干,则不宜对侧壁进行探测。

8.4.5　成果图的要求

①成果图的图头应写明隧道名称、使用技术方法和探测时间。

②红外探测曲线图是用直角坐标系表示不同位置场值的变化,纵坐标标明场强 Trad、横坐标标明里程。

③探测曲线的尾端应绘在图的右方靠近掌子面处,并标明该处的里程。

④探测曲线的比例一般用 1/1 000 即可,过大或过小均不利于数据的解释。

8.4.6　红外探水与其他方法的配合

①当红外探测发现前方存在含水构时,通过雷达或其他电法测出含水构造至掌子面的距离和含水构造影响隧道的宽度。

②确定含水构造距掌子面的距离和其宽度后用钻探方法给出前方含水构造的涌水量。由于涌水量与水源、水头压力、出水断面的大小有关,因而目前所有物探仪器均不能确定涌水量的大小。物探与钻探相结合可有效搞好地下水的超前预报,查出威胁隧道安全的隐蔽水体。

8.5　地下全空间瞬变电磁地质超前预报技术

8.5.1　基本原理

瞬变电磁法是利用不接地回线向地下发射一次脉冲电磁场,当发射回线中的电流突然断开后,地球介质中将激励起二次涡流场以维持在断开电流以前产生的磁场。二次涡流场的大小及衰减特性与周围介质的电性分布有关,在一次场的间歇观测二次场随时间的变化特征,经过处理后可以了解地下介质的电性、规模和产状等,从而达到探测目标体的目的。

瞬变电磁法探测地质体性质的关键技术一是采用合适的观测方式,二是丰富的解译经验。

8.5.2　地下全空间瞬变电磁法的观测方式

当地下观测在隧道中进行时,因空间很小,不可能采用大线框或大定源方式,只能采用小线框,而且只能采用偶极方式。具体在隧道中工作时,偶极方式可分为两种,具体如下:

（1）共面偶极方式

当观测沿隧道底板或侧帮进行时,应该用共面方式,即发射框和接收线圈处于同一个平面内,见图8.6。这种方式与地面的偶极方式类似,不同的是地下巷道观测必须采用特制专用发射电缆。

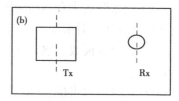

图8.6　隧道侧壁 TEM 探测装置方式

（2）共轴偶极方式

因为隧道掌子面范围小,既无法采用共面偶极方式,也无法采用中心方式。因此,一般采用一种不共面同轴偶极方式。如图8.7所示,发射线圈（Tx）和接收线圈（Rx）分别位于前后平行的二个平面内,二者相距一定的距离（要求 > 5 m,实际中常采用 10 m）并处于同一轴线上。观测时,接收线圈贴近掌子面,轴线指向探测方向。对于隧道工作面来说,探测时分别对准隧道正前方,正前偏左、偏右等不同方向,这样可获得前方一个扇形空间的信息。

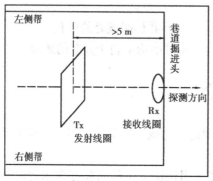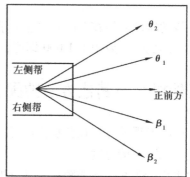

图8.7　掌子面 TEM 超前探测装置方式、探测方式及探测范围

8.5.3　数据处理步骤

瞬变电磁法观测数据是各测点各个时窗（测道）的瞬变感应电压,需换算成视电阻率、视深度等参数,才能对资料进行下一步解释,主要步骤如下:

①滤波:在资料处理前首先要对采集到的数据进行滤波,消除噪声,对资料进行去伪存真。

②时深转换:瞬变电磁仪器野外观测到的是二次场电位随时间变化,为便于对资料的认识,需要将这些数据变换成电阻率随深度的变化。

③绘制参数图件:首先从全区采集的数据中选出每条测线的数据,绘制各测线视电阻率剖面图,即沿每条测线电性随深度的变化情况,然后依据测区已掌握的地质资料绘制出不同层位的视电阻率切片图和等深视电阻率切片图。

8.5.4 瞬变电磁用于地下全空间地质超前预报存在的问题

首先,隧道掌子面范围的实际情况既不同于半空间,也不是完全的全空间,因而数据处理结果在电阻率值和探测深度上都有一定的偏差,解释出的低阻异常区范围往往偏大。这种情况除了该方法本身的体效应外,全空间理论模型与实际环境的差异可能是一个重要原因。

其次,虽然接收线圈位于探测面前方的掌子面上,探测面后方的异常仍然会产生影响,所以对异常体的定向仍然存在不确定性。

第三,在装置上,为了减小互感的影响,发射线圈和接收线圈之间的距离需要大于 5 m,这不但降低了有效信号的强度,也限制了该方法在空间较小的隧道的使用。所以,在硬件上改善仪器设备的性能,减小发射线圈与接收线圈之间的互感是提高该方法适用性的一个关键。

8.6 声波探测地质超前预报技术

8.6.1 声波探测地质预报技术原理

声波探测是通过探测声波在岩体内的传播特征,研究岩体性质和完整性的一种物探方法(与地震勘探相类似,也是以弹性波理论为基础的)。具体来说,就是用人工的方法在岩土介质中激发一定频率的弹性波,这种弹性波以各种波形在岩体内部传播并由接收仪器接收。当岩体完整、均一时,有正常的波速、波形等特征;当传播路径上遇到裂缝、夹泥、空洞等异常时,声波的波速、波形将发生变化;特别是当遇到空洞时,岩体与空气界面要产生反射和散射,使波的振幅减小。总之,岩体中缺陷的存在破坏岩体的连续性,使波的传播路径复杂化,引起波形畸变,所以声波在有缺陷的地质体中传播时,振幅减小,波速降低,波形发生畸变(有波形,但波形模糊或晃动或有锯齿),同时可能引起信号主频的变化。

8.6.2 现场布置方法

声波探测用于地质预报方面,常见的有反射波法和透射波法两种。其中,声波透射波法是充分利用加长炮孔或超前钻孔进行跨孔声波探测(除特殊需要,一般不适合单一目的的声波跨孔探测),获取掌子面前方岩体间的 $Vp\text{-}L$ 曲线,探测掌子面前方岩体中的软弱夹层、裂隙和断层的范围,特别是探测岩溶管道的存在与否及其展布范围,并对其成灾可能性进行超前预报。

现场探测具体步骤如下:

①在掌子面布置探测孔,见图 8.8,探测孔一般向下倾斜10°,便于灌水耦合。利用其他钻孔而不能满足向下倾时,要利用止水塞止水,保证耦合效果。

②探测孔打好后,一定要清孔,必要时用套管保护,以防塌孔,造成探头被卡。

③测量各个孔口的相对坐标、孔深和孔的倾斜方向和角度。

④向探测孔内灌水,并开始探测,如图 8.9 所示。

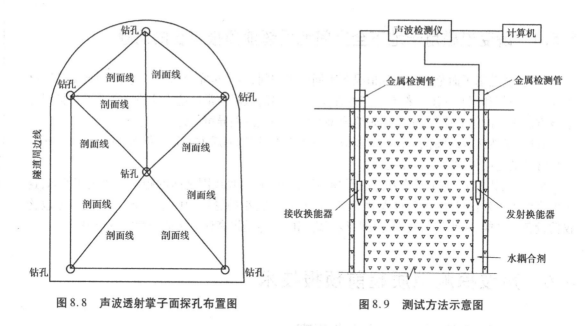

图 8.8　声波透射掌子面探孔布置图　　　　　图 8.9　测试方法示意图

8.6.3　存在的问题

①声波探测时,振源频率高、能量低,而岩土体对高频信号的吸收作用大,因此传播距离较小,只适用于在小范围内的短期地质超前预报。

②跨孔声波探测技术需要较多的探测孔,除非对重要目标体进行预报外,一般不易专门进行声波探测。

8.7　地质雷达超前预报技术

地质雷达作为隧道超前预报方法之一,其原理已在第 7 章进行了简述。地质雷达在进行地质预报时,因为受掌子面范围和天线频率的限制,多用于近距离预报,预报长度一般为 20 ~ 30 m。特别是当 TSP 预报前方有溶洞,暗河和特殊岩层等不良地质体时,若要验证和精确探测其规模、形态,利用地质雷达进行探测会取得更加理想的效果。

8.7.1　测线布置与天线选择

地质雷达在进行超前预报时,一般在隧道掌子面上布置 3 条水平横测线和 1 条纵测线,3 条水平横测线根据隧道断面情况而定,一般在拱腰、墙腰和距隧道底部高 1.5 ~ 2 m 处各布置 1 条,纵向测线一般设置在隧道中心,另外根据隧道开挖时的地质情况,可适当增加测线。其布线示意图见图 8.10。

目前隧道开挖地质超前预报距离一般要求在十几米到 30 m 左右,采用 100 MHz 天线较为适宜。图 8.11 为美国 GSSI 公司的 100 MHz 屏蔽天线。

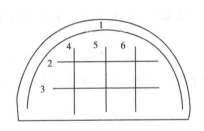

图8.10　隧道掌子面测线布置示意图

图8.11　美国 GSSI 公司 100 MHz 天线

8.7.2　数据采集与现场工作

由于目前地质雷达系统多数天线多设计为贴地耦合式,建议天线尽量紧贴被测物体的表面,接触越好探测效果越理想,一般建议离开地面的距离控制在 1/4 波长以内,100 兆天线建议距离被测物体表面的距离控制 10 cm 以内,天线最好能够紧贴其表面。图8.12 为现场地质雷达超前预报工作照片。

由于隧道开挖掌子面通常凹凸不平整,天线无法在掌子面上快速移动,因此建议采用点测法进行超前探测,点距控制在 10 cm,在适当的地方手动做标记。在非常平整的掌子面上可以结合手动点测方式和时间方式连续相结合的来进行探测。主机采集主要参数可设置为自动增益,增

图8.12　现场采集

益点设为 5,平滑降噪设为 3,低通设为 300 MHz,高通设为 25 MHz,叠加选择为 100。

8.7.3　资料处理与解释

地质雷达超前预报在掌子面现场采用手动触发方式点测取得探测结果一般情况下都比较理想,因而在后期室内资料处理和解释就相对比较简单,一般包括以下几个步骤:资料整理、图像显示、资料编辑、增益处理、一维频率滤波、高级滤波、图像输出、资料对比与地质解释。

资料整理:对现场所测资料进行整理,包括测量测网资料整理,野外记录表格的电子化录入工作,工作照片整理,备份野外探测数据。

图像显示:利用专门的处理软件打开数据,采用线扫描方式、波形加变面积方式、波形图等方式显示测量数据。

资料编辑:剔除强烈的干扰信息,把一条测线上相邻的几个数据剖面连接在一起组成长剖面数据文件。

增益处理:采取整体增益,对整个数据剖面的振幅信息进行放大,或者采用指数增益函数对某一个深度区间的振幅信息进行局部放大,便于数据显示。

一维频率滤波:如果在探测资料中出现了低频信号干扰,请采用频率滤波方法滤除低频干

扰信号。通常情况下不做此处理。

高级滤波:在探测资料中如果出现多次波干扰信息,需要利用反褶积方法消除多次波干扰,恢复地下真正的地质构造剖面。

输出探测图像:并且对各幅探测图像进行比较,寻找差异,同时结合地质资料,进行地质推断和资料解释工作。给出地质剖面图。也需要结合各里程桩号地质雷达探测剖面信息,组成一幅隧道剖面图。

8.7.4　注意事项

雷达测试资料的解释是根据现场测试的雷达图像。根据电磁波的异常形态特征及电磁波的衰减情况对测试范围内的地质情况进行推断解释。一般来说反射波越强则前方地质情况与掌子面的差异就越大,根据掌子面的地质情况就可对掌子面前方的地质情况做出推断。另外,电磁波衰减对地质情况判断也极为重要,因为完整岩石对电磁波的吸收相对较小,衰减较慢;当围岩较破碎或含水量较大时对电磁波的吸收较强,衰减较快。解释过程中电磁波的传播速度主要根据岩石类型进行确定,在有已知地质断面的洞段则以现场标定的速度为准。

另外,数据采集还应注意以下事项:

①掌子面必须安全,没有掉块、塌落等不安全因素存在。

②掌子面附近尽量不要有金属物体存在。

③隧道掌子面的平整与否,对探测结果的准确性有一定影响。在实际操作中应特别注意天线的定点和贴壁,否则会使探测结果产生畸变。

8.8　石太客运专线南梁隧道地质超前预报应用实例

1)报告编制依据

本TSP地质超前预报的数据采集、成果分析符合《铁路隧道超前技术预报技术指南》铁建设[2008]105号有关规定;有关术语和技术标准符合《铁路隧道设计规程》(TB 10003—2005)、《工程岩体分级标准》(GB 50218—94)、《铁路工程物理勘探规程》(TB 10013—2004)、《铁路隧道施工技术规范》(TB 10204—2002)、《铁路工程水文地质勘察规程》(TB 10049—2004)等中的相关规定;其他相关信息参阅相关隧道勘察成果文件和隧道地质复查报告。

2)隧道区地质条件分析与TSP预报

(1)地质分析

石太客运专线南梁隧道围岩为奥陶系中统下马家沟组(O_{2x})。奥陶系下统亮甲山组(O_{1l}),冶里组(O_{1y})。寒武系上统凤山组(ε_{3f}),长山组(ε_{3c}),崮山组(ε_{3g})。寒武系中统张夏组(ε_{2z}),徐庄组(ε_{2x})。寒武系下统毛庄组(ε_{1mz})页岩。隧道洞身通过的地层岩性为寒武系灰岩为主,有个别闪长岩岩脉侵入。

隧道通过地层多为石灰岩和白云岩等硬质岩层,岩体完整~较完整。断层带和岩脉侵入体附近岩体较破碎,岩石为弱风化~微风化。断裂构造发育,节理裂隙走向以北东东向、北北西向和近东西向为主,多以剪节理性质的构造裂隙出露,局部地区节理密度较大,产状变化较大。

隧道围岩赋存裂隙水。裂隙水主要赋存于强~中等风化基岩及断裂破碎带中,局部地段地下水活动强烈,会加剧围岩失稳。

(2)TSP预报目标

根据隧道设计资料和已开挖段的岩性、构造、地下水等有关地质条件,本次TSP探测的主要目标是控制隧道围岩稳定性的破碎带(结构面密集带)分布位置及其工程地质特征。

3)已开挖段围岩的工程地质特征评价

①评价范围:DK63 + 177 ~ DK63 + 297;

②围岩岩性特征:中厚层状、微风化石灰岩,地层产状近水平;

③围岩受构造的影响程度:轻微;

④结构面发育特征:构造节理较发育,优势方向为 NE18°,节理面多闭合,少有充填;地层产状近水平,层间结合一般;

⑤岩体结构特征:整体巨块状结构;

⑥地下水特征:整体水量不大,局部有淋水;

⑦毛洞开挖后的稳定性:整体稳定,稍有掉块;

⑧围岩级别:Ⅱ级。

4)TSP现场采集参数

①探测日期:××××年××月××日;

②探测仪器:TSP203plus;

③掌子面位置:里程 DK63 + 297;

④接收器位置:太原方向右侧壁,里程 DK63 + 245;

⑤接收器数量:1 个;

⑥设计炮点:24 个,实际 20 个;

⑦采样间隔:62.5 μs;

⑧记录时间长度:451.125 ms;

⑨采样数:7 218。

5)TSP探测结果的工程地质评价

分段序号	里 程	长度(m)	探测结果工程地质评价
1	DK63 + 297 ~ DK63 + 311	14	近水平状质纯灰岩,节理较发育,尤其是 NE20°左右的构造节理,优势明显,且节理面夹泥,推测为掌子涌水的通道,估计围岩级别Ⅲ级
2	DK63 + 311 ~ DK63 + 323	12	硬岩,结构面不发育-较发育,围岩整体块状结构,潮湿或淋水,围岩级别Ⅱ级
3	DK63 + 323 ~ DK63 + 352	29	硬岩,节理较发育,尤其是 NE20°左右的构造节理,优势明显,且节理面夹泥,有涌水可能,估计围岩级别Ⅲ级
4	DK63 + 352 ~ DK63 + 385	33	硬岩,结构面不发育,围岩整体块状结构,有淋水,围岩级别Ⅱ级
5	DK63 + 385 ~ DK63 + 406	21	硬岩,结构面不发育,围岩整体块状结构,潮湿,围岩级别Ⅱ级

（6）施工建议

探测段 DK63 + 297 ~ DK63 + 406 范围内第 1、3 段为物探异常段，推测为构造节理密集带或破碎带，亦即富水段，有小型突水可能。

建议在开挖第 1、3 段时，在相应的掌子面布置 6 个加长炮孔（拱顶、左右拱腰、左右边墙底和中心），孔深 6 m，超前探测地下水的水压和水量变化。开挖时注意控制进尺，预留防突层 4 m。

（7）附解译结果图（图 8.13 ~ 图 8.16）

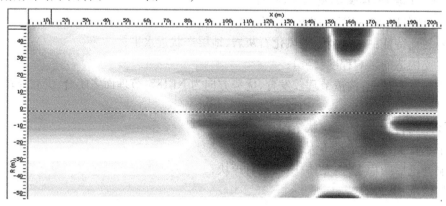

图 8.13　P 波波速分布图

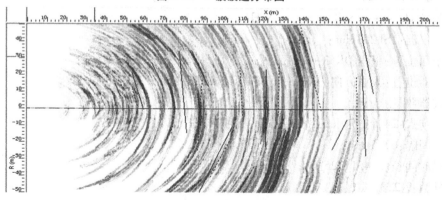

图 8.14　P 波反射层的混合偏移图

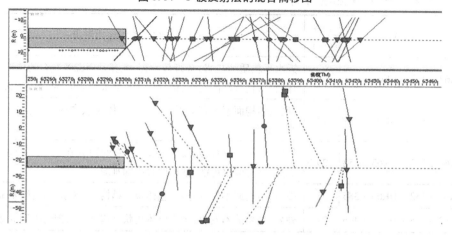

图 8.15　围岩结构面俯视图和纵剖面图

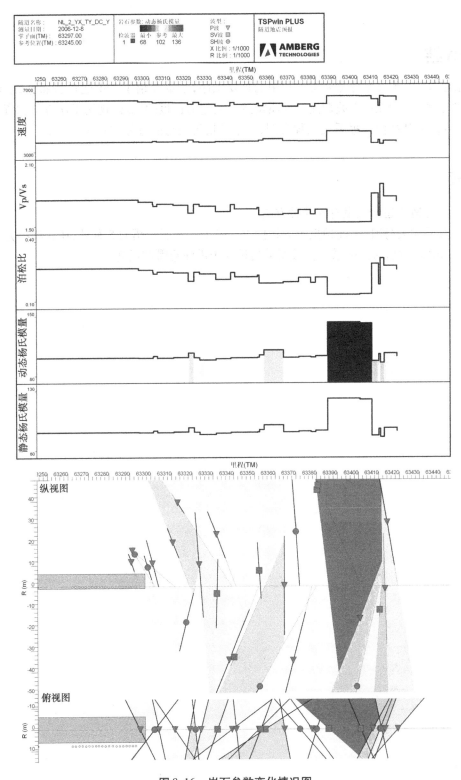

图 8.16　岩石参数变化情况图

本章小结

隧道地质超前预报是隧道施工过程中的重要工序,本章介绍了 TSP 超前预报系统、红外探测、地下全空间瞬变电磁、声波探测和地质雷达地质超前预报的原理、现场工作方法和资料处理等。最后结合 TSP 超前预报系统工程实例,介绍了报告编写的过程和相关内容。

思考题

8.1 隧道地质超前预报有哪几种方法?

8.2 查阅相关材料,超前预报中的物探方法除了本章所介绍的 5 种外,还有哪些方法?

8.3 TSP 地质超前预报系统在数据采集过程中需注意哪些问题?

参考文献

[1] 朱永全,宋玉香.铁路隧道[M].北京:中国铁道出版社,2005.

[2] 夏才初,李永盛.地下工程测试理论与监测技术[M].上海:同济大学出版社,1999.

[3] 夏才初.土木工程监测技术[M].北京:中国建筑工业出版社,1999.

[4] 王清主.土体原位测试与工程勘察[M].北京:地质出版社,2006.

[5] 李晓红.隧道新奥法及其量测技术[M].北京:科学出版社,2002.

[6] 李大心.探地雷达方法与应用[M].北京:地质出版社,1994.

[7] 任建喜.岩土工程测试技术[M].武汉:武汉理工大学出版社,2009.

[8] 宰金珉.岩土工程测试与监测技术[M].北京:中国建筑工业出版社,2008.

[9] 铁道部第三勘察设计院.铁路隧道衬砌质量无损检测规程(TB 10223—2004)[S].北京:中国铁道出版社,2004.

[10] 中铁二院工程集团责任有限公司.铁路隧道监控量测技术规程(TB 10121—2007)[S].北京:中国铁道出版社,2007.

[11] 程久龙等.岩体测试与探测[M].北京:地震出版社,2000.

[12] 中铁二局集团有限公司.铁路隧道施工规范(TB 10204—2002)[S].北京:中国铁道出版社,2002.

[13] 何发亮,李苍松,陈成宗.隧道地质超前预报[M].成都:西南交通大学出版社,2006.

[14] 关宝树.隧道力学概论[M].成都:西南交通大学出版社,1993.

[15] 国家技术监督局、建设部.工程岩体分级标准(GB 50128—2001).北京:中国计划出版社,1995.

[16] 唐业清,李启民,崔江余.基坑工程事故分析与处理[M].北京:中国建筑工业出版社,1999.

[17] 刘尧军.地下工程测试技术[M].成都:西南交通大学出版社,2009.

[18] 朱建军,郭光明等.边坡变形测量资料的分析[J].矿冶工程.2002,22(1).

[19] 杜晋东.边坡变形资料处理及变形状态判定[J].西北水电.1997(1).

[20] 胡志毅.钻孔倾斜仪在边坡工程中的运用[J].有色冶金设计与研究.1999,20(4).

[21] 赵勇,肖书安,刘志刚.TSP超前地质预报系统在隧道工程中的应用[J].铁道建筑技术.2003(5).

[22] 齐全奎.GPS测量技术在滑坡监测中的应用[J].西北水电.2002(2).

[23] 毛志红,吴春荣等.精密导线网平面位移监测应用与分析[J].四川测绘.1998,121(4).

[24] 张林,洪扬柯.边坡工程监测资料的稳定性判断和利用[J].岩石力学与工程学报.2000,V19(增刊).

[25] 张志英,何昆.边坡监测方法研究[J].土工基础.2006,V20(3).

[26] 刘超,高井祥,王坚等.GPS/伪卫星技术在露天矿边坡监测中的应用[J].煤炭学报.2010,5(35).

[27] 鲁少宏,姜珂.用孔隙水压力静力触探划分地基土的土层及土类[J].公路.2000(6).

[28] 林金贵,潘天有,于连凤等.桩基钻芯检测法及应用[J].水利与建筑工程学报.2004,3(2).

[29] 郑宝平.重型(N63.5)动力触探试验的应用[J].甘肃水利水电技术.2007,1(43).

[30] Pietro Lunardi.隧道设计与施工——岩土控制变形分析方法(ADECO-RS)[M].北京:中国铁道出版社,2011.

[31] 李晓莹.传感器与测试技术[M].北京:高等教育出版社,2005.

[32] 赵勇.光纤光栅及其传感技术[M].北京:国防工业出版社,2007.

[33] 沈阳仪表科学研究院.传感器命名法及代码(GB/T 7666—2005)[S].北京:中国标准出版社,2005.

[34] 隋海波,施斌,等.地质和岩土工程光纤传感监测技术综述[J].工程地质学报,2008,16(1):135-142.

[35] 中国标准化研究院.数值修约规则与极限数值的表示和判定(GB/T 8170—2008)[S].北京:中国标准出版社,2009.

[36] 中国建筑科学研究院.建筑基坑支护技术规程(JGJ 120—2012)[S].北京:中国建筑工业出版社,2012.